新潮文庫

大洋に一粒の卵を求めて

東大研究船、ウナギ一億年の謎に挑む

塚本勝巳著

10327

はじめに

「うぁぁ、きた、きた、きたぁ～！　これは間違いなく来たよォ～！」

　そう心の中で叫んだ瞬間のことを、今でもはっきりと覚えています。

　二〇〇九年の夏、私たちは西マリアナの海山域で、ウナギの卵を採集することに成功しました。世界で初めてのことです。

　当然、それなりの理論や予想はありました。それでも、広い太平洋の中で、直径一・六ミリの卵を採集しようというのですから、文字通り「滄海《そうかい》の一粟《いちぞく》」を探し求めるようなものです。一日半という卵期の短さや、狭い分散範囲を考えると、それこそ天文学的に低い確率、流れ星や宝くじの一等賞に三回続けて当たるようなものです。

だからこそ、私たちはまず、その「幸運」を心から喜んだのです。

その後二〇一一年六月、二〇一二年の五月と六月、さらに二〇一四年五月にも、ウナギ卵の採集に成功しました。二〇〇～三〇〇キロもの範囲にひろがるマリアナ諸島沖の産卵場で、ウナギが実際に産卵する地点は、海洋条件により毎年異なります。毎月、移動することとさえあります。そんな中で、計五回も「流れ星に当たる」なんてことは、もう単なる偶然や幸運だけでは片付けられません。立派な科学です。

これで、産卵地点を割り出すために立てた、私たちの仮説や理論が正しかったことが実証されたのです。私たちも、ようやく自信をもって胸を張ることができました。なぜなら、古代ギリシャのアリストテレスの時代から、二四〇〇年の長きにわたって謎《なぞ》に包まれていたウナギの産卵生態を、今まさに科学の方法論で、着実に解き明かしつつあるのですから。

東京大学海洋研究所（当時）が、研究船白鳳丸《はくほうまる》でニホンウナギの産卵場調査に乗り出したのは一九七三年のこと。当時、大学院生だった私は、この第一回の研究航海に乗船し、ウナギ研究の面白さを知りました。

以来、産卵場の最終的な決め手となるウナギ卵が「科学的に」採れるようになるまで、約四〇年の歳月がかかったことになります。この間、研究に進展がまったく見られなかった「空白の一四年間」もありました。しかし、ようやく信頼に足る結果を得て、ウナギの産卵場の探索には一つの区切りをつけることができたと考えています。

一九六七年、いまから四八年も前、私が大学に入学した時のことです。「太ったブタよりも、痩《や》せたソクラテスになれ」という言葉で有名な、東京大学の大河内一男総長（当時）が、新入生のための記念講演で、次のような話をされたのをおぼえています。

「桜の葉の柄《へい》には、蜜腺《みつせん》と呼ばれる小さな突起があって、そこに糖分が溜《た》められている。何のために、桜はそんな突起を持っているのか、わかっていない。私の甥《おい》っ子は、その突起の研究を何十年も続けている」

「何の役にも立たないように思えることでも、興味があればコツコツと取り組む。大学はそんな研究ができるところだ。もしかしたら五〇年後、一〇〇年後、偶然にも、それが役に立つ時がくるかもしれない」

学生のときは、「へ〜、そんなものかなぁ」と思っただけでしたが、今はよく分かります。

ところが最近では、大学の研究者ですら、研究の意義や社会貢献を問われます。ウナギの産卵場調査も例外ではありません。新しい発見がある度に、メディアがやってきて「この発見の意義はどういったものでしょうか?」と問いかけます。

まずはにこにこと笑いながら、「ウナギの産卵生態の解明に向けて大きな一歩となりました」と返します。

すると一部のメディアは、少しイラッとして、さらに追い打ちをかけてきます。

「産卵生態が解明されると、どうなります?」

今度は少しばかり胸を張り、「古代ギリシャの時代から二四〇〇年も続いてきた謎が、ついに解き明かされることになります」と答えます。

それでも納得できないごく一部のメディアは、ついに堪忍袋《かんにんぶくろ》の緒が切れて、伝家の宝刀を抜きます。「これでウナギは安くなるんですかっ?」

こうなっては仕方ありません。「この発見で、すぐに蒲焼《かばや》きが安くなるわけではありませんが、いつか安くなる日がくるのではないかと期待しています」私は冷静を装《よそお》って、優等生的な答えをするしかありません。

「それはそうなんだけど、もっと生物学的な面白さや、海洋学的な意味を聞いて欲しいなあ」と心の中でつぶやきながら……。

メディアと研究者の価値観の間にはいつもかなり大きなギャップがあります。メディアを社会の代表とすれば、ズレているのは研究者ということになります。

本当のところ、多くの研究者は「何の役に立つか」を考えて研究をしているわけではありません。最初は、目の前にある不思議な現象に「あれ、なぜだろう」「どんな仕組みになっているのかな」と思い、やがて気になって仕方なくなり、研究を始めるのです。そして、疑問が解けるまで、研究者をつき動かしているのは「知りたくてたまらない」という欲求です。

僧院の裏庭で趣味的に栽培されたエンドウ豆の観察から遺伝学が始まり、錬金術師の暗い欲望から化学の下地が醸成されたことを思い出してください。研究はそもそも個人的なものであり、あえていうならば、社会の利害関係から切り離された「趣味」のようなものです。

役に立たなくてもいいし、立つことがあってもいい。しかし、最近の研究は、だんだんと社会貢献を強く期待されるようになりました。かなり窮屈な雰囲気の中で研究しなくてはならなくなってきました。

宇宙やエネルギー、ゲノム、地球環境、食糧問題など、社会の強い要請で、大きな予算がつぎ込まれているビッグサイエンスがあります。ここでは、個々の研究者の発意や興味とはあまり関係なく、研究テーマが上意下達のミッションとして降ってきます。

トップに立つ人は、大きな予算をもらって、自分のやりたい研究を思う存分できるのですから、これは理想的です。また、幸運にも自分のアイデアが取り上げられ、面白い成果がどんどん得られている人も幸せです。

一方、こうした大きなプロジェクトには、多くの若い研究者がポスドク（博士号をもった契約研究員）として研究に携わっています。中には生活のため、あまり興味のない研究をせざるをえない人も大勢いることでしょう。そもそも研究が趣味のようなものであるとすれば、いかに才能あふれる若い研究者であっても、これでは到底一〇〇％の力を発揮できるものではありません。

本書は、私が長年やってきた「零細科学」を商う個人商店の歴史と言えるかもしれません。華やかに飾り付けた表通りのショウウインドウもあれば、研究者ではなく、商店一家の「おやじ」としての顔が垣間見《かいまみ》える勝手口もあります。四〇年以上にわたり経営してきたこの店が、どのような幸運に恵まれ、どんな風に研究の情熱の火を維持してきたか。倒産の危機にあって店主は何を考え、どのような処置をとったか。そして、今、少しは発展したこの店の社会貢献をどのように考えているのか……。

本書は、研究やポストに悩む若い研究者や大学院生諸氏の今後の進路選びに、少しは参考になるのではないかと密《ひそ》かに期待しています。

また、自然が好きな人、生き物が好きでしょうがない人、魚釣りが趣味の人、海をこよなく愛する人へのメッセージでもあります。

それに、毎日が面白くない人、ただぶらぶらしている人、何にも興味が持てない人、真剣になれるものがない人にも、ぜひ読んでもらいたいと思います。

本書によって、何の役にも立たないような研究に、長い年月をかけて挑んだ研究者たちの人生に、多少なりとも共感をおぼえ、それによって、それぞれの人生が楽しく感じられるようになれば筆者望外の幸せです。

構成・都築智（第1章〜第7章）
本文図表制作・有限会社ハッシィ
イラスト・畠山モグ（P56、57）
写真提供・国立研究開発法人海洋研究開発機構
（JAMSTEC）（P293、295、300、309、316）

目次

大洋に一粒の卵を求めて

東大研究船、ウナギ一億年の謎に挑む

第1章

なぜ、動物は旅に出るのか

――ヒトも魚も「脱出」する

動物の移動は目的のない「旅」

現在、私はウナギの生態研究に力を注いでいますが、最初からウナギが専門だったわけではありません。魚類の回遊現象、平たく言えば「なぜ魚は回遊するのか」を考えているうちにウナギにたどり着いたのです。

魚に限らず、動物は移動する能力を持ち、少なからぬ種が生息環境が一変するほどの大移動をします。アカウミガメは決まった時期、日本の決まった浜に上陸し、産卵して太平洋に戻っていきます。アフリカ中南部に棲《す》むヌーは、毎年四月に数万頭という群れを形成し、半年におよぶ大移動をします。ケニアとタンザニアの国境沿いの川を大群で渡河する映像を、観《み》たことがある人は多いのではないでしょうか。

私たちが最も身近に目にするのは渡り鳥です。関東地方だと三月下旬から四月くらいにツバメがやってきて、巣を掛ける場所を探し始めます。オオハクチョウは本州以北に渡ってきて越冬し、暖かくなるとシベリアやオホーツク海沿岸に渡り、そこで繁殖します。

なぜ、動物はこうした移動をするのか。この問いに、ある人は「子孫繁栄、繁殖のために」と言います。あるいは「食べ物を求めてやってくる」と言う人もいます。実際に移動先で繁殖したり、より多くの餌《えさ》にありつけたりしますから、それらの答えも当たっていないわけではありません。

しかし、動物たちは、移動する時、たとえば「より餌の多いA地点に行き、営巣《えいそう》して半年ほど過ごそう」とか「あそこで卵を産んでこよう」という計画を立てているでしょうか。そんなことは絶対にありません。人間以外の動物は、それほどの知能も情報も持っていません。その時々の気分、あるいは感覚で移動しています。

ニホンウナギは、マリアナ諸島沖の海中で生まれ、東アジアの河川を遡上《そじょう》しますが、彼らにとって東アジアの河川は初体験で、そこがどんな所なのか、まったくわかっていません。日南《にちなん》海岸や屋久島《やくしま》などの浜で孵化《ふか》したアカウミガメは太平洋を渡り、カリフォルニア半島の沖合を目指しますが、そこがどんな所なのか知るはずもありません。にもかかわらず、彼らは危険を冒して移動します。いったい、これはどういうわけでしょう。

私たち人間も時折り、移動します。この移動を「旅」あるいは「旅行」と言いますが、この二つには若干の違いがあります。『男はつらいよ』の車寅次郎《とらじろう》は、ある日、葛飾柴又《かつしかしばまた》の生家に戻ってきて一騒動起こし、最後はいつも「旅に出る」と言って去っていきます。「旅行に行く」とは言いません。

広辞苑《こうじえん》を引くと「旅」は「住む土地を離れて、一時他の土地に行くこと」と記されています。そして「古くは必ずしも遠い土地に行くことに限らず、住居を離れることをすべて『たび』と言った」と解説しています。

一方「旅行」は「徒歩または交通機関によって、おもに観光・慰安などの目的で、他の地方に行くこと」となっています。

つまり、さしたる目的がなく住居を離れるのが「旅」、観光などの目的で移動するのが「旅行」と理解していいでしょう。寅さんは、これといった目的はないけれど、家を離れようと決意し「旅に出る」と言ったわけです。

すると、動物の移動には目的があるか、ないかという議論になります。先ほど述べたように動物は目的を意識するほどの知能がありませんから、彼らの移動は、人間で言う「旅」に近いでしょう。旅は英語ではトラベルですが、これはトラブルと語源を同じくするという説もあります。フランス語のトラバーユは仕事、労働（travail）ですが、こちらも苦労の多いことというニュアンスを含んでいます。

動物の移動は英語ではマイグレーションです。日本語では、昆虫や陸上の哺乳類《ほにゅうるい》の場合は移動、魚やウミガメなど水中動物は回遊、鳥類では渡りと言いますが、これらの動物の旅はすべてマイグレーションと一括されます。

動物はなぜ、目的もなく危険を冒して旅をするのか。そして、なぜ、再び戻ってくるのか。このマイグレーションの意味を知りたい。これが私の研究の原点でした。

通し回遊の三つのパターン

動物の移動は基本的に往復です。途中で天敵に食べられてしまい、戻ってこないことは多いのですが、無事に成長し、元気なら戻ってきます。生息場所Aから別の場所Bに移動し、BからAに戻ってくる。そうしないと種としてのライフサイクルが繋《つな》がりません。

これを海洋生物の場合は回遊と呼びますが、動物全体としては単純に「ある生息域と別の生息域の間の移動」（ハビタット・トランジション）と定義できます。

生物にとって最も重要なことは繁殖です。これが滞りなく行われなければ、絶滅してしまいますから、こう言っていいでしょう。その繁殖を成功させるには、個体が十分に成長する必要があります。つまり生物は成長して、そして繁殖する。この二つの大事なイベントをそれぞれ別の場所で行うようになった時、ハビタット・トランジションが起きる。動物の「旅」が始まるわけです。

魚類のうち、ハビタット・トランジションを行うものを回遊魚と言いますが、そのパターンは同一ではありません。河川回遊、海洋回遊、通し回遊の三つに大別されます。河川回遊は文字通り河川（淡水）の中だけを回遊するもので、ヨシノボリやカワムツ、ナマズの一部が行います。海洋回遊は海だけを回遊するもので、マグロやアジ、サバなど多くの魚が行っています。

そして、海と川を行ったり来たりするのが通し回遊です。よく知られているのはサケ、アユ、ウナギなどでしょう。この通し回遊はさらに三つのパターンに分かれます。遡河《そか》回遊、降河《こうか》回遊、両側《りょうそく》回遊です。遡河回遊は川を遡上して産卵する型の回遊を指し、サケが代表です。逆に川を下って海で産卵する型が降河回遊で、ウナギが代表です。産卵とは無関係に川と海を往復するのが両側回遊で、この代表はアユです。

アユは川で産卵しますが、孵化した稚魚はすぐ海に下って半年ほど暮らし、それから川に戻ってきて、ここでも半年ほど暮らします。そして十分に成熟すると産卵し、一生を終える。これを淡水性両側回遊と言います。アユと逆のパターンを示すのがスズキです。スズキは海で孵化して川で成長し、また海に帰って成長を続け、成熟して

[図・1／魚類の回遊型]

河川回遊……………… 淡水の中だけ

海洋回遊……………… 海水の中だけ

通し回遊……………… 海と川を往復

- **遡河回遊**……………… 産卵のため遡河
- **降河回遊**……………… 産卵のため降河
- **両側回遊**……………… 産卵と無関係に回遊

[通し回遊の３型]

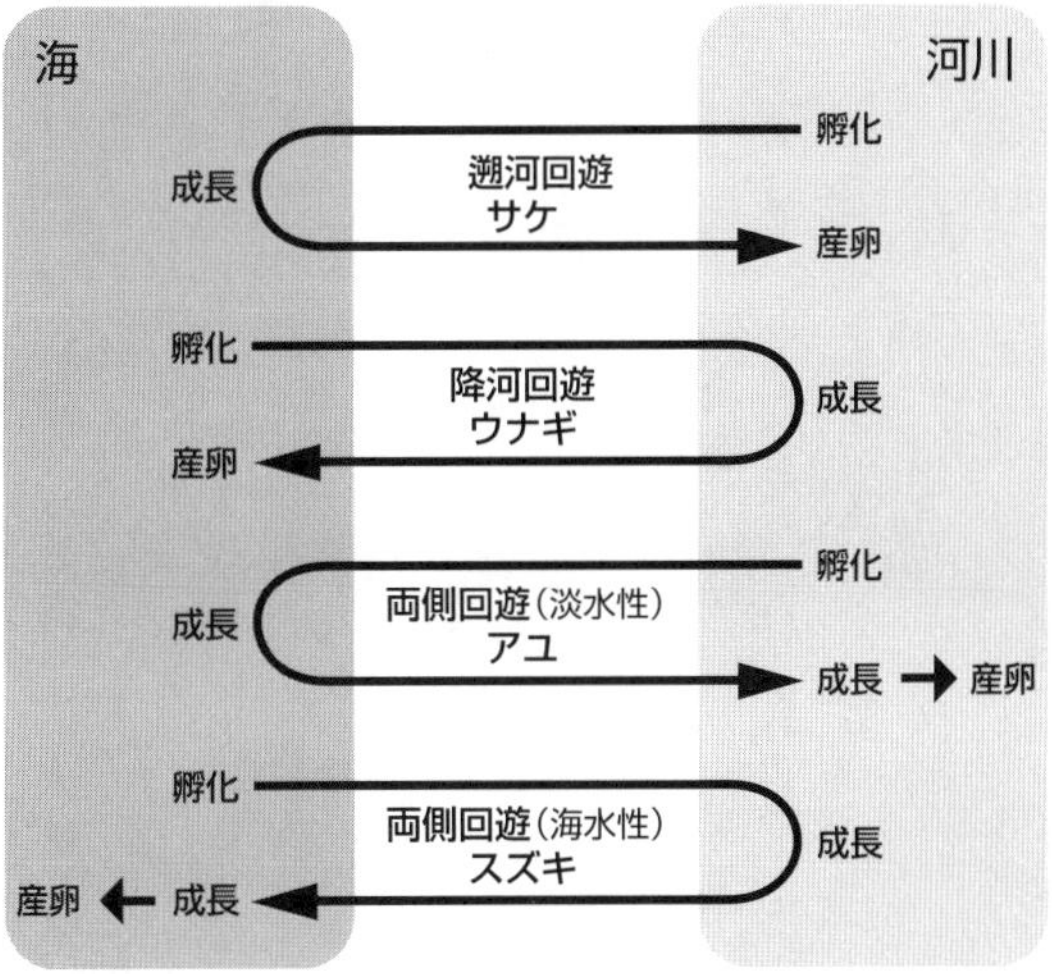

魚類の回遊は河川回遊、海洋回遊、通し回遊の３つに大別される。通し回遊はさらに、遡河回遊、降河回遊、両側回遊の３つに分かれる。ウナギは川を下って海で産卵する降河回遊魚である。

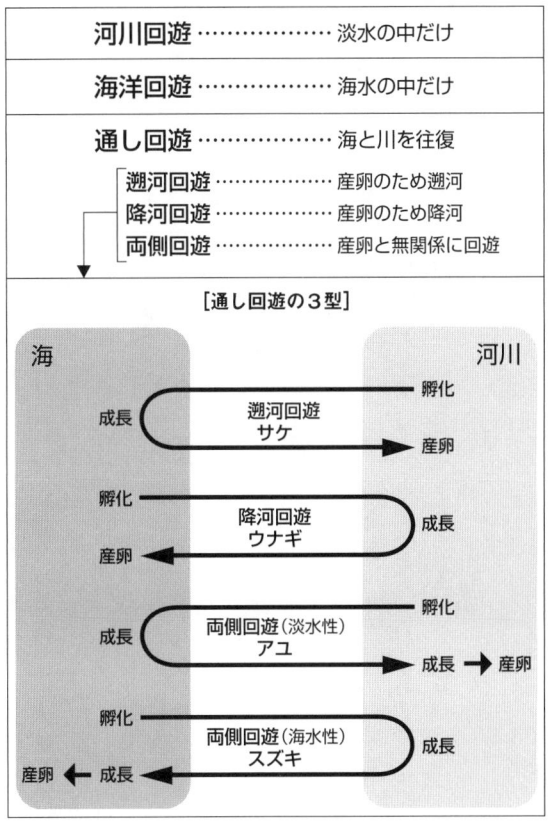

産卵する。これが海水性両側回遊です。

私が最初に本格的な回遊研究をしたのはアユでした。海で五～六センチに成長したアユは春から初夏に川を遡上します。躍動感に満ちた若々しい動きを「若鮎《わかあゆ》のように」と表現しますが、本当に身を躍らせ、時には跳ね上がって流れを遡《さかのぼ》っていきます。この激しい行動は、何によって引き起こされるのでしょうか。

アユは水温が上がると「脱出」する

順を追って考えてみましょう。まず回遊が可能になるにはどんな条件が必要か。大前提となるのは運動能力です。場所Aから場所Bに移動する能力、魚なら「泳ぐ」という移動能力がないと話になりません。

次に、どちらに向かって移動するか、つまり方位決定能力が必要です。渡り鳥が、太陽や星の配置、地磁気、地形などから飛ぶべき方向を決めているのは知られていますが、回遊魚の場合は、地磁気、水流、水温、匂《にお》いなどで向かうべき方向を決めています。

では、移動能力と方位決定能力があれば回遊できるかというと、そんなことはありません。もう一つ決定的に大切なことがあります。回遊を始め、それを維持するのに必要な「やる気」、「モチベーション」です。

動物は外部から刺激を受けると、それに反応します。たとえば、サルにバナナを見せると、手に取って食べる。摂食という行動が現れます。バナナが刺激で、摂食行動が反応です。しかし、サルは空腹でない時、バナナを見ても手を出そうとしません。部屋の後ろにある古タイヤで遊んでいたりする。つまり、同じ刺激があっても、反応が変わります。

これはどうしてでしょうか。刺激と反応の間に、何か行動をコントロールする内部要因を置かないと説明できません。その中間変数（＝内部要因）を「動因」と言います。耳慣れない言葉かもしれませんが「動物をある行動に駆り立てる内部要因」です。

運動能力と方位決定能力、そして動因。この三つの条件が揃《そろ》うと動物は「旅」に出ます。人間でも動因は重要で、能力は揃っているのに、やる気がないばかりに何の行動も起こせない人がけっこういます。

動因が働き始めるのは、場所Ａから場所Ｂに旅立つ直前です。動物は、そのモチベーションを保ち続けて場所Ｂに到達する。アユの場合、水流や落水が刺激になって、遡上や飛び跳ね行動、つまり反応が起こります。その際、動因となっているのは何か、いろいろな実験をしてみました。

アユを一〇〇匹、小さな円形の水槽に入れ、徐々に水温を上げてみました。最初の水温は一五度で、この時、アユは水槽の真ん中あたりにかたまっています。そして、水温が上昇していくと、群れはだんだん広がっていきました。そして二三度くらいになると、水槽の縁にびっしりくっつくドーナツ化現象が起こります。

さらに水温を上げ、二五度になると、水槽の縁からランダムな方向に魚が跳ね上がりました。方向性のない、飛び出し行動です。これは、高い水温環境の容器から「脱出」しようとする行動です。

あるテレビ番組の取材の折り、滋賀県水産試験場の方々に協力してもらい、小さな

[図・2／稚アユの飛び出し行動]

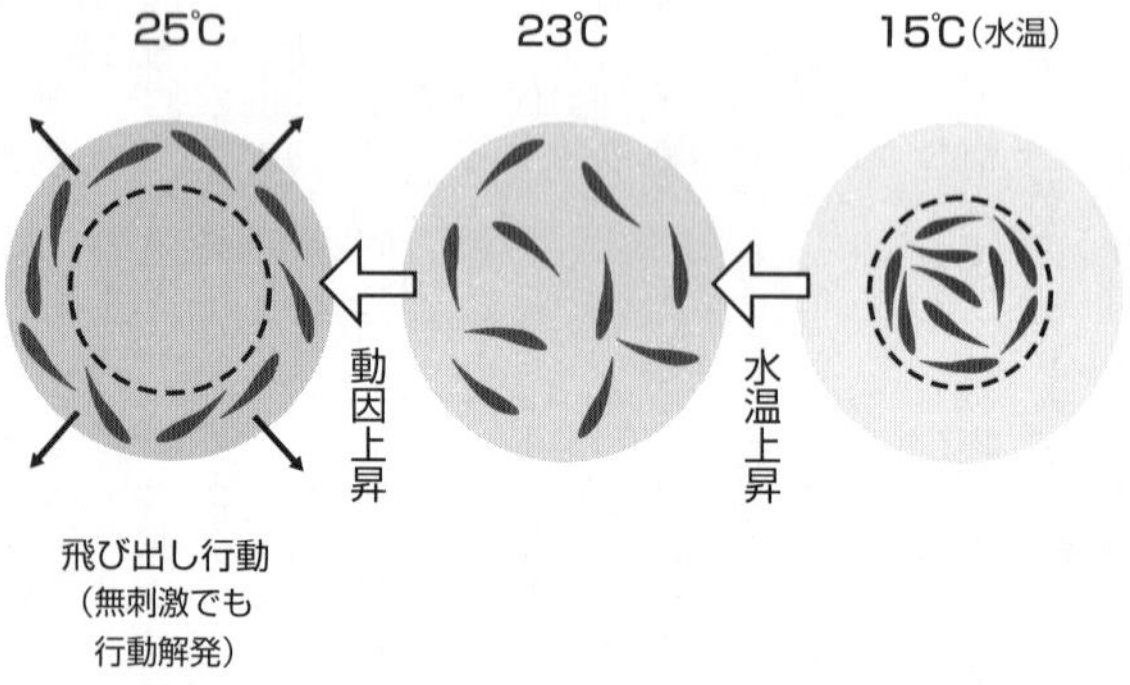

アユは水温が上昇すると、ランダムな方向への「飛び出し行動」を始めるようになる。

タライ二つに五〇匹ずつアユを入れ、片方のタライだけ水温を上げていくという実験をしました。すると、温度を上げたほうの水槽からだけ、アユがバラバラと飛び出しました。水温が上昇することでランダムな脱出が起こることは、何度実験をしても、どうやら再現性があるようです。

自然界での飛び跳ね行動は、上流から流れてくる水や、あるいは落ち込み部の落水が刺激となって、その方向に向かって飛びますが、水槽での実験ではランダムに飛びます。つまり水流や落水といった刺激がなくとも、水温の上昇のみによってアユの動因レベルは高まり、飛び出し行動が起きます。この無刺激の状態で起こる行動を真空活動と呼びます。アユは高い水温を「嫌い」、水槽から脱出しようとしたと解釈できます。これはランダムな行動ですから、その環境から脱出できさえすればいいということです。

「育ち」によって最適な個体間距離が違う

もう一つ面白い実験をしました。いろいろな所で孵化したアユをグループごとに水槽に入れて観察したのです。実験ですから、他の条件（水温、アユの数、水槽の大き

［図・3／「育ち」による稚アユの成群行動の違い］

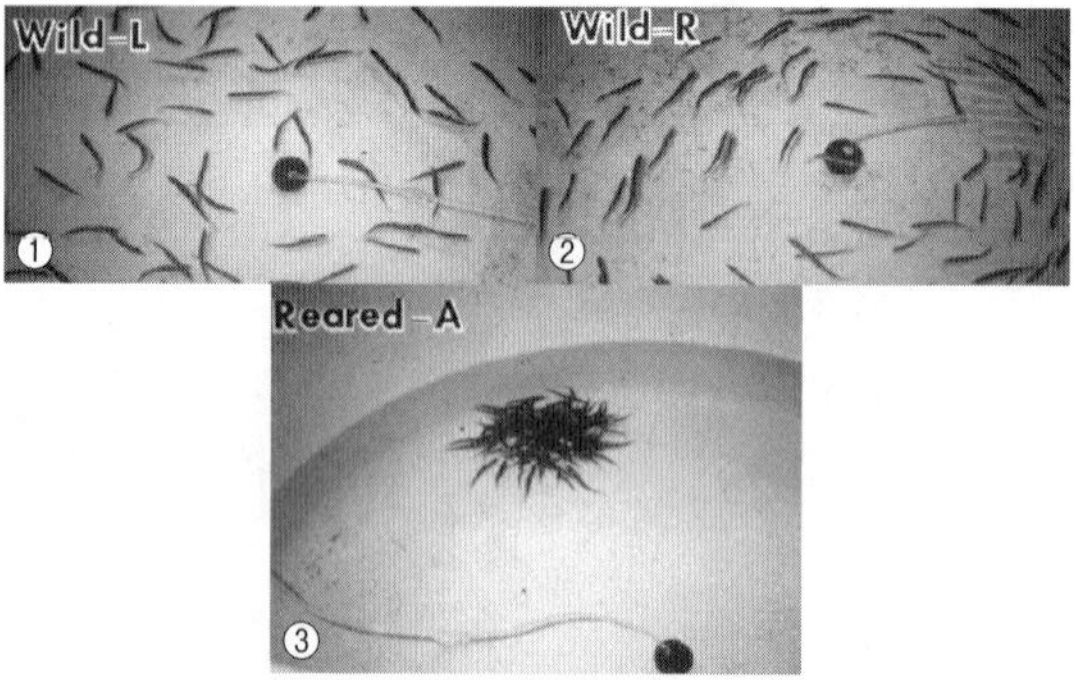

①は琵琶湖で獲れたアユ、②は矢部川で獲れたアユ、③は孵化場で人工飼育したアユ。

さなど）はすべて同じです。そして、一定時間ごとにそれぞれの水槽の様子を撮影しました。例えば図・3の写真①〜③は五時間後の様子です。

　写真①のアユは水槽いっぱいにバラバラに広がっています。これは琵琶《びわ》湖から獲《と》ってきたアユです。写真②は福岡県の矢部川《やべがわ》で獲れたアユで、群れ行動してはいますが琵琶湖のアユよりも集中しています。そして写真③が孵化場で人工飼育したアユで、これは体を擦り合わさんばかりに集合しています。つまり、それまで生活していた場所によって群れや群がりを作る時のパターンが異なりました。これはグループによって最適な個体間距離が異なるからです。

　個体と個体は近寄りすぎると離れようと

し（反発性）、離れすぎると近寄ろうとする性質（誘引性）があります。反発性も誘引性も感じない、最も快適な距離を最適個体間距離と言います。英語ではOptimum Distance to the Nearest Neighbor（最も近い隣人までの最適距離）と言い、ODNNと略します。つまり、近づきすぎるとODNNを保つまで離れ、遠ざかりすぎるとODNNまで近づくのです。

これは群れを作る多くの動物が持つ習性です。南極大陸に近いインド洋にあるケルゲレン島というフランス領の孤島はペンギンの営巣地として知られていますが、卵を温めているペンギンは一定の距離を保ち、広範囲にきれいな空間配置を形成します。

深海に住むクモヒトデは、海底に絨毯《じゅうたん》でも敷いたような整然とした模様を作り出しますが、これもODNNを保っている結果です。

ODNNは人間にもあり、私たちは接近しすぎたり、離れすぎたりすると居心地の悪さを感じます。そして無意識のうちにODNNを保とうとします。これについては『かくれた次元』（エドワード・ホール著、日高敏隆・佐藤信行訳、みすず書房）という本に、私のアユの実験と同じような話が記されています。

「一般にイギリス人やアメリカ人は個体間距離が遠く、フランス人・イタリア人・アラブ人となるに従って、近くなる傾向がある」というのです。そして、それぞれのO

ＤＮＮは人種や民族に由来するのではなく、生活環境によって変化すると――。

話をアユに戻しましょう。琵琶湖のアユは天然の河川で強い遡上性を示しますが、人工飼育のアユは川に放流してもあまり遡上しません。むしろ川を下ってしまうこともあります。そして、琵琶湖のアユはＯＤＮＮが大きい。一方、人工飼育のアユのＯＤＮＮは著しく小さい。実は、このＯＤＮＮの差が稚アユの遡上行動の強さに深く関わっていたのです。アユの上流への旅（回遊）の動因はＯＤＮＮが鍵《かぎ》を握っているのです。

二つの小さな水槽に混み合った状態で琵琶湖アユと人工アユを別々に入れ、それぞれに同じ落水刺激を与えます。すると両者の条件はすべて同じなのに、ＯＤＮＮの大きな琵琶湖アユは強い飛び跳ね行動を示し、人工アユは一向に飛び跳ねません。狭い空間に高密度で入れられたとき、ＯＤＮＮの大きな琵琶湖アユは相互に強い反発性を感じ、同じ刺激でも強い反応を示したのです。一方、ＯＤＮＮの小さい人工アユはすし詰め状態でもまったくストレスなく、反発性も起こらないため、その環境から脱出しようとしなかったと解釈できます。

これは落水刺激ではなく、水流刺激を与えてもまったく同じ結果が得られます。水流刺激の場合は反応として遡上行動が見られます。遡上行動も飛び跳ね行動も、とも

［図・4／動因と脱出行動］

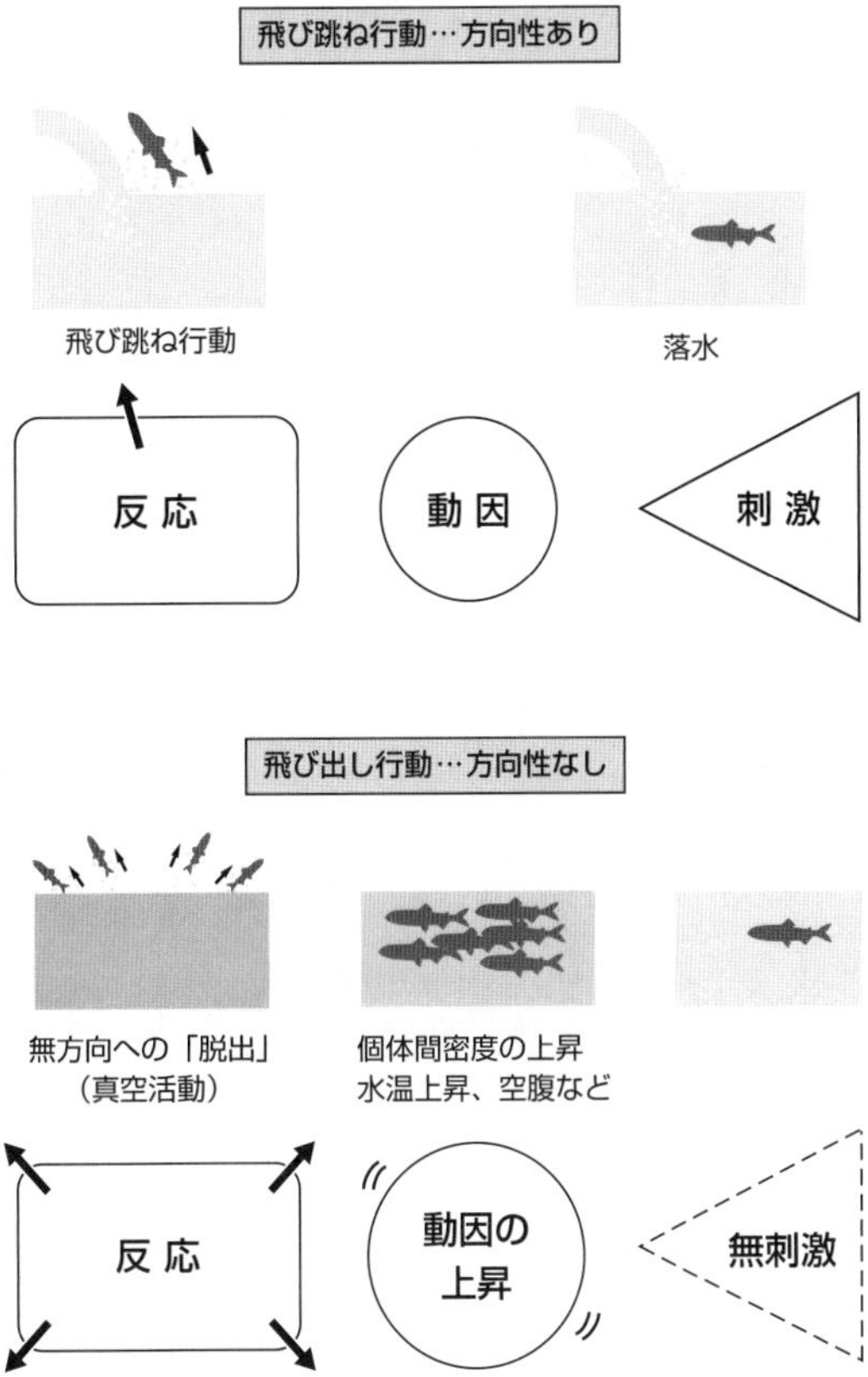

動因の強弱により刺激に対する反応は修飾される。動因が高まると、無刺激でもランダムな方向への「脱出」が起きるようになる。この現象こそが生物の「回遊」の原点である。

に稚アユの上流への回遊行動の要素だからです。

まとめてみると、ODNNの大きなアユほど、よく飛び跳ね、よく遡上し、天然の河川の中でも強い遡上性を発揮する。このアユの遡上行動モデルの場合、ODNNの距離が破られた場合に発生する反発性こそ動因の本体といえます。

つまりODNNが大きなアユほど同じ条件でも反発性を強く感じ、動因レベルが高い。従って、小さな刺激にも強く反応した。一方、ODNNの小さなアユは動因レベルが低いため、反応が鈍かった。わかりやすく言えば、広々とした琵琶湖で育ったアユは本来持っているODNNが大きく、動因（＝やる気）のレベルが高く、狭い人工孵化場の高密度の環境で育ったアユは動因レベルが低かったのです。

アユの動因レベルを左右するのは水温や個体密度だけではありません。空腹の程度、光の変化、水深の変化、捕食者の存在など、いろいろな生理条件・環境条件が動因のレベルを修飾します。こうしたファクターによって動因が高まると、それまでは反応しなかった小さな刺激にも反応するようになります。つまり遡上が始まります。

これらの実験から、私は「今いる場所に不都合を感じた時、アユはその環境から脱出しようとする。この現象こそ回遊の原点だ」と考え、「脱出理論（ランダム・エスケープメント・ハイポセシス）」と名付けて二〇〇九年にカナダの国際回遊魚シンポジウムで報告しました。私の研究からは「アユは」とか「ウナギは」という言い方になりますが、ヒトまで含めた動物の移動の理由に対するオールマイティーな解答が「脱出」なのではないかと考えています。

琵琶湖の大アユ小アユの不思議

琵琶湖のアユを研究していて面白い発見をしました。琵琶湖には、大アユと小アユという、文字通りサイズの違うアユがいます。小アユは「湖アユ」という意味だという説もありますが、ここでは「小アユ」と書きます。大アユの成魚は二〇センチくらい、小アユはその半分、一〇センチほどです。中には中間的なサイズもいて、地元の方は中アユと言いますが、これは少数派。話を簡単にするために、ここではサイズが極端に違う大アユと小アユの二つのグループのアユがいると考えて下さい。

大アユは、冬の間を琵琶湖で過ごし、春になると琵琶湖に注ぎ込む川（流入河川）に遡上します。春に遡上した大アユは、夏の間、川で大きくなり、一〇月末から一一月くらいに琵琶湖の流入河川の下流で産卵します。これは全国で見られる海と川を回遊する普通のアユと同じパターンです。

一方、小アユはずっと琵琶湖にいます。一〇センチくらいまで育つと八月末から九月くらいに早々と流入河川の河口付近や湖岸で産卵します。

つまり、大アユと小アユはサイズや体型が異なるだけでなく、行動パターンや産卵期も違います。重要な繁殖形質である卵サイズだって異なっています。繁殖は動物の生活史の中で最も重要で、かつ最も保守的な部分ですから、繁殖に関係したこれらの特性に差異があることはゆゆしきことです。大アユと小アユは同じアユでありながら、別種に分かれつつあると見るのが普通です。両者の産卵期がはっきり違うことから「生殖隔離があり、両者は種分化の途上にある」と解釈した研究者もいました。

なぜ回遊するかという、動物の旅の理由を知りたいと考えていた私は、小アユが琵琶湖に残り、大アユが川へ遡上する、その違いを知りたいと思いました。つまり回遊するアユとしないアユの違いを調べれば、回遊の理由がわかるだろうと考えたのです。

どういう調査をしたかというと、琵琶湖に注ぐ安曇川《あどがわ》を遡上してくるアユを二月から八月まで毎月捕まえ、その耳石《じせき》を調べました。耳石については次章以下で詳述しますが、魚の耳の中にある石です。顕微鏡で高倍率で見てみると、木の年輪のようにいくつもの輪が観察できます。ただし、魚の耳石に形成されるこの細かい輪は一日に一本。したがって、これを勘定すると生後何日目の個体かがわかる。捕獲日から逆算すれば、誕生日を把握できるわけです。

安曇川を遡上するアユの耳石を調べてみると、早い時期に上がってくる個体（大アユ）は前年の産卵期の中でも早い時期に生まれており、遅くなるほど、遅い時期に生まれていることがわかりました。きわめて当たり前の、合理的な調査結果です。そして、遡上しない小アユを調べてみると、最も遅い時期（一一月頃）に生まれていました。

しかし、この小アユの誕生日は、産卵期と一致しません。繰り返しますが、琵琶湖で小アユの産卵が見られるのは八月末から九月上旬にかけてです。アユの卵は産卵後二週間くらいで孵化しますから、一一月に生まれるのは遅すぎます。いったい、これはどうしたことでしょうか。

この二つの事実（誕生日と産卵期）に間違いがないなら、小アユは一一月に生まれ、翌年の九月に産卵して死ぬという約一〇ヵ月の生涯を送っていることになります。すると、年魚《ねんぎょ》なのに二ヵ月のブランクが生じてしまいます。これでは次世代とのライフサイクルが連続しません。無理矢理繋げようとすれば、毎年二ヵ月ずつ産卵が早まることになります。しかし、そんな現象は起きておらず、小アユは毎年同じ時期に産卵しているのです。

一方、春に遡上した大アユの誕生日は九月とわかりました。大アユは一一月に産卵して死ぬので、こちらは約一四ヵ月の生涯を持つことになり、二ヵ月オーバーしてしまいます。次世代とライフサイクルを繋げようとすると、毎年二ヵ月ずつ産卵期が遅くなっていくことになります。もちろん、こんな現象が起きているはずはありません。

この不思議な生態を説明しうる解釈はたった一つでした。つまり、大アユの子が小アユになり、小アユの子が大アユになる。一年の世代交代の度に、大アユと小アユが交代しているのです（図・5）。こう解釈すると、小アユの二ヵ月のブランクと大アユの二ヵ月のオーバーが相殺《そうさい》され、二四ヵ月つまり二年二世代で一周りというライフサイクルが成り立ちます。

つまり、大アユと小アユは種分化の途上にある異なった二群ではなく、単に産卵期や成長率の違いによって生じた二型にすぎなかったのです。実際、遺伝子を調べてみると、大アユと小アユに差異は認められず、同一種と確認されています。私はこれを「スイッチング・セオリー」と名付け、米国ボストンで開かれた第一回国際回遊魚シンポジウム（一九八六年）で発表しました。国内ではあまり知られていませんが、海外の同業者からは「ツカモトのスイッチング・セオリー」として認知されています。

［図・5／アユの回遊メカニズムと行動特性］

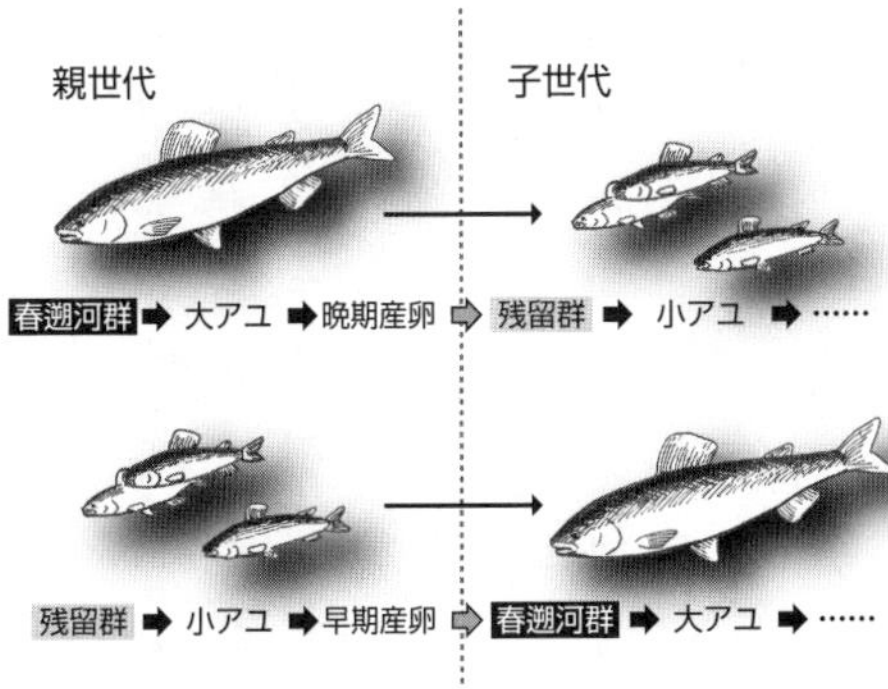

中途半端《はんぱ》な個体が担《にな》う大事な役割

　琵琶湖には、毎年、大アユと小アユの二型ができます。前年に小アユだったものの子供が、今年は大アユとして存在し、前年に大アユだったグループの子供が、今年は小アユになっているわけです。この二群は産卵期が大きくズレているので、交雑はできないことになります。

　すると、何かの拍子に一方のグループで遺伝的な変異が生じた場合、それは該当のグループにだけ継承されることになります。きわめて長い時間をかけて、それが繰り返されれば、二群はそれぞれ独自の進化をし、二種に分かれる可能性があります。

　ところが、同じ年の大アユと小アユに遺伝子の差異は認められません。いったい、これはどうしてでしょうか。

鍵は先に触れた中アユです。数は多くないけれど、サイズ的にも産卵時期においても、大アユと小アユの中間に位置する個体が存在するのです。彼らは両方のグループと交わる可能性がある。つまり遺伝子の交流に一役かっているのです。すると、交雑できない二群であっても、中アユの仲介で同一種としての遺伝子を維持していくことができます。つまり、琵琶湖の二グループは別種には分かれず、今後も同一種として存在し続けるでしょう。

それにもう一つ、成長の問題も関わってきます。ここでは詳しく触れませんでしたが、誕生日の他に成長率も河川遡上か湖中残留かを決定する要因として重要です。九月に生まれた小アユの子供は、原則、翌春に河川遡上して大アユになるのですが、成長の悪い一部の個体はそのまま湖中に残り、小アユになることもあるのです。つまり、誕生日と成長率の二つの要因が遡上（回遊）か残留（非回遊）かを決め、ひいては大アユか小アユかを決めていたのです。

同様な例はカラフトマスにも見られます。カラフトマスは川で生まれて海に下り、二年経《た》つと成魚となって同じ川に戻ってきます。二年サイクルの生活環をもつわけですが、カラフトマスは川に毎年、遡上してきます。これは、カラフトマスに奇数年群と偶数年群の二群が存在するためです。

たとえば二〇一六年は偶数年ですから、秋に偶数年群が遡上してきます。この時、二〇一五年生まれの奇数年群は生後約一年の若さで、オホーツク海やベーリング海を泳ぎ回っています。したがって、二群のライフサイクルは交わることがありません。するとここにも二群が別種に進化していく可能性があることになります。

ところが、琵琶湖のアユと違いカラフトマスの偶数年群と奇数年群は、形態的にも、卵サイズや産卵期などの繁殖形質においてもまったく差はありません。完全な同一種で、ただライフサイクルが一年ずれているだけなのです。そして、琵琶湖の中アユのような中間的個体は見当たりません。いったいこれはどうしてでしょうか。

私はカラフトマスを専門的に研究したことがないので推測の域を出ませんが、もしかすると留年する個体がいるのかもしれません。飛び級して一年早く遡上・産卵する個体は少ないと思います。自然界において、通常の成長・成熟に必要な期間が半分になることは考えにくいからです。

しかし、二年の成長期間が三年に延びるのはよくあることです。水温が低すぎたり餌が不足したりして成長が遅れ、五割増しの時間が必要になったのかもしれません。偶数年の留年生が奇数年に行き、奇数年の留年生が偶数年に行く。こうして、留年個体が、本来交わらないはずの二群に遺伝子の交流をもたらしている可能性があります。一見、中途半端な個体が一つの役割を担っているのは面白い現象と言えます。

近年、カラフトマスの二群に遺伝的な違いがあることを報告した研究も見られます。しかし、遺伝的に違いがあることが、直ちに別種であるということではありません。同一種内の二群に遺伝的差があるという事実であり、今後この差がさらに拡《ひろ》がって種分化が起きる可能性もあれば、このままこの差が維持されていったり、逆に消滅してしまったりする可能性もあるということです。ただ、回遊生態の立場から言えば、奇数年と偶数年という時間的に接した同一形態と生態をもつ二群が、将来きれいに分かれていくことは考えにくいのですが……。

動因上昇時のホルモン

アユに話を戻しましょう。琵琶湖での研究で、早く生まれた個体ほど早い時期に川を遡上することがわかりました。つまり、早く生まれた大アユは動因レベルが早い時期に高くなったということです。

動因レベルの上昇は、ホルモンの働きが関わっていると考えられます。アユの場合、水温や個体間密度、空腹度など、いくつかのファクターによって動因レベルが高まった時、遡上行動や飛び跳ね行動が起こります。また、遡上する個体はしない個体に比べて、体内では甲状腺《こうじょうせん》がより活発に働いており、甲状腺ホルモンが血中に大量放出されています。この現象をサージと呼ぶのですが、アユは体内でサージが起きたとき遡上を始めます。

甲状腺ホルモンは人間にもあるので、多くの説明は不要と思いますが、全身の細胞に作用して代謝率を上昇させる働きがあります。これが正しく働かないとさまざまな疾患が起きますが、その一つに甲状腺機能亢進《こうしん》症があります。これは甲状腺が異常に活発に活動してしまう疾患で、田中角栄元首相が患《わずら》っていたそうです。

田中元首相は、国会で首班指名を受けて壇上に上がった時、顔面にびっしり汗をかいていました。その様子を実家で見ていた母親のフメさんが、手拭《てぬぐ》いでテレビ画面を拭《ふ》いてあげたのは有名な話です。おそらく、持病と首班指名の高揚とで、田中元首相の体内では異常に代謝率が上昇し、暑くてたまらなかったのだと思われます。

魚類は変温動物なので、体は水温と同じくらいになっていますが、サージが起きると代謝率が上がり、活性化します。これがアユの遡上行動や飛び跳ね行動の生理学的な背景です。

渡り鳥は、渡りの直前、動因レベルが上昇すると、「ナイト・レストレスネス」（Night restlessness）という、舌を噛《か》みそうな名前の行動をします。通常鳥は、夜間止まり木に止まってじっとしているのですが、渡りの時期が近づくと、夜間もバタバタと休みなく動き回るようになります。この時、プロラクチンというホルモンが上昇していることがわかっています。これは甲状腺ではなく脳下垂体で作られます。このホルモンはラットでは繁殖行動に関係していて、発情の前夜から多く分泌《ぶんぴつ》されることが知られています。

ナイト・レストレスネスはウナギでも起こります。厳密に言うと、ウナギは鳥と違って夜行性なので、通常は休んでいる昼間も動き回るという意味では「デイ・レストレスネス」と言うべきでしょう。しかし、ここでは鳥の例に倣《なら》ってナイト・レストレスネスという言葉を使うことにしましょう。

ウナギは十分に成長し、回遊の準備ができると、お腹《なか》にグアニンが沈着して銀ウナギ（Silver eel）と呼ばれる状態になります。この前の段階が黄ウナギ（Yellow eel）です。専門的にはさらに黄ウナギをY1とY2、銀ウナギをS1とS2の計四段階に分けて区別しています。

私の研究室の大学院生・須藤竜介君は、この黄ウナギと銀ウナギの内分泌学的、行動学的違いを観察し、ウナギの降河回遊の開始機構に関する学位論文を書きました。その実験からウナギのナイト・レストレスネスと、それに関わっているホルモンが明らかになりました。

まず、前面が透明な水槽にウナギの入れる大きさのパイプを沈め、それに黄ウナギと銀ウナギを入れ、どういう動きをするかを観察しました。ウナギは夜行性ですから、通常は夜間だけ動き、昼間は穴の中でジッとしています。

図・6はその結果を示すもので、横軸が時刻、縦軸が活動度を表すパイプの外にいた時間です。黄ウナギは前に述べた通り昼間はパイプに入ってじっとしています。しかし、回遊のフェイズに入った銀ウナギは、昼間もモソモソ動きまわり、夜間はさらに活発に活動しているのがわかります。

この黄ウナギと銀ウナギのホルモンを調べてみると、銀ウナギはイレブンケトテストステロン（以下イレブンＫＴ）という男性ホルモンのみ著しく高くなっていました。つまり、ウナギの回遊の開始にはイレブンＫＴが関係しているのではないかと考えられるわけです。

そこで、須藤君は黄ウナギにイレブンＫＴを投与し、これを与えない個体と比較してみました。今度はパイプに入るかどうかではなく、上層をウロウロ遊泳する時間を

[図・6／銀化にともなうウナギの行動変化]

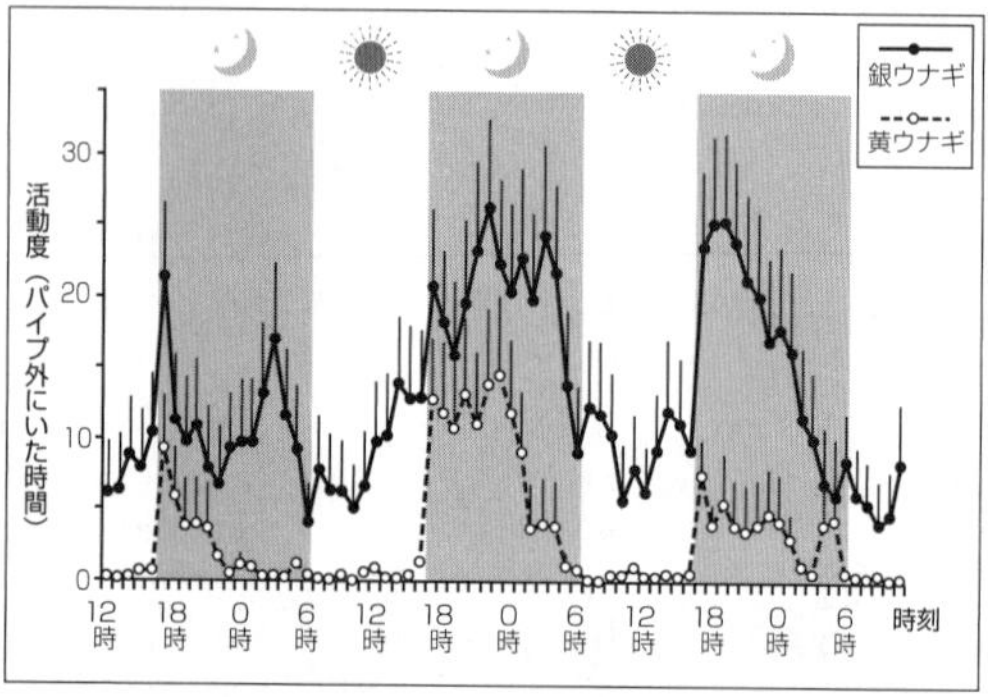

黄ウナギは銀ウナギになると、パイプから出て昼夜とも活発に動き回るようになる。

[図・7／黄ウナギへのイレブンケトテストステロン投与実験の結果]

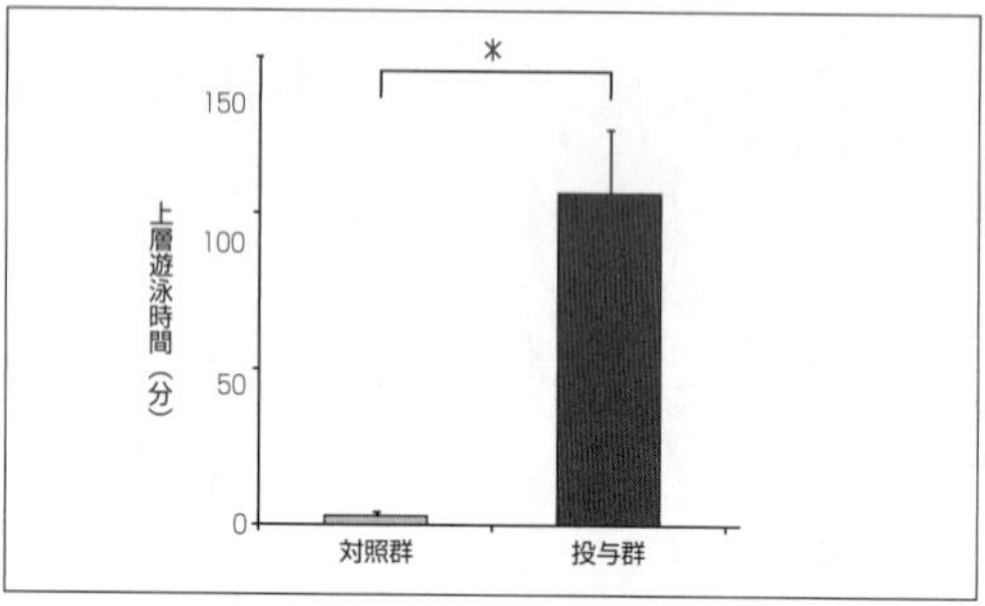

イレブンケトテストステロンを投与した黄ウナギは、投与しない個体に比べて、水槽の上層を遊泳する時間が長くなった。

計っています（図・７）。すると、イレブンKTを投与した黄ウナギは、圧倒的に長時間、水槽の上層を遊泳したのです。つまり、ウナギの動因レベルを上げ、産卵回遊に向かわせる要因はイレブンKTである可能性が大なのです。魚類においてこのように行動の動因を支配するホルモンをはっきりと特定した例は、これが初めてです。

人類のアフリカ脱出はどのように起きたか

今から三二〇年ほど前の晩春、松尾芭蕉《ばしょう》は弟子の河合曾良《かわいそら》とともに東北への旅に出ました。この様子を記したのが『おくのほそ道』です。「月日は百代の過客にして行きかふ年もまた旅人なり」で始まる『おくのほそ道』です。芭蕉はそれ以前にも何度か旅をしていますが、その動機を「予もいづれの年よりか、片雲の風にさそはれて、漂泊の思ひやまず」と書いています。

そして『おくのほそ道』の時は「そゞろ神の物につきて心をくるはせ、道祖神のまねきにあひて、取《とる》もの手につかず」という状態になります。

これは、旅の好きな人が実感している心境ですが、人間における旅への衝動（動因レベルの上昇）を見事に伝えています。おそらく、芭蕉は深川《ふかがわ》の芭蕉庵《あん》あたりで、弟子の誰かから「みちのくに行くと美しい松島がある」とか「荒波が洗う佐渡島《さどがしま》が見える」なんてことを聞き「ワシも行ってみたい」と強く思ったに違いありません。

その心の中に沸き起こった旅への動因を「そゞろ神」という言葉を使って表現しました。「そゞろ」は「漫ろ」と書きますが「気もそぞろ」の「そぞろ」で、気持ちが落ち着かないこと、ソワソワすることです。「そゞろ神」は人をそういう気持ちに誘惑する神ということになりますが、芭蕉はこの神さまに取り憑《つ》かれて「心をくるはせ」たわけです。

芭蕉は、旅先で多くの句を作り、いくつか俳句集を残しているので、句作のために旅に出たような印象があります。しかし『おくのほそ道』の書き出しには「俳句を作りたい」なんて創作意欲は記されていません。そんなことよりも「心をくるはせ」「道祖神のまねきにあひて」「取もの手につかず」出掛けてしまうわけです。

サケが一生懸命川を遡《さかのぼ》って自分の生まれた川に戻ってきたり、ウナギが川を下って海に出ていくのを見て、私たちはその目的は「産卵のため」と言います。結果としてそうなっているのは間違いありませんが、それは動因ではありません。芭蕉の場合も句作が動因なのではなく、「漂泊の思ひ」こそが動因なのだろうと思います。

人類（ホモ・サピエンス）の起源は二〇万年くらい前のアフリカ中部だと言われて

います。考古学やミトコンドリアDNAの解析によって、それはほぼ定説になっているのですが、その後、今から六万年か七万年前に、人類はアフリカを脱出しました。これによって、人類は地球全体に分散することになるのですが、いったい、なぜ、私たちの祖先はアフリカを出たのでしょうか。

「脱出理論」を唱える私に言わせれば、「今いる場所に不都合を感じた」からにすぎないのです。どんな不都合だったかは想像に難くありません。食糧不足でしょう。当時は狩猟採集生活ですから大規模な気候変動があれば、たちまち危機的な食糧不足に陥ります。

「このままここに留まっていては餓死する」ほどハラが減った時、私たちの祖先はアフリカ脱出を始めたのではないでしょうか。もちろん、地球上にユーラシア大陸や南北アメリカ大陸があることなど知りません。アテなどまったくなく、とにかく今いる土地を離れて別の地へ移動しようとした。アフリカを出た祖先たちはユーラシア大陸全域に拡がり、ベーリング地峡を越えて北アメリカに渡り、南北アメリカ大陸を縦断して、およそ五万年かけてアルゼンチンの南端まで到達しました。

もちろん、この大移動が安全に行われたはずはありません。大部分の脱出者は餓死したり、病気や事故で死んでしまったでしょう。そして、わずかに生き残った者たちがホモ・サピエンスの系譜を繋いできたのです。

私はアユやウナギの回遊を研究してきましたが、その根源的な問い掛けは「なぜ動物は旅をするのか」でした。動物の移動すべてに共通するのは、前の環境における「不都合」です。個体密度の上昇や餌不足、寒冷化などの不都合が生じ、動因レベルが上昇する。換言すれば、行動が始まる閾値《いきち》が下がるということです。

旧約聖書に『出エジプト記』という話があります。紀元前一三世紀、モーゼに率いられたイスラエルの民がシナイ半島に脱出するのですが、その原因はエジプトのファラオによる圧政でした。四世紀にはゲルマン民族の大移動が起きます。東方の騎馬民族フン族が欧州のゲルマン民族を圧迫したため、しかたなく南下してローマ帝国領に雪崩《なだ》れ込んだわけです。

こうした現象は規模こそ小さくなりましたが、現代でも起きています。ベトナム戦争時はボートピープルが日本にまでやって来ましたし、直近では北朝鮮からの脱北者たちがいます。貧困、迫害、戦乱といった原因で、住み慣れたはずの地が不都合になると、人という動物も脱出に駆り立てられるのです。こうした歴史が「旅とは何か」を如実《にょじつ》に物語っています。

第2章

ウナギの進化論

——深海魚がウナギになった？

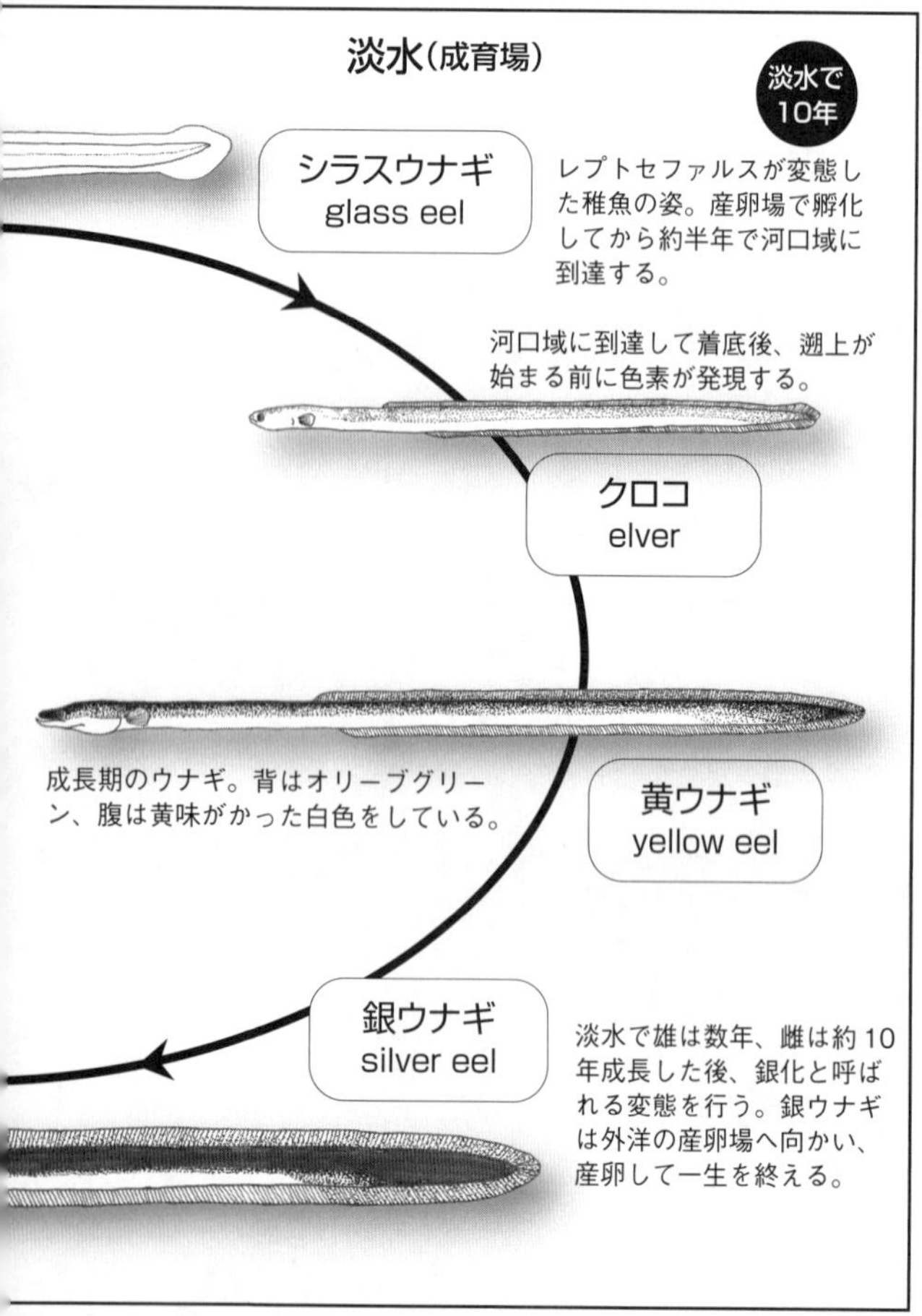
淡水(成育場)
淡水で10年
シラスウナギ
glass eel
レプトセファルスが変態した稚魚の姿。産卵場で孵化してから約半年で河口域に到達する。
河口域に到達して着底後、遡上が始まる前に色素が発現する。
クロコ
elver
成長期のウナギ。背はオリーブグリーン、腹は黄味がかった白色をしている。
黄ウナギ
yellow eel
銀ウナギ
silver eel
淡水で雄は数年、雌は約10年成長した後、銀化と呼ばれる変態を行う。銀ウナギは外洋の産卵場へ向かい、産卵して一生を終える。

[図・8／ウナギの生活史]

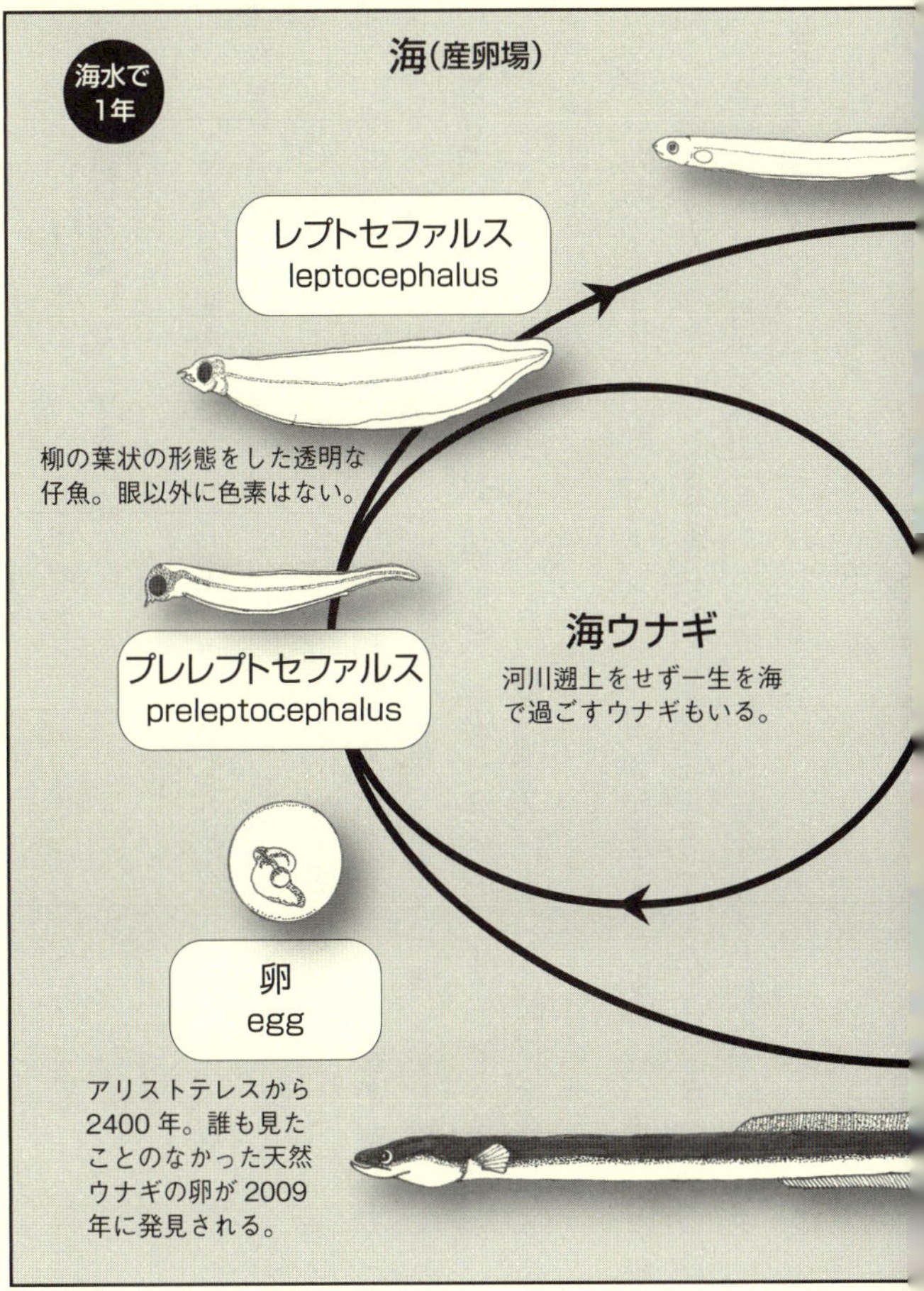
海(産卵場)
海水で
1年
レプトセファルス
leptocephalus
柳の葉状の形態をした透明な
仔魚。眼以外に色素はない。
プレレプトセファルス
preleptocephalus
海ウナギ
河川遡上をせず一生を海
で過ごすウナギもいる。
卵
egg
アリストテレスから
2400 年。誰も見た
ことのなかった天然
ウナギの卵が 2009
年に発見される。

パラオの海底洞窟《どうくつ》にいたウナギの祖先

二〇一〇年九月に開かれた日本魚類学会で、「生きた化石」とも言うべきウナギの祖先が発見されたという発表がありました。パラオ在住の魚類研究家・坂上治郎氏が、前年（二〇〇九年）の三月、同地の海底洞窟で発見しました。

成魚の体長は最大二〇センチくらい、黒褐色の体色で、ヒレが大きいのが特徴。ニホンウナギとはずいぶん異なった形態ですが、北里大学の井田齊《ひとし》名誉教授と千葉県立中央博物館の宮正樹《みやまさき》主席研究員らが研究、解析（ミトコンドリアDNAの解析など）をしたところ、二億二〇〇〇万年くらい前に地球上に現れ、独自に進化した原始的なウナギ目魚類と判明しました。

ウナギ目魚類の大祖先なので「ムカシウナギ科 *Protoanguillidae*」という新しい科の設立が提唱され、学名は *Protoanguilla palau* と決まりました。「*Proto*」は「原始の」、「*anguilla*」は「ウナギ」、「*palau*」はまさに「パラオ産」という意味で、英名は Palauan primitive eel です。

「ムカシウナギ」の発見のずっと以前から、私たちの研究室ではウナギの起源について遺伝子を用いた研究を進めていました。これは私たちの研究室の井上潤君（沖縄科学技術大学院大学研究員）と前出の宮正樹さんを中心に、西田睦さん（琉球大学理事・副学長）始め多くの人びととの共同研究として行われたものです。私たちはミトコンドリアDNA全ゲノム解析によって作製されたウナギ目魚類の分子系統樹を作ってみました。これによれば、ウナギ目の祖先が出現したのは二億五〇〇〇万年前（中生代三畳紀）ということがわかりました。地球上の陸地がまだ割れておらず、パンゲアという一つの塊だった時代です。

中生代三畳紀が始まる直前、つまり古生代ペルム紀の終わりくらいに地球規模の大環境変動があり、当時の生物の九割以上が絶滅したと言われています。生き残った生物たちが、新たな進化と繁栄に向かい始めたのが中生代三畳紀で、恐竜が出現し始めた時期でもあります。

そんな世界に、ウナギ目魚類全体の共通祖先が海中を泳いでいた。そして、しばらく（三〇〇〇万年ほど）してムカシウナギが分化し、ほとんどそのままの形で、ひっそりとパラオの海底洞窟で二億二〇〇〇万年くらい暮し続けてきたのかもしれません。

ウナギ目魚類の中で、見かけがウナギに似ているのは、アナゴ、ウツボ、ウミヘビ、

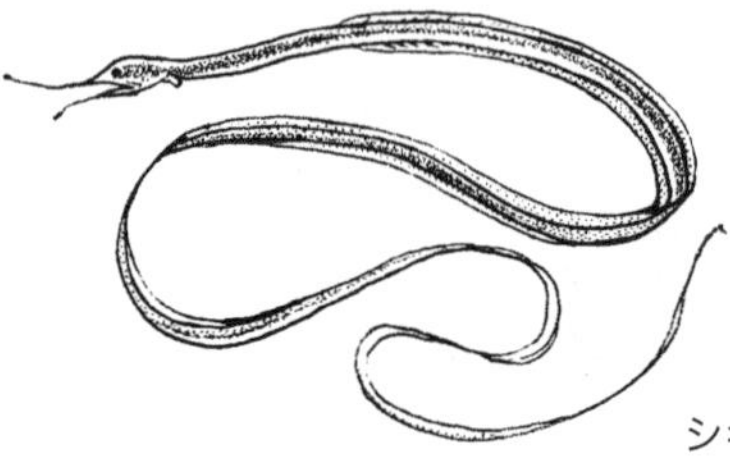

シギウナギ

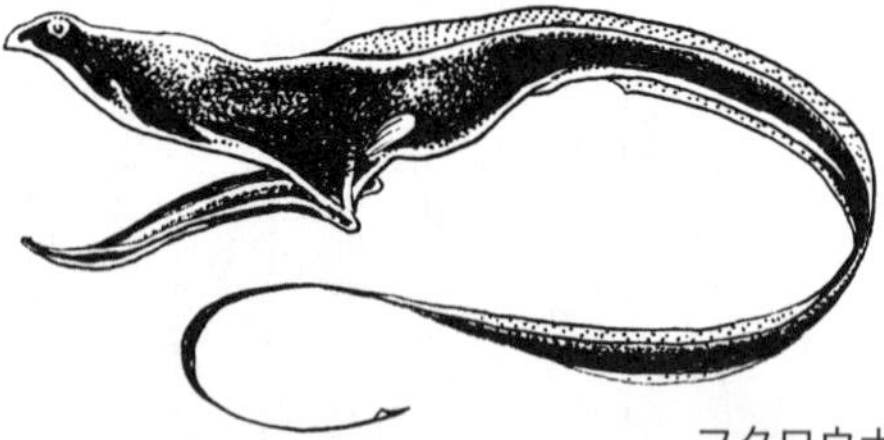

フクロウナギ

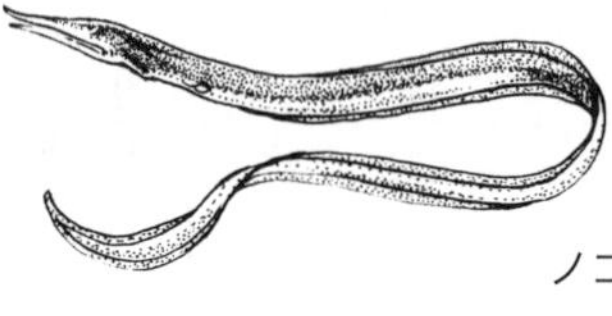

ノコバウナギ

[図・9／ウナギに近縁の魚たち]

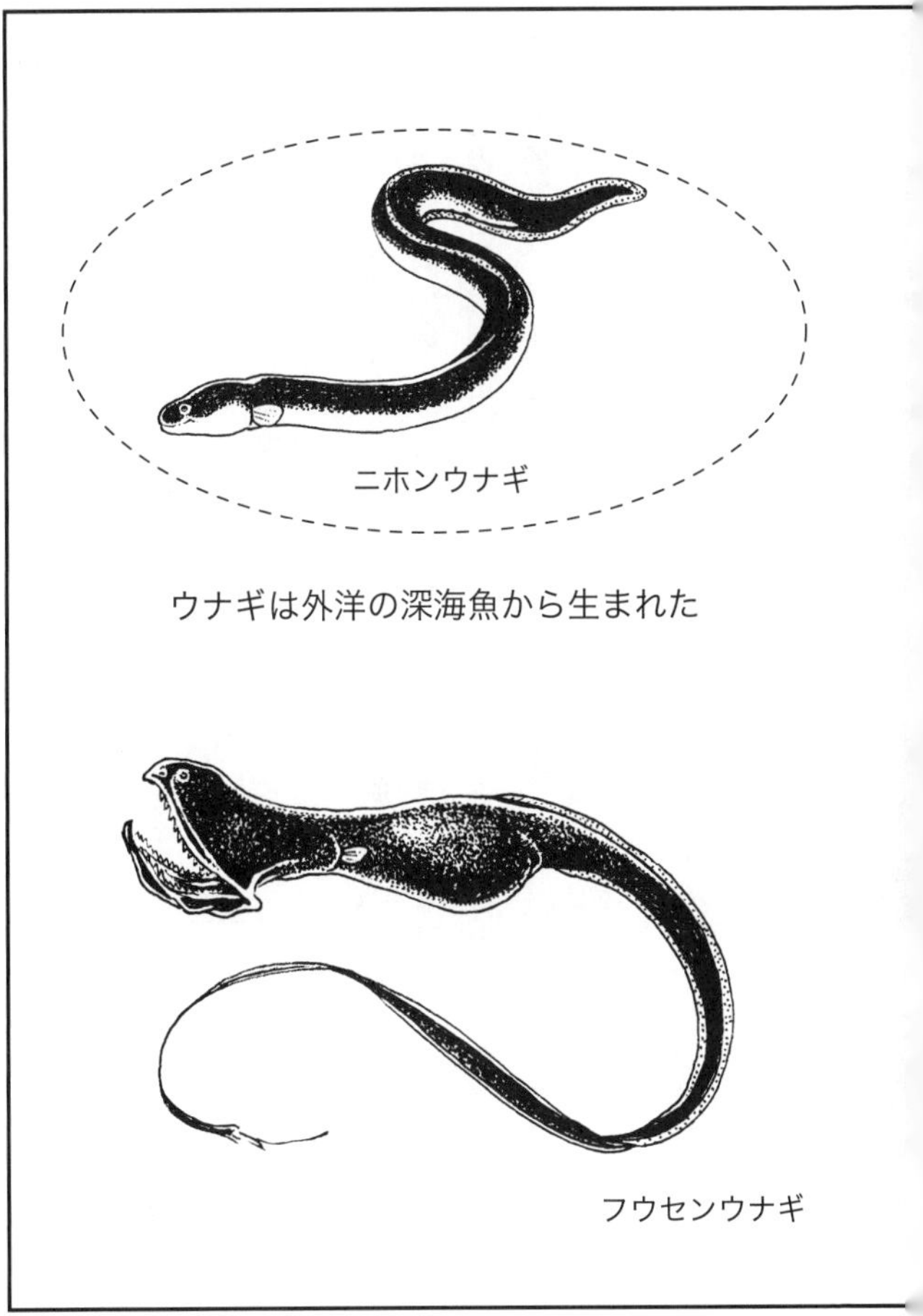

ハモなどです。しかし、彼らはウナギの親類筋ではあるのですが、むしろ遠縁です。私たちが得たウナギ目の分子系統樹を見ると、ウナギに最も近縁なのはフクロウナギ、フウセンウナギ、シギウナギ、ノコバウナギ（図・9）といった外洋の中深層性の深海魚です。つまり、ウナギは深海魚の仲間だったのです。

ウナギ全種を世界中から集めよ

前出のウナギ目の分子系統樹の下の方には、今、私たちが食べているニホンウナギを含む、ウナギ科の魚類がひとかたまりとなっていました。私たちの研究室で世界に先駆け、このウナギ科内部の系統関係の研究を行ったのが青山潤君（現・東京大学大気海洋研究所教授）です。これは、世界中のウナギ（当時は一八種・亜種、後に一種が発見された）を集めてきて、遺伝子を解析するという仕事でした。

なぜ、そういう仕事が必要だったかといえば、簡単です。ウナギの起源と進化の様子を知りたかった。一体、地球上のどこにウナギが現れ、どのようにして世界中に拡《ひろ》がっていったのか知りたかったのです。世界のすべてのウナギを集めて系統関係を明らかにすれば、どのウナギが最も古く、どのように分化してきたかわかるはずだと考えました。

　もう一つ、ウナギの遺伝子を調べることで、混乱していたウナギの分類学の整理に役立てることができます。こちらのほうは青山君の後輩の渡邊俊君（現・日本大学博士研究員）が担当しました。

　ウナギは形態的に違いが少なく、外見だけではなかなか判別できないのです。かろうじて外見的に区別しうる点は、①体に斑紋《はんもん》があるかないか、②背鰭《せびれ》が長く前方まで伸びているか否《いな》か、③鋤骨《じょこつ》（上顎《じょうがく》の骨）の幅が太いか狭いか、この三つくらいしかありません。

　この三点の組み合わせで、かつては一八種・亜種のウナギを四グループに分けていました。四グループそれぞれに五種くらい入っているのですが、同じグループのウナギたちは外見上ほとんど区別できません。そこで、これらは分布域によって区別していました。うまい具合に分布域が異なるので、いままでは何とか一八種・亜種を分類できたのです。つまり、ウナギは形態的特徴と分布域（産地）によって、種を特定できました。

　ところが、ここで混乱が起きます。ウナギの養殖が盛んに行われるようになり、世界中からシラスウナギが東アジアに入ってくるようになったのです。すると輸送の過程で原産地が分からなくなってしまったり、養殖池で混じってしまい、成魚になってもどの種なのかわからないという状況が出てきました。

これを判別するには、全種の遺伝子を解析し、データベース化しておくしかありません。そうすれば、原産地不明のウナギが出てきても、遺伝子を解析し、照会することが可能になります。

というわけで、青年海外協力隊でボリビア勤務の経験のある青山君が「世界ウナギ獲《と》り隊」の隊長となって、世界中のウナギを集め、遺伝子を解析するプロジェクトが始まりました。しかし、これは「言うは易《やす》く、行うは難《かた》し」の典型でした。遺伝子解析は機器が揃《そろ》い、手法も確立されているので、今はそれほど難しくはないのですが、サンプルとなるウナギ全種を世界中から集めてくるのが大変だったのです。

新種アンギラ・ルゾネンシス

ウナギは温帯と熱帯に分布しています。温帯はおおむね先進国なので、海外の研究者に電話やファックス、あるいはメールで依頼すればサンプルを送ってもらえます。フリーザーやドライアイス、ホルマリンやアルコールなどの固定液もあるので何の問題もありません。しかし、ウナギの本場の熱帯はほとんどが発展途上国ですから、そうはいきません。ドライアイスもホルマリンも入手するのが大変だし、そもそも依頼すべき研究所や研究者が見当たらない国もあります。

かくして、現地に行って自ら獲って来るしかないという話になり、青山・渡邊君らが熱帯の発展途上国を飛び回り、ジャングルの川でウナギ釣りをすることになりました。その苦労話を青山君が本にしたのが『アフリカにょろり旅』『うなドン』『にょろり旅・ザ・ファイナル』（全て講談社）です。この世界ウナギ獲り隊には、私も三分の二ほどの遠征に参加しました。インドネシアのボルネオに始まり、スマトラ、フィジー、タヒチ、アフリカのマラウィ、レユニオン、ニューカレドニア、ニュージーランド、タイ、マレーシア、フィリピン、ノルウェー、アイスランドなどなど、熱帯から温帯、亜寒帯までウナギを求めて旅をしました。青山君の本に私は「世間知らずの、ちょっと間抜けな教授」という役どころで登場していますが、そのキャラクターはあくまでフィクションであることをここでお断りしておきます。

さて、まあそのような苦労の末に、世界中のウナギが集められ、遺伝子のデータベースができ上がりました。当然、これを持っているのは私たちだけでした。つまり、どんなウナギでも正確に分類できるのは、世界で私たちの研究室だけだったのです。

ところが、研究成果を論文にして発表するには、データベースを登録し、公開しなければなりません。未登録だと、論文を受け付けてもらえないのです。

論文を書くことが研究者の仕事なので、持っている遺伝子情報はすべて論文にし、同時に登録・公開いたしました。ですから、今は誰でもこのウナギデータベースを利用できます。今にして思えば、あれだけ海外調査に苦労して、やっと念願のウナギデータベース作りに成功したのですから、もし民間ならば企業秘密として非公開にし、お金儲《もう》けの材料にもできたと思いますが、当時私たちはそんなことは思いつきもしませんでした。もともと世界中の研究者や現地の人たちの協力があってできた仕事ですから、論文の名誉だけ残ればそれでもう十分だったのです。

「世界ウナギ獲り隊」が所期の目的をほぼ達成したころ、新種のウナギが発見されました。それは最初、マリアナのウナギ産卵場調査の副産物として、私たちの前に姿を現しました。プランクトンネットに入ったウナギの仔魚《しぎょ》・レプトセファルスの中に、ウナギデータベースのいずれにも該当しない塩基配列をもったレプトセファルスが見つかったのです。形態で見ると確かにウナギです。しかし遺伝子ではどのウナギでもないのです。「すわっ、新種か!?」と思われましたが、「沈着冷静な」青山隊長は、「偽遺伝子（不活性な遺伝子）かもしれない。あるいはコンタミ（目的物以外の余計

[図・10／19番目の新種ウナギの発見]

フィリピン・ルソン島のネグリート一家(上／写真：阿井渉介)と、発見した新種のウナギ*Anguilla luzonensis*(下／写真：青山潤,Watanabe et al. 2009)。

なものが混じること）かもしれない」と興奮を抑えてあくまで慎重です。結局、計四匹も怪しいレプトセファルスが出てきて、これはきっと新種がどこかにいるはずだということになりました。海流と仔魚の採集地点・体サイズなどを考えて、フィリピンのルソン島に行けば新種がいるに違いないとアタリを付けました。

何回かフィリピンに「ウナギ獲り隊」が派遣されました。二〇〇八年一月には新種とおぼしき最初の一匹が獲れました。最終的に、論文で発表するのに十分な量の新種を得た時の隊員は、青山君、渡邊君、そして私たちの研究室の熱烈なサポーターで小説家の阿井渉介さんの三名。二〇〇八年一二月から翌年一月にかけて、彼らはカガヤン川という大河の支流を遡《さかのぼ》り、ロバで山奥の村を訪れました。河原にテントを張り、現地のネグリート一家のサポートを受け、一週間ウナギを獲り続けました。

そして、ようやく山奥の細流に棲《す》み着いていた新種ウナギ計二八匹を得たのです。体長は二四〜六八センチで、斑紋があり、獰猛《どうもう》そうな顔付きでしたが、現地では干物《ひもの》にして食べており、麓《ふもと》の村に持って行くと高値で売れるという話でした。現地では精力増強の食材として金持ちたちがこぞって購入します。村長の家を訪ねると、何枚も新種ウナギの干物が軒下に吊《つる》されていました。私たち研究者からすれば、食べてしまうのはまことにもったいない話です。

この新種が、アンギラ・ルゾネンシス *Anguilla luzonensis* と命名され、二〇〇九年、渡邊君を筆頭著者として学会に報告されました。一九番目のウナギです。ウナギの新種発見は、分類学の巨人、デンマークのエーゲが一九三九年に世界のウナギの分類体系を完成して以来のこと。実に七〇年ぶりの快挙でした。

マハカム川を遡上《そじょう》した《イブ》

数年にわたる「世界ウナギ獲り隊」の成果としてでき上がったのが、ウナギ科の系統樹です（77ページの図・12）。ウナギ科一九種の中で最も古いのがボルネオ島にだけ住んでいる固有種アンギラ・ボルネンシス。以下、ボルネオウナギと呼ぶことにしましょう。その起源は中生代白亜紀（約一億年前）、つまりムカシウナギの出現から一億年以上も経過した頃です。

地球上にたった一つだけあった陸地、パンゲア超大陸は、まずローラシア大陸（後のユーラシア大陸と北米大陸）とゴンドワナ大陸に分かれました。さらにゴンドワナ大陸はアフリカ大陸と南米大陸に割れようとしていました。つまり大西洋が誕生しようとしていたわけです。陸上では恐竜の全盛時代、海の中ではアンモナイトが繁栄していた頃の話です。

その頃、外洋中深層（水深二〇〇～一〇〇〇メートル）の深海に棲むウナギの仲間の中から淡水に遡上するものが現れ、降河回遊性のウナギが誕生しました。これがボルネオウナギです。誕生のプロセスをこれまで得られた研究成果を総合して想像してみましょう。

ボルネオ島の東側は急に深くなっていて、水深が二〇〇〇メートル以上もある深い海が陸地の近くまで迫っています。この深い海の中深層で暮らしていたウナギの祖先は一億年前のその当時から、すでにレプトセファルスという特殊な幼生になって仔魚期を送っていました。レプトセファルスは比重が小さく体表面積が大きいので、海の中で沈みにくく、海流に乗って長距離を旅するのに適した形です。浮遊適応の体をもっているのです。

ボルネオ島沖の中深層で祖先種から生まれたレプトセファルスが海流に運ばれてボルネオを流れる大河マハカムの河口に漂着したとしましょう。このレプトセファルスの中の一匹を仮に《イブ》と呼びます。このイブの話をすることにしましょう。

イブは変態してレプトセファルスからシラスウナギになりました。周りをみると一緒に流れ着いたたくさんの仲間もいつの間にか変態しています。イブがサンゴ礁《しょう》の中をゆらゆら泳いでいたら洞穴からぬっとウツボが現れてイブを食べようとします。ハモやアナゴもたくさんいてイブを脅《おびや》かします。仲間の内の何匹かはもうすでに食べられてしまいました。隠れようにも穴という穴はすでに先住者によって埋まっています。お腹《なか》がすいて餌《えさ》を食べようと思って探しても、昔からそこにいたウミヘビやアナゴとの争いに勝てません。これらの競争相手は、みんな自分と同じご先祖様から出てきたもの（ウナギ目魚類）だけど、ずっと沿岸の浅い海で暮らしてきたので、深い海の中深層からたまたま浅いところにやってきたイブなんかより、ずっとしたたかです。それに近しいものほど、似たもの同士ほど、一旦《いったん》競争が始まると厳しくなります。イブはアウェーの戦いの苦しさをいやと言うほど味わいました。

それにもう一つ、海流の関係なのか、イブの兄弟や仲間があとからあとから流れ着いてくるではありませんか。もう河口はイブの仲間で一杯になりました。息苦しいほどになりました。仲間同士で餌の取り合いもひどくなってきました。

「このままでは生きていけない」「ここから逃げ出さなくては」とイブは切実に思ってきました。競争の激烈なマハカムの河口を捨てて当てもなく四方八方てんでに逃げ出す仲間も増えてきました。イブもどこに行ったらよいのか、わかりません。

お腹がぺこぺこのところへもってきて、またあの恐ろしいウツボに襲われました。すんでのところで難を脱し、一目散に逃げ出しました。必死に泳いでいくと水深は段々と浅くなります。それに周りの水があまり塩辛くなくなってきました。さらに行くともう完全に塩気のない水です。ここにはもう恐《こわ》いウツボもこすっからいウミヘビもいません。気がつかないうちにマハカム川をのぼっていたのでした。

ちょっと苦しかったけど、イブは我慢して泳ぎ続けました。あの恐ろしいサンゴ礁や河口から少しでも遠くに行きたかったからです。泳ぎ疲れ、水底に手頃な穴があったので中に入って正体なく眠りこけました。目が覚めてみると、そこは別天地でした。イブを脅かすものはまったくいません。仲間もいません。逆にエビやカニなどおいしい餌がたくさんあります。夢中で食べました。イブは自分でもびっくりするほど大きく成長しました。気がつくと、イブは川の中で一番強い生き物になっていました。誰に遠慮することなく、好きな時に好きなものを好きなだけ食べることができるのです。まるでマハカム川の女王のようになったのです。

あるときイブは自分の体の異変に気づきました。白く豊かなお腹が黒ずんできました。それにいつものように食欲もありません。それまでは熱帯の強い日差しを避けて、昼間は大きな岩の宮殿の奥の間できままにうつらうつらして、夜になると食事と散歩に出かけるのが日課でしたが、今は何か落ち着かず、昼間でもお出かけしたくなります。自分でも気がつかないうちに、夢遊病者のように川面《かわも》をふらふら泳いでいることもあります。嵐《あらし》がきて川が洪水になった時、ついにイブは巨大な体をくねらせて、住み慣れたマハカムを旅立ちました。

子供の頃、河口やサンゴ礁にいるウツボやアナゴ、ウミヘビなどに散々いじめられたけど、今はもう目じゃありません。悠然と泳いでマハカムの河口を後にします。子供の頃夢中で川をのぼったのと違って、こんどの旅はなんとなく向かうべき方向が分かります。深い海に出ると、中深層に仲間が集まっています。でも自分だけ体が異様に大きいのです。聞くと、みんなはずっとこの暗くて餌の少ない、深い海の中で暮らしていたのだそうです。
　産卵が始まりました。イブのまわりにたくさんのオスが集まってきます。オスたちは盛んにイブのえらぶたや、お尻《しり》のにおいをかぎまわります。イブは体が大きくて魅力があるので、大もてです。イブはお腹いっぱいに溜《た》まった卵を力一杯出します。周りに集まったたくさんのオスたちはそれに合わせて精子を出します。暗闇《くらやみ》のなかで起こった狂乱の宴《うたげ》の後に、イブは気がつくとまた一匹になっていました。イブは動くのもおっくうになってきました。だんだん意識が遠のいていきます。真っ暗な闇がイブを包み、イブはゆらりゆらり、深い海へ沈んでいきました――。

　これは想像で書いた約一億年前の出来事です。しかし、これでイブの話が終わったわけではありません。まだ話の続きがあります。一般に体の大きな母親からはサイズの大きな卵が数多く産み出されます。偶然ですが、マハカムに上って大きな体になったイブは、海に残った仲間の小さなメスより大きな卵を、しかもたくさん産むことができたのです。大きな卵は一般に母親から多くの栄養物質をもらって産み出されます。

したがって、ここから生まれる子供は、海に残った母親由来の小さな卵から生まれてくる子供より、生き残る率や成長が良くなります。それゆえ、イブの子は他の母親の子よりたくさん生き残って、イブの遺伝子が増えていきます。イブの場合は偶然、マハカム河口に漂着し、またやむを得ずマハカムに遡上し、さらに運良く、仲間に巡り会ったので子孫を残すことができたのかもしれません。しかし、その子供や孫の場合は、イブが示した未知の環境における大胆さや冒険心、あるいは淡水における生理的な適応能力を引き継ぎ、次にどこかの河口に漂着したとき、すんなりと淡水環境に入っていけるようになるかもしれません。こうした淡水環境へ入るのに必要なイブの遺伝子が中深層に棲むウナギの祖先集団の中に拡がっていったために、やがて集団内の多くの個体が、淡水進入するようになったものと考えられます。長い年月の間の偶然の繰り返しが、やがて一生の内に必ず河川遡上する必然へと変わっていったものと思われます。これが地球上に初めて出現した、降河回遊を行うウナギ（ボルネオウナギの祖先種）誕生のシナリオです。

イブの冒険を例に、最初に地球上に現れたウナギの様子を推察してみましたが、その後、ウナギはどのようにして世界中に拡がり、現在のような地理分布を獲得したのでしょうか。再びウナギ科の系統樹に戻ってみましょう。

ボルネオウナギの祖先種のレプトセファルスすべてがボルネオ島に接岸し、マハカム川に遡上し続けたわけではありません。レプトセファルスという素晴らしい浮遊適応の形態は、一方でまた海流次第でどこへ運ばれてしまうかわからない不確定性をはらんでいます。海流に流されてボルネオ島のマハカム川以外の河口にやってくるものも当然たくさんいたでしょうし、ボルネオ島以外の島や大陸の河川に遡上したものもたくさんいたことでしょう。この行く先知らずのレプトセファルスの旅が、ウナギの世界制覇を可能にしたのです。

現在のウナギの地理分布を見ると奇妙なことに気がつきます（図・11）。まず南北両アメリカ大陸の西海岸には全く分布がありません。アフリカ大陸西岸と南アメリカ大陸の南東岸、すなわち南大西洋にもウナギはいません。ウナギの地理分布については、暖流の洗う海岸にはいるが、寒流の流れる沿岸にはいないという大原則がありま す。言い換えると、南極大陸を除く各大陸の東岸にいて、西岸にはいないといえます。たとえば、南北両アメリカ大陸の西海岸は北のカリフォルニア海流、南のフンボルト海流という寒流が流れているのでウナギはいない。一方、東アジアのニホンウナギには暖流の黒潮が、オーストラリア大陸東岸のオーストラリアウナギには暖かい東オーストラリア海流が対応しています。さらに、北アメリカ大陸東岸のアメリカウナギに

[図・11／世界のウナギ属魚類の分布]

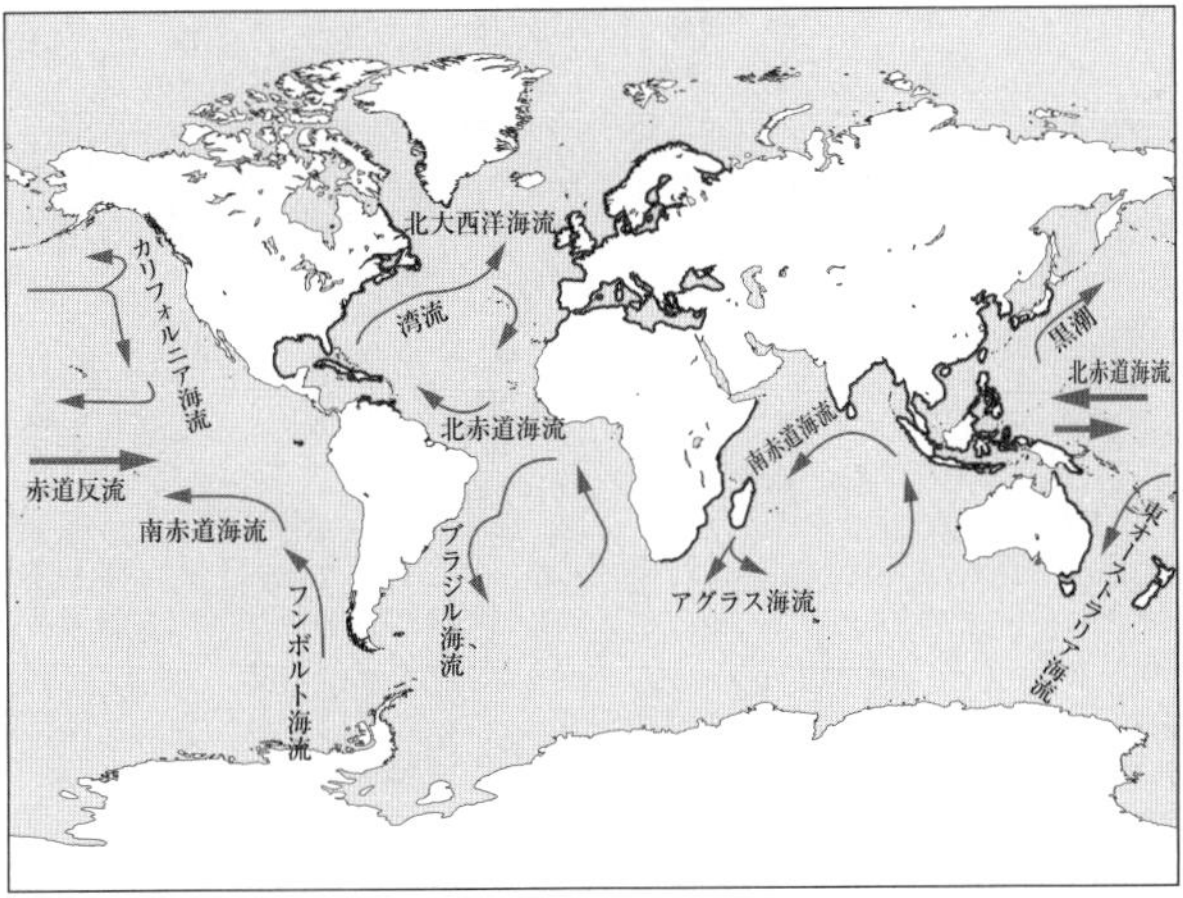

温帯種　6種

A. anguilla
A. australis australis
A. australis schmidtii
A. dieffenbachii
A. japonica
A. rostrata

熱帯種　13種

A. bicolor bicolor
A. bicolor pacifica
A. celebesensis
A. interioris
A. marmorata
A. megastoma
A. mossambica
A. borneensis
A. nebulosa nebulosa
A. nebulosa labiata
A. obscura
A. reinhardtii
A. luzonensis

ウナギ属魚類は暖流の流れる沿岸に分布している。温帯域に棲むウナギは、ニホンウナギ（*Anguilla japonica*）、ヨーロッパウナギ（*A. anguilla*）、アメリカウナギ（*A. rostrata*）など数種に限られ、残りの大部分は太平洋とインド洋の熱帯域に分布している。

は湾流があります。ウナギは熱帯域に産卵場をもつので、熱帯から高緯度域に向かって流れる暖流によって仔魚が輸送されます。したがって、暖流の流域に分布して、高緯度域から熱帯に向かって流れる寒流域にはいないというのはうなずけます。

しかし、原則にはいつも例外があります。南アメリカ大陸の南東岸には、ブラジル海流という暖流があるのに、ウナギはいません。またユーラシア大陸の西岸にあたるヨーロッパにはヨーロッパウナギが分布しています。これらの例外はウナギがボルネオ近海で起源し、その後世界に拡がっていった過程をたどると説明がつきます。

もう一つ、ウナギの分布を見ていておかしなことは、ウナギ全一九種・亜種のうち大西洋に分布するのは僅《わず》か二種で、残りはすべて、インド洋・太平洋に分布しているのです。中でもインド洋と太平洋の境界となっているインドネシアには七種ものウナギが同所的に分布しているのです。これを見ると、分子系統樹の解析結果を待つまでもなく、ウナギの分布中心はインドネシアで、ウナギが起源した場所だと容易に想像できます。

では、このインドネシアからどのようにして大西洋までウナギは分布を拡げたのでしょうか。現在の大陸の配置からすると、まず、インド洋に拡がったウナギは喜望峰を回って、南大西洋を経て、北大西洋に棲み着いたという仮定ができます。しかし、先に説明したように、南大西洋にはウナギがまったくいません。ここを通って北大西洋に入ったなら、少しはウナギが残っていてもよいようなものです。この喜望峰ルートはちょっと考えにくいようです。

では、太平洋の西の端で生じたウナギが太平洋を東へ横断し、パナマ地峡のなかった昔に「パナマ海峡」を通って大西洋に入ったのでしょうか。このパナマルートもちょっと難しいようです。現在、南太平洋の熱帯域に点在する島嶼《とうしょ》伝いにフレンチポリネシアまで分布を延ばしているウナギですから、あと少しでパナマに着きそうですが、もしそうであったなら中南米の西岸にウナギがいてもよさそうなはずです。しかし、ここにはまったくウナギはいません。このルートもなさそうです。

あとはユーラシア大陸の東岸沿いに、つまり日本を通って更に北上して、北極を経て北から大西洋に入るルートです。昔地球全体が温暖な時代もありましたから、この北極海ルートもなくはないのですが、あまりに遠すぎるし、ウナギにとっては寒冷すぎるのではないでしょうか。

こうしてどのルートも難しそうだということになった時、はっと閃《ひらめ》くものがありました。「もしかして、テーティス海?」テーティス海とは、古生代後期から新生代第三紀にかけて、ローラシア大陸とゴンドワナ大陸の間に存在した浅い温暖な海。現在の地中海周辺からヒマラヤを経て東南アジアにまで広がっていました。「ウナギがこの古代の海を通って北太平洋に直接入ったとしたら……」私たちはどきどきしながら、得られたばかりの系統樹に見入りました。

イブが生まれた頃の地球には、今のスエズ地峡もパナマ地峡もありません。地球の赤道域には遮るものがないので、東から西へぐるっと地球を一周するような古環赤道海流が流れていました。ボルネオ島付近で生まれたイブの子孫はレプトセファルスになって、この流れに取り込まれました。そして、テーティス海を西へ西へ流されたことでしょう。現在の地中海からジブラルタル海峡を抜け、ついに大西洋に進出したものと思われます。

当時はローラシア大陸が開いてユーラシア大陸と北アメリカ大陸の間に北大西洋ができつつあった時代です。ここに棲み着き、サルガッソ海で産卵を始めたものが、アメリカウナギの祖先種です。やがて大西洋が拡大するにつれ、ヨーロッパに棲み着いたアメリカウナギの祖先種からヨーロッパウナギが生じてきました。大西洋の二種のご先祖様が出そろった瞬間です。

なぜ現在、南大西洋にウナギがいないのかというと、このときは、まだ南大西洋はそもそも十分に開いていませんでした。また、テーティス海から大西洋への連絡口は

[図・12／ウナギ属魚類の起源と進化に関するテーティス海仮説]

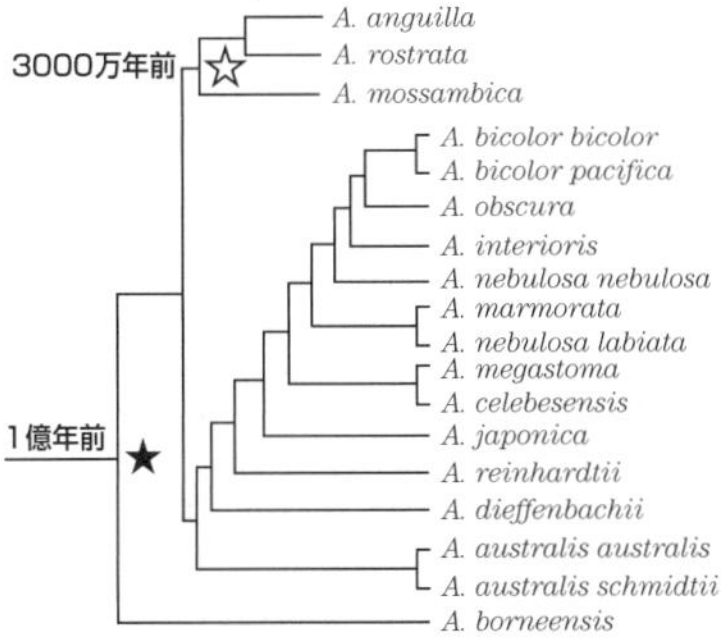

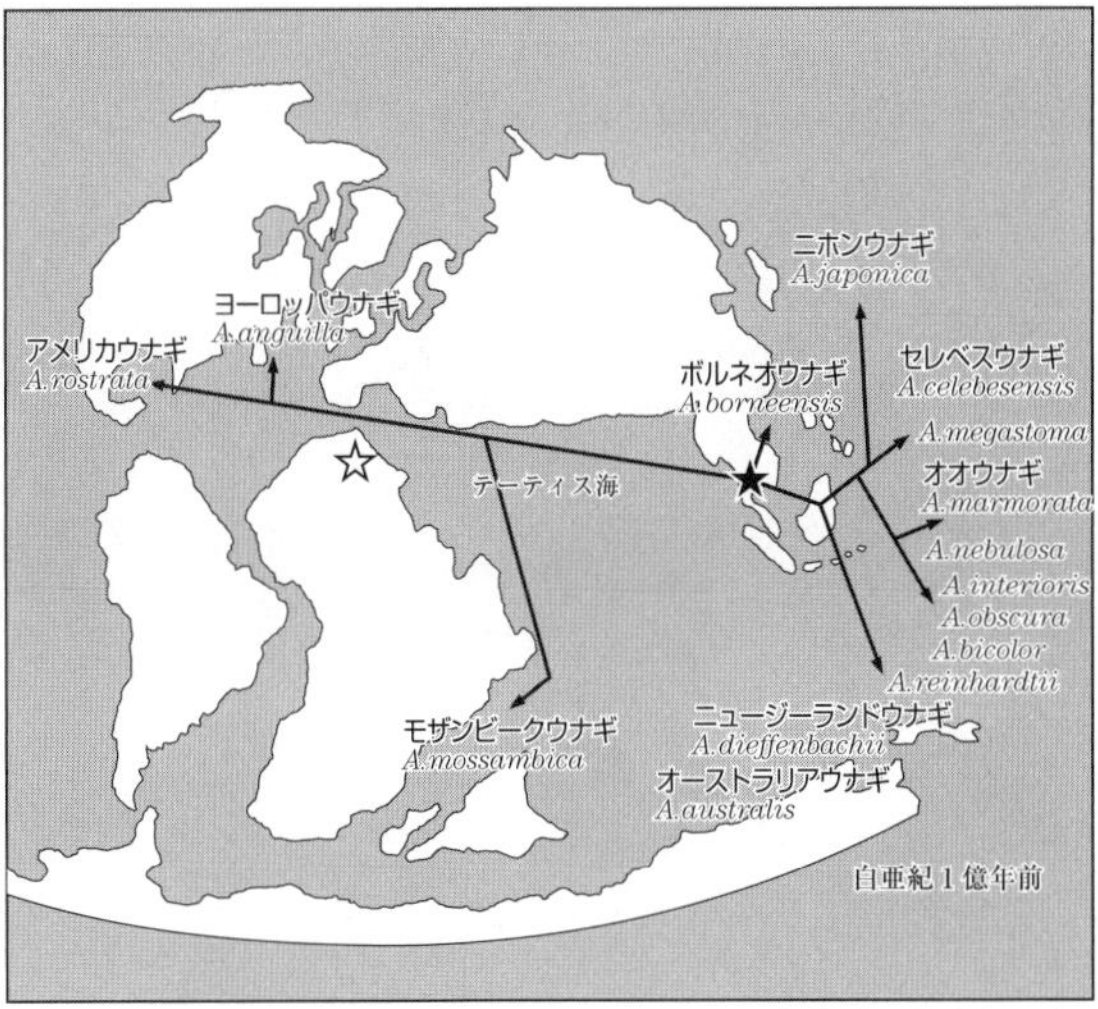

ウナギは約１億年前の白亜紀、現在のボルネオ島付近の海産魚を起源として生まれ、世界中に拡がっていったと推定される。（Aoyama et al. 2001）

今のジブラルタル海峡ですが、これは北大西洋に開いていました。したがって、南大西洋にウナギが棲み着く余地はなかったのです。

また、なぜユーラシア大陸西岸のヨーロッパに現在ヨーロッパウナギが分布しているのかというと、まず大西洋が太平洋に比べて狭いことが挙げられます。大西洋西部を流れる暖かい湾流が強大であるがために、その続流の北大西洋海流が温かい水をアイスランドやノルウェーまで運んできます。これによって、サルガッソ海で生まれたヨーロッパウナギのレプトセファルスはなんとかヨーロッパまでたどり着けるのです。

長い年月をかけて高緯度の寒冷な気候に適応したヨーロッパウナギは、世界のウナギの中でも最も寒さに強いウナギとなりました。合わせて、ヨーロッパウナギはサルガッソ海まで世界で最長の旅をしなくてはならなくなってしまいました。

もう一つこの分子系統樹で注目しなければならない点があります。それは、このテーティス海横断の途中で、現在のアフリカ大陸東岸沿いに南下したグループがあったことです。これらはやがてアフリカ大陸の東岸に棲み着き、モザンビークウナギ *Anguilla mossambica* になったのです。

このモザンビークウナギは実は大変重要な意味を持っています。というのは、このウナギと共通の祖先を持つものが大西洋の二種であるからです。現在はスエズ地峡があってインド洋と地中海は分断されていますが、このスエズ地峡が開いている内に大西洋のウナギの祖先は地中海へ入っていなければなりません。したがって、モザンビークウナギと大西洋ウナギの祖先が分かれたのは（図・12の系統樹の☆）、スエズ地峡が閉じる三〇〇〇万年前より以前でなくてはならないはずです。

これらの分岐（☆）を、仮にスエズ地峡ができた三〇〇〇万年前とすると、ボルネオウナギの祖先が誕生した年代が、分子系統樹の枝の長さから、約一億年前の白亜紀と推定できるのです。順序が後先になってしまいましたが、実は先程のウナギのイブの話は、この年代推定に基づいて作ったものなのです。これが青山君の学位論文となったテーティス海仮説です。

一方、太平洋のウナギに目を移してみると、イブが誕生した当時、オーストラリア大陸とニューギニアは南極大陸から離れ始め、北上する途上にありました。ボルネオウナギから派生した熱帯ウナギの一部は、北上してきたオーストラリア大陸に棲み着きます。オーストラリアウナギやニュージーランドオオウナギの出現です。そして、北半球の温帯域にも輸送されたレプトセファルスがありました。その一派が*Anguilla japonica*、今、私たちが蒲焼《かばや》きにしているニホンウナギになったのです。

なぜ、海から川へ向かったか

イブのサクセスストーリーをさらに詳しく分析してみましょう。前章で「通し回遊には三つのパターンがある」と述べました。遡河回遊の代表がサケ、降河回遊の代表がウナギ、両側回遊の代表がアユです。

この三つの通し回遊パターンを地理的な観点から比較してみると、遡河回遊は高緯度から中緯度域に、両側回遊は中緯度から低緯度域にかけて、そして、降河回遊は主に低緯度域に分布しています。つまり、ウナギのように海で生まれ、川を遡上して成長し、再び海に戻って産卵する降河回遊魚は、低緯度の熱帯から温帯にかけて分布しているのです。

捉《とら》えやすいイメージとして言えば、サケは北海道の川で生まれ、北の海に下っていき、ウナギは南の海で生まれ、九州・四国の川へ遡上してくるのです。

これには、きちんとした理由があります。高緯度地域の川を流れているのは雪解け水です。冷たくて生産性が低い。つまり、餌が少ない。これに対して、高緯度域の海は濁っているが栄養塩が多い。これを「生産性が高い」と表現しますが、高緯度の地域では、魚は海に行ったほうがよく成長できるのです。ゆえに、高緯度域に住んでいた淡水魚は、成長の場を海に求める傾向を示します。

北海道にイトウというサケ科の魚がいます。成魚の体長は一メートル半くらいになる日本最大の淡水魚です。レトロポゾンという遺伝子で調べたサケ科の系統樹（図・13）を見ると、イトウは最も古いグループに属しています。進化の順はイトウ属―イワナ属―ニジマス属―サケ属です。

つまり、サケ科の魚はもともとは淡水魚だったのだけれど、進化とともに海に出るようになり、遡河回遊する属が生まれたということです（図・14）。この原因となったのが、高緯度地域では川より海のほうが生産性が高いという事実です。トレンドから言えば、この先、サケ属の中から完全な海水魚に進化する種が出現する可能性があります。実際、最も海の生活に依存するように進化したカラフトマスは、産卵さえ海の水の影響がある河口汽水《きすい》域で行われることもあります。

さて、これに対し、温帯、熱帯に生息するウナギはまったく対照的な方向に進化しています。先に書いたように、ウナギの祖先は熱帯の深海魚でしたが、熱帯においては海よりも川のほうが生産性が高いのです。熱帯の海は澄んだサンゴ礁にカラフルな熱帯魚がゆらゆら泳いでいたりして、一見生産性が高いように見えますが、実は水の

[図・13／レトロポゾンSINEによるサケ科魚類の系統関係]

(Murata et al. 1996)

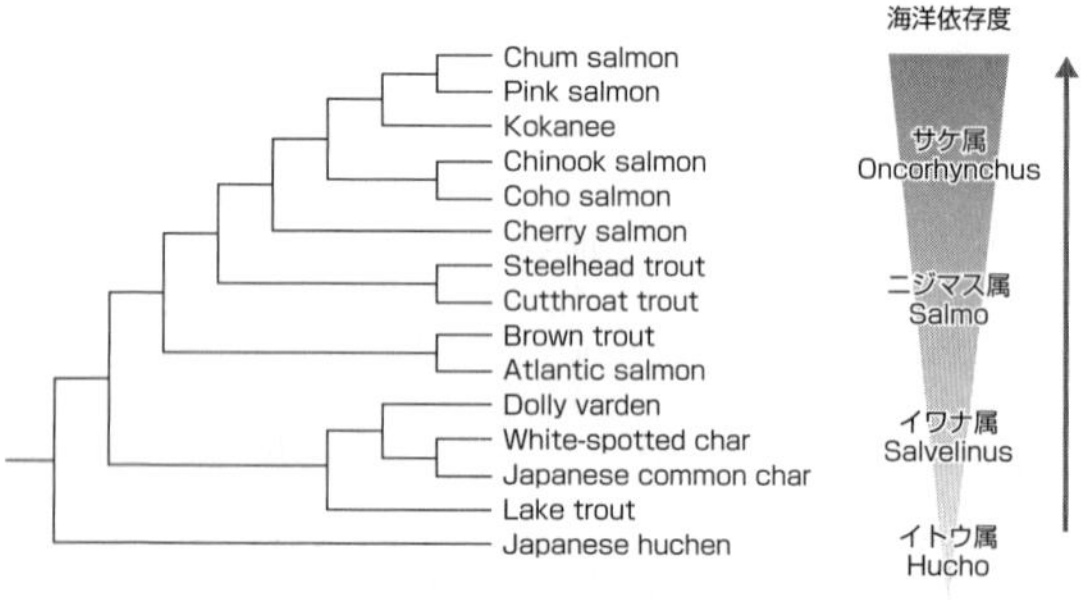

[図・14／サケマス類の回遊行動の進化]

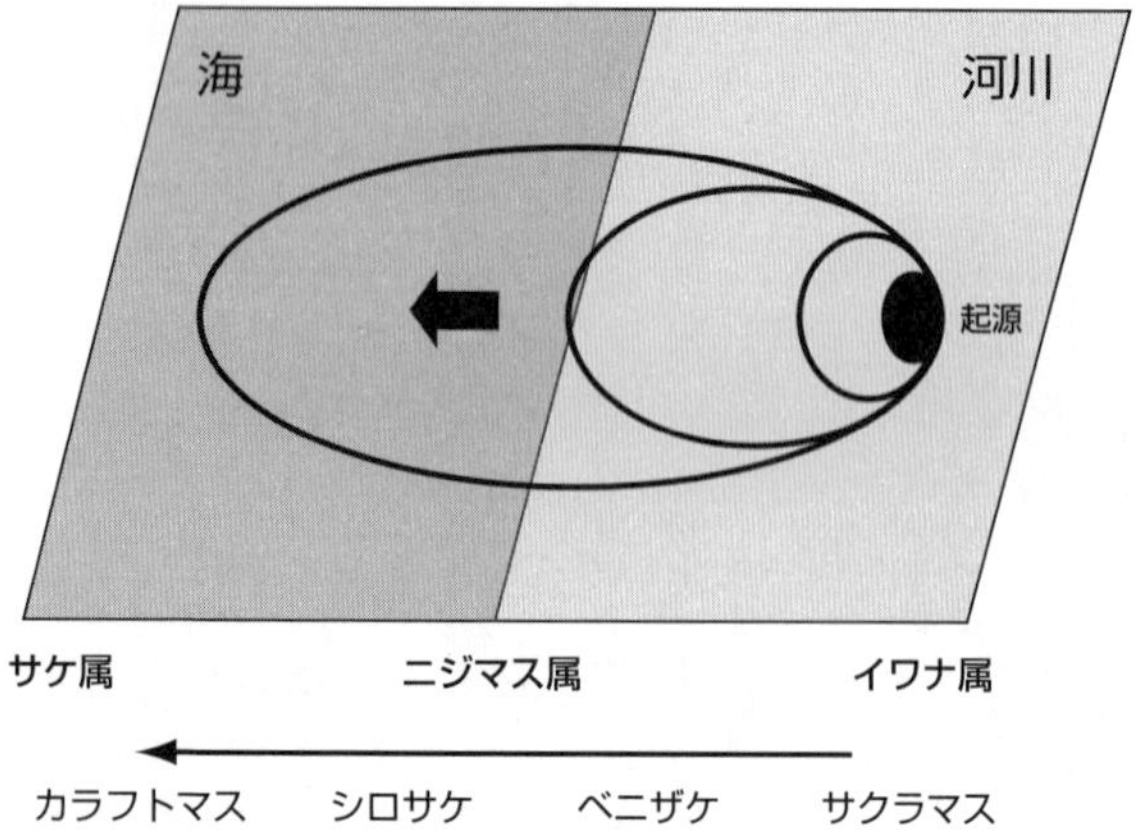

サケ科魚類の祖先は淡水魚であったが、進化と共に海に出るようになり、現在では遡河回遊を行うようになった。新しい種ほど海への依存度が高く、更に進化が進めば、完全な海水魚が出現する可能性もある。

砂漠です。きわめて貧栄養で生産性が低い。

一方、熱帯の川は栄養塩に満ちています。陸の熱帯雨林には多くの動植物がいて、その死骸《しがい》や腐葉土からの栄養分が川に流れ込みます。当然、そこで水生昆虫や魚介類も繁殖することになります。一億年前、たまたまマハカム川を遡上したイブ（たち）は、そうした環境に恵まれたのです。

ウナギの仲間たち――アナゴやウツボやウミヘビは、今、海に暮らしています。すると、ウナギだけが強い動因（やる気）を持ち、イブの例で見たように海からの脱出を試み、降河回遊魚となったように見えます。これは、何千万年という長い地質年代からすれば大筋は確かにそうなのですが、細かく見ていくと例外もあります。

一〇年ほど前、私はフィジー島で川に潜りました。するとそこにはミミズのような魚が岩の下から顔をのぞかせていました。何だろうと捕まえ、調べてみるとウツボの仲間ではありませんか。河口から数キロも遡った完全な淡水に、海水魚のウツボがいたのです。

おそらく、ウツボもウナギと同じように海から川に向かって進出を始めたのでしょう。現在、ウツボは海で繁栄しているにもかかわらず、淡水にも分布域を拡げようとしているかに見えます。やがて、ウナギのような降河回遊魚がたくさん見られるようになるかもしれません。まさに進化の瞬間を目前に見た思いがしました。

このウツボ *Gymnothorax polyuranodon* は私たちの研究室では「フィジーウツボ」という愛称で親しまれ、回遊の起源の議論の折にはよく話に出てきました。発見からずいぶん時間が経ってしまいましたが、このフィジーウツボの特異な回遊は二〇一四年にやっと論文になって学界に報告されました。

魚類二万六〇〇〇余種の中で、回遊魚はその一パーセントにすぎません。なぜ、そんなに少ないかと言えば、私たちが現在見ているのが進化の瞬間のスナップショットにすぎないからでしょう。回遊魚は淡水魚から海水魚へ、海水魚から淡水魚への進化の過程にいる。だから、その数は少ないのです。長い地史の中には、かつては回遊していた魚が多くいるのでないかと思っています。

成育場は広く、繁殖場は狭い

ニホンウナギは、マリアナ諸島沖で卵から孵《かえ》ると、海流に身を委《ゆだ》ねて日本沿岸にたどり着きます。淡水に身を慣らすため、河口で一息ついたあと、川を遡り、中流や湖などで五年から一〇年かけて成長します。成熟したウナギは川を下り、太平洋に出て故郷のマリアナ諸島沖へと向かう。一生の回遊距離は実に数千キロに及びます。

イブの子供たちが、ボルネオ島の川と近海を往復していた頃、その回遊範囲は片道せいぜい数十キロくらいの狭い範囲でしたが、少しずつ拡がって中規模の回遊をするようになり、やがてニホンウナギやヨーロッパウナギのような遠距離の大回遊を行うに至りました。

繁殖場と成育場を結ぶ回遊のコースを楕円形で表したものを「回遊環」（マイグレーション・ループ）と名付けました。この概念が進化や種分化、集団構造を研究するときに役立ちます。基本的に一種類の生物は一つの回遊環を持っています。これまで述べてきたように、その回遊環のどこかに変化が生じると、別の種が出現する。これが種分化です。

回遊環のどこかと述べましたが、重要なポイントは成育場と繁殖場の二ヵ所です。ニホンウナギは東アジアの川や池を成育場に、マリアナ諸島沖を繁殖場にし、この二ヵ所を往復する回遊環を持っています。つまるところ、回遊とは成育場と繁殖場の往復です。

この二ヵ所はスペースという意味で好対照を見せます。成育場はきわめて広く、繁殖場はきわめて狭いのです。ニホンウナギは東アジア一帯、すなわち台湾、中国、韓国、日本という広い地域を成育場にしています。広ければ仲間同士で餌を争わなくてすむからです。

ところが、繁殖場は西マリアナ海嶺南端部のたかだか南北三〇〇キロ程度の狭い範囲です。広い海の中ではほとんどピンポイントと言っていい特定の場所です。繁殖のためには、雄と雌が出会わねばなりませんが、広いとその確率は低下します。狭いほど繁殖相手に遭遇する確率は高まる。だから、確実に繁殖ができるよう約束された狭い場所に集まるのです。「成育場は広く、繁殖場は狭い」——この法則は、ウナギだけでなく動物一般に見られる現象と言っていいでしょう。

耳石の分析で素性がわかる

十数年前、「東シナ海で下りウナギが獲れる」と聞き、漁師さんにその銀ウナギを分けてもらったことがありました。もちろん、蒲焼きにするためではなく、研究のためです。ウナギがどんなところを回遊してきたか、回遊履歴を知る目的で耳石を調べました。

前章で「耳石からその魚の誕生日がわかる」という話をしましたが、細かく分析すると、さらにいろいろなことがわかります。ウナギについて言えば、それまで住んでいた場所の履歴がわかるのです。

どういう方法かというと、耳石に含まれるストロンチウムという微量元素を分析するのです。ストロンチウムは、海水には結構な割合で含まれていますが、川の水にはほとんど含まれていません。したがって、ウナギが海で暮らしていた期間、ストロンチウムは海水から体内に取り込まれ、血液を介して耳石に沈着します。これはウナギに限らず、海にいる魚はみなそうです。

ところが、川を遡上して淡水で暮らすようになると、そこにはストロンチウムがほとんどないので、当然、耳石への沈着はありません。

耳石は海水でも淡水でも、日々、形成されていきますから、海水にいた時期はストロンチウムを含んだ層ができ、淡水にいた時はストロンチウムを含んでいない層ができます。

これを、筑波《つくば》の高エネルギー研究所（フォトンファクトリー）の加速器を使って分析します。ディスプレイにはストロンチウムを多く含む部分は赤く表示されるのですが、東シナ海で獲れた銀ウナギは驚いたことに、全面が真っ赤に染まりました。どのあたりで暮らしていたかはわからないけれど、一度も淡水を経験せず、ずっと海にいたということになります。

対照のために、利根川の下りウナギの耳石も分析をしてみましたが、こちらは梅干し入りのおにぎりを二つに割ったように、真ん中だけが赤くなった。つまり、生まれて間もない頃に形成された耳石の中心部にだけストロンチウムが検出されました。これは、レプトセファルスとして海流の中で過ごした期間で、その後はずっと利根川の淡水で過ごしてきたということです。

私は当初、この利根川の下りウナギが正常で、ずっと海にいたらしい東シナ海のウナギは、何らかの事情で特異な経験をした、異常な魚だと考えていました。

親ウナギの大部分は海洋残留型だった

ところが、その後の調査で、川に遡上せず海に留まっているウナギが結構多くいることがわかってきました。一般にシラスウナギは河口にやってきて、川を遡上しますが、河口まではやってくるけれど、そのまま海に帰ってしまうウナギもいるのです。これらの多くはその後、湾内や沿岸浅海域に棲み着いて産卵回遊が始まるまで、海で過ごします。私たちはこれを海ウナギ（Sea eel）と呼んでいます。

ウナギの祖先は太古は深海魚ですから、ずっと海にいたはずです。その中からイブのように偶然、淡水に進入し、やがて降河回遊する生態を身につけたウナギが出てきました。しかし、淡水に入るウナギがいる一方で、その祖先の形を踏襲する個体も残りました。これが先祖返りと考えられる、海ウナギの存在なのです。

これは、逆パターンの回遊型（遡河回遊）を持つサケマスを見てもわかります。サケ科には、川で生まれたまま、海に行かない陸封《りくふう》型、あるいは河川残留型と呼ばれる非回遊型の魚がいます。よく知られているのは和井内《わいない》貞行《さだゆき》（一八五八～一九二二）が十和田《とわだ》湖で増殖に成功したヒメマスです。ヒメマスはベニザケの陸封型で、北海道の阿寒《あかん》湖に生息していましたが、道内の他の湖や十和田湖に移植され、漁業資源となっています。

海ウナギはこのサケマスにおける陸封型や河川残留型に相当するものと考えられます。海ウナギは、河川に遡上する通常の降河回遊型のウナギとは別種かとか、集団が分かれているのかとよく聞かれます。しかし、海ウナギは種として独立しているわけでも、別集団を形成しているわけでもありません。歴としたニホンウナギです。分子遺伝学的にみても遡上した川ウナギと海ウナギには違いがありません。ただ単に、海水の影響が残った河口の奥深くに着底したシラスウナギのうち一部が遡上し、一部は河口に残り、そして海に還《かえ》っていったものたちが海ウナギになるだけなのです。

日本の沿岸から産卵回遊に旅立った銀ウナギを各地から集めて、耳石のストロンチウムで回遊履歴を調べてみました。すると、驚くべき結果が得られました。五〇〇匹の銀ウナギの内、わずか八〇匹（一六％）しか川ウナギは含まれていなかったのです。残りの八四％は海ウナギと中間的な河口ウナギであることがわかりました。まだまだ調査した個体数や採集地が少ないので断言はできませんが、次世代のシラスウナギの親になっているのは大部分が海水の影響を受ける生息域に棲んでいたウナギだったのです。私たちは「ウナギは川にいる」と思ってきましたが、少なくとも現在、川ウナギはマイノリティになっています。

どうしてそうなっているか。理由は二つ考えられます。一つは、もともと海ウナギがマジョリティで、私たちがそれに気づかなかっただけ。もう一つは、現在、川ウナギの生息環境が悪化し、漁獲圧も高まったため、産卵場まで還れる数が減ってしまったこと。私は、両方とも可能性があると思いますが、古文書を読んだり、古老の話を聞くにつけ、川のウナギの数がかつてより激減したことを痛感します。川に遡上して育つウナギがいなくなったため、現在、親ウナギの大部分を海ウナギや河口ウナギに頼らざるをえなくなってしまったのだと思います。

それなら、日本の川で下りウナギを獲れるだけ獲ってもいいかというと、そんなことはありません。江戸時代には、川ウナギのほうが海ウナギよりも割合が多かった可能性だって大いにあるからです。日本の川で育ったウナギがマリアナ諸島沖の海山域で産卵し、その子供たちがまた東アジアにやってくるという好循環が健全に維持されるのが、好ましい姿なのです。

第3章　二つのウナギ研究

——大西洋と太平洋

大西洋の産卵場を発見したシュミット博士

　ウナギはどこでどのように生まれるのか——。古代から食されてきたのに、その生態は長く未知のベールに包まれていました。大袈裟《おおげさ》な言い方をすれば、それは有史以来、人類がずっと抱えてきた謎《なぞ》の一つでした。

　古代ギリシャの哲学者にして博物学者でもあったアリストテレスは『動物誌』という大著を残しましたが、そこに「ウナギは大地のはらわた（ミミズ）から自然発生する」と書いています。おそらくウナギの卵や稚魚を探したけれど見つからず、そう理解せざるをえなかったのでしょう。

　日本でも同様で、明治時代の『普通新聞』には「半山芋・半ウナギの生き物が見つかった」という記事があります。ご丁寧に「半山芋・半ウナギ」状態がイラストで示されています。当時の新聞は報道ではなく、読み物だったので「読者の興味を惹《ひ》けばいい」という感覚で多くのヨタ話を載せています。

　しかし、ウナギがどう誕生するのか、わかっていたらヨタ話も書けませんから、この記事は明治時代にウナギの生態がまったく未知だったことを物語っています。

ウナギの生態、ことに産卵場に関する科学的な調査が始まったのは二〇世紀初めのことです。一九〇四年、デンマークのヨハネス・シュミット博士が大西洋フェロー諸島の沖合でウナギのレプトセファルスを採集したのが嚆矢《こうし》となりました。

それまで、欧州では「ウナギ（ヨーロッパウナギ）は地中海で産卵する」と言われていたのですが、博士は「実は、大西洋で生まれているのではないか」と着想しました。そして延べ四隻《せき》の調査船を駆使し、大西洋を網羅的に探索したのです。

なぜ、そんなことが可能だったかと言えば、博士の勤務先がカールスバーグ研究所だったからです。カールスバーグはデンマーク王室御用達《ごようたし》のビールとして有名ですが、その醸造会社が作ったのがカールスバーグ研究所。しかも、シュミット博士の妻はカールスバーグ経営者一族の令嬢でした。さらに彼のウナギ研究はデンマーク王室の支援も受けていましたから、博士は四隻もの船を使って存分に大西洋を走り回れたのです。

「船の墓場」サルガッソ海

シュミット博士の調査方法は、一言で言えばレプトセファルスの網羅的な採集です。調査船に乗って北大西洋のあらゆる海域で網を入れる。さらに、当時、北米と欧州を結んでいた大西洋航路の商船にもサンプルの採集を依頼し、レプトセファルスの収集に努めました。

こうして集めたレプトセファルスの体長と分布を調べます。同じサイズのレプトセファルスが採れたポイントを天気図の等圧線のように結んでいく。すると、体長の大きなレプトセファルスは外側に大きな円で、小さなものはその内側に小さな円で括《くく》ることができました。つまり、サイズ別のいくつかの円は同心円状になったのです。孵化《ふか》したレプトセファルスは成長しながら拡散していきますから、同心円の中心付近が産卵場と考えられます。その中心となっていたのがバミューダ諸島沖のサルガッソ海（Sargasso Sea）でした。博士はより小さいレプトセファルスを求めて、この海に船を進め、一〇ミリに満たないレプトセファルスの採集に成功しました。

現在の研究では、孵化したばかりのプレレプトセファルスは三〜四ミリくらい、そ

[図・15／シュミット博士の大西洋におけるウナギの産卵場調査]

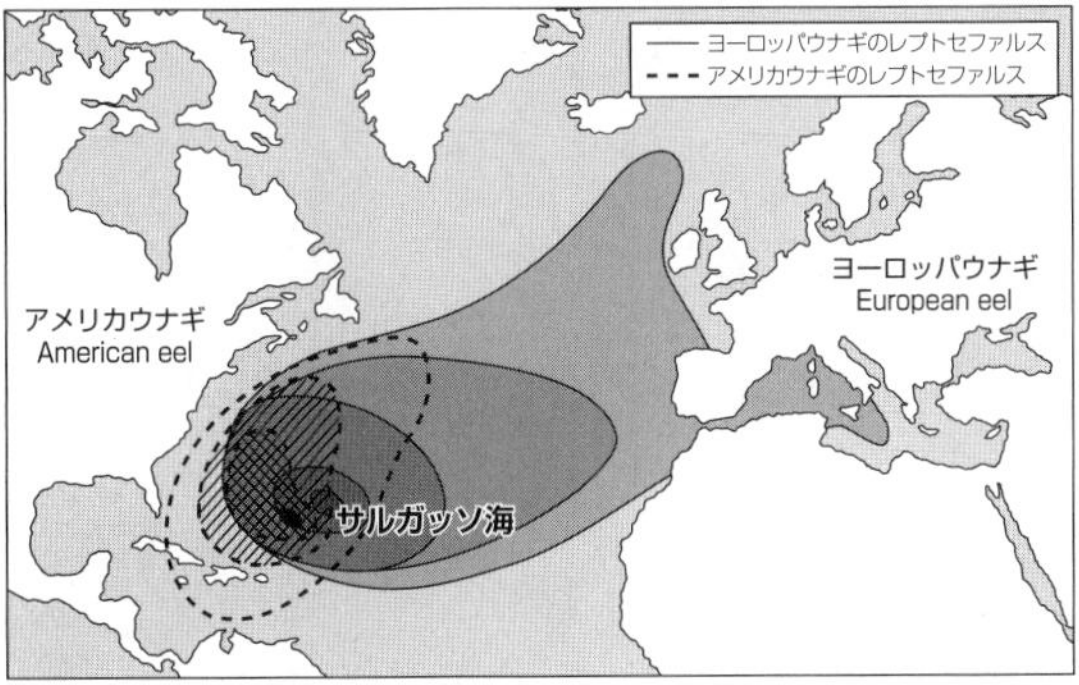

シュミット博士の調査により大西洋におけるウナギの産卵場はサルガッソ海と特定された。しかし、実際の卵や親ウナギを採るには至らなかった。

の後レプトセファルスになるのは七〜八ミリくらいとわかっていますが、当時の感覚では一〇ミリを割ったサイズはほぼ最小だったでしょう。博士は、この発見を一九二二年に発表します。

これは、まさに海洋学上、生物学上の快挙でした。一九六一年、日本海洋学会は「海洋学界の巨人 ヨハンネス・シュミット博士」と題し、博士の伝記を日本海洋学会二〇周年記念として刊行しました。もちろん、母国デンマークでも、その業績は讃《たた》えられ、博士は国民的英雄となりました。

ただし、これはデンマークの人びとがウナギそのものに強い関心を持っていたからという理由だけではないように思います。欧州でもウナギは食用にされていましたが、日本人ほど「大好き」というわけではなく、その生態や産卵の場所は国民一般を熱狂させる話ではなかったのではないでしょうか。

シュミット博士が国民的英雄になったのは、最小のレプトセファルスを採集し、推定したウナギの産卵場所がたまたまサルガッソ海だったからと思われます。大航海時代（一五世紀～一七世紀）つまり帆船の時代、この海域は「船の墓場」と言われました。

湾流、北大西洋海流、カナリア海流、大西洋北赤道海流の四つの海流に囲まれ、時計回りの大きな渦を作っているのがサルガッソ海です。その名は海藻のサルガッスム（ホンダワラ類）が海表面に多量に集まることに由来します。そして、悪いことにこの海域の一部が無風状態になることが多いのです。

無風状態は、蒸気船の普及後は航海日和《びより》になりましたが、帆船時代は燃料切れに等しい難事でした。この海域に流されてしまった帆船は、何週間も身動きできなくなったと言います。風が吹く前に食糧が尽きれば万事休す。かくしてサルガッソ海は多くの船が難破し、当時「船の墓場」と恐れられていました。

シュミット博士は「船の墓場」に冒険的な調査航海をし、成功を収めたので英雄となったものと思われます。そんな海でこれまたミステリアスな生態を持つウナギが産卵しているというのですから、人々は博士の偉業に大いに興奮したのでしょう。博士はまた、一九二八年には世界一周の調査航海に出ます。各地で多くのウナギを収集し、海洋生物学全般でも多くの知見を得て、帰国したのは二年後の一九三〇年。

この時、ある記者が「この航海で得られた最も大きな成果を教えてください」と質問しました。博士は淡々と「ウナギの生態が解明されました」と答えたそうです。博士は「ウナギの謎が解き明かされただけで十分ではないか」といいたかったのかもしれません。

三年後の一九三三年、博士は五六歳の若さで没しますが、その研究成果は二人の高弟（ヴィルヘルム・エーゲとポール・ジェスパーセン）に引き継がれ、論文として発表されることになります。七〇余年を経た今なお、その論文は、世界中のウナギ研究者が有用な資料として引用するところです。

ヨーロッパウナギとアメリカウナギは交雑するか

こうして、ヨーロッパウナギの産卵場がサルガッソ海であることが判明しましたが、それは小さなレプトセファルスやプレレプトセファルスが採取できたからで、卵が採れたわけではありませんでした。そして、当時のことですから、プレレプトセファルスのように形態が未発達のものが本当にウナギのプレレプトセファルスなのかどうか、遺伝子を解析して確認したわけもありません。単に僅《わず》かな形態的特徴に基づいてウナギと判定し、産卵場を推定したにすぎなかったのです。従って、形態の特徴が未発達のプレレプトセファルスは改めて現代の科学で検証し直す必要があります。

プレレプトセファルスの問題はさておき、シュミット博士は、北米大陸の東岸に生息するアメリカウナギのレプトセファルスの分布も、ヨーロッパウナギ同様、サルガッソ海を中心にした同心円を示すことを見つけています。その同心円は、ヨーロッパウナギよりやや西に寄ってはいるものの、これら近縁のウナギ二種は同じサルガッソ海で産卵することを示しています。しかも、産卵時期も三月・四月で接しているのです。

いったい、彼らは、どのように自分の相手を見分けているのでしょうか。確たる答えはわかっていないのですが、種に特有なフェロモンや産卵行動など、何らかの交雑を防ぐ生理・行動のメカニズムがあるものと思われます。しかし、少なくともアメリカウナギの産卵終期の三月末からヨーロッパウナギの産卵期の走りの四月にかけて、両種の産卵海域が重複する部分においては、交雑の可能性は十分に考えられます。「見分けられない個体が存在する」ことだけは確かです。

ヨーロッパウナギとアメリカウナギは、遅くとも三〇〇〇万年前にテーティス海から北大西洋に進入した両者の共通祖先から種分化しました。そして、それぞれの大陸に成長の場を求めました。その祖先種はサルガッソ海に産卵場をもち、当時開きつつあった北大西洋の亜熱帯循環を使って、北大西洋の東西両岸に広く分布したものと考えられます。やがて、大西洋が大きく開くに従い、ヨーロッパとアメリカに分布するウナギの回遊距離が変わってきました。アメリカからサルガッソ海は近いのですが、ヨーロッパからは数千キロもあります。すると同じ季節に川からサルガッソ海に旅だったとしても、産卵場に着くのに時間的差ができてしまい、次第に両群の間に時間的な生殖隔離が生じて来ます。これがヨーロッパウナギとアメリカウナギの種分化の始まりだったのではないかと思われます。

アメリカウナギのレプトセファルスは一年前後で変態し、シラスウナギになって、アメリカ大陸にやってきます。一方ヨーロッパウナギは、変態まで倍近く時間がかかり、生まれてから二年半くらいかけてヨーロッパにやってくると考えられています。つまり、両者の地理分布の違いは、変態のタイミングによって生じているわけです。

実際、アメリカとヨーロッパの中間に位置するアイスランドに遡上《そじょう》してくるシラスウナギの変態日齢を調べてみると、アメリカウナギとヨーロッパウナギの中間的な値を取ります。

さらに面白いことに、そのアイスランドの川に、ヨーロッパウナギとアメリカウナギのハイブリッド（交雑種）が遡上してきます。ハイブリッドはヨーロッパにもアメリカにも分布していません。距離的に中間のアイスランドにだけやってくる。どのようにして、ハイブリッドが北大西洋の小さな島に正確にやってくることができるのか、変態日齢が両者の中間的であることだけで説明することはできないのではないか。もしかしたら、このハイブリッドは、その昔、北大西洋に広く分布した共通祖先の遺存種に相当するのではないかなど、いろいろな空想がふくらみます。いずれにせよ、アイスランドのハイブリッドは、大変興味深い現象で、今後さらなる研究が楽しみです。

ニホンウナギの産卵場を探せ

シュミット博士の論文が発表されたのは、一九二二年と一九二五年でした。我が国の海洋学会が記念号を出版したことでもわかるように、日本の研究者たちはこれに大いに触発されました。そして、一九三〇年代からニホンウナギの産卵場調査が行われることになります。全国の水産試験場や水産大学校が船を出し、沿岸域を中心に調査しましたが、採れるのはシラスウナギやウツボ類のレプトセファルスばかりでした。最初にニホンウナギのレプトセファルスが採れたのは一九六七年です。下関水産大学校の松井魁《いさお》先生のグループが台湾のすぐ南で体長五四ミリの個体を採集し、翌六八年にその報告がなされています。この成果に基づいて、沖縄の南方海域が産卵場と推定されました。

そして、一九七三年、東京大学の海洋研究所の白鳳丸（初代）が調査に乗り出します。当時、私は大学院生でしたが、産卵場調査の気運が盛り上がったのを鮮明に記憶しています。前年に開かれたシンポジウムには、全国の名だたる海洋学者、水産学者が集まり、どこをどんなふうに調査するか、いつ行くかで侃々諤々《かんかんがくがく》の議論が繰り広げられました。

その中心にいたのが、私の恩師の西脇昌治《にしわきまさはる》先生や梶原武先生です。シンポジウム後の懇親会が新宿・伊勢丹《いせたん》裏にあった鰻屋《うなぎや》さんの二階で開かれましたが、ここでも全国の著名な先生方が飽くことなく議論を続けていました。

私は、末席で話を聞くばかりでしたが、幸運にもこの第一次航海（一九七三年三月）と第二次航海（同年一二月）に参加することができました。この頃、産卵場だと言われていたのは沖縄の南方海域ですが、第二次航海では、沖縄のさらに南、台湾の東方海域を主に調査し、体長五〇ミリ前後のレプトセファルスを五二匹も採集することができました。

第三次航海は一九七五年の二月に行われましたが、私は参加できませんでした。後に記録を読むと、前二回で航海した台湾東方海域に二本の測線を引き、それに沿って設けた測点を順次調査していったことがわかります。この航海で採集されたレプトセファルスはわずか二個体ですが、これは「成果に乏しかった」わけではありません。一二月にはこの海域にレプトセファルスが少ないことがわかったからです。また、次節で述べる「グリッドサーベイ」の萌芽《ほうが》的な姿をこの航海に見ることもできます。

第三次航海以降、白鳳丸による産卵場調査はしばらく間が空き、第四次航海は一九八六年の九月になります。それまでの三回は三月、一二月、二月ですから、時期が大きく変わりました。といっても、何か明確な意図があって変更したのではなく「その季節にこれまで調査はやってないから」という程度の意識だったと思います。あるいは、単に白鳳丸の年間航海スケジュールの関係だったのかもしれません。

この第四次航海では、私と大竹二雄《つぐお》さん（現・東京大学教授）が「番頭」を務める

[図・16 ／太平洋におけるニホンウナギの推定産卵場の変遷]

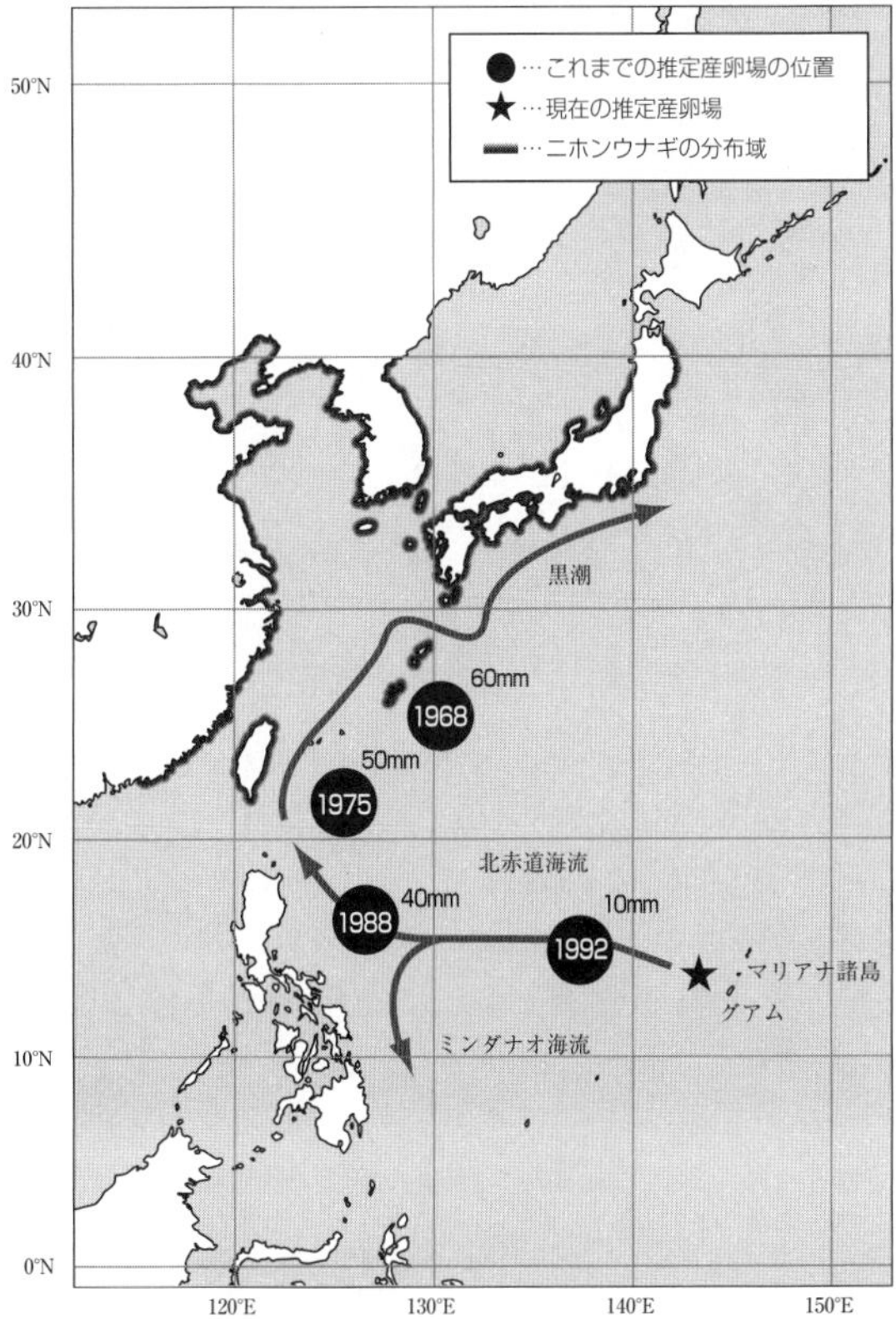

1930年代から始まった調査は、1967 年に初めてレプトセファルスを採集することに成功。より小さなレプトセファルスを求めて、推定産卵場は南へ、そして東へ移っていった。1991年には全長 10 ミリ前後の小型レプトセファルスを約 1000 匹採集することに成功し、産卵場がほぼ特定された。黒丸の中の数字は論文発表年。

ことになりました。番頭とは航海の世話役で、会社でいうと総務課長か部長のようなものです。課長や部長というと偉く聞こえますが、実際は船で一番忙しい何でも屋であり、よろず苦情係のようなものです。主席の梶原武先生に「君たち、今度はよろしく頼むよ」と言われ、研究室の助手だった私たち二人が実務を担当することになったのです。前の二回は学生として参加し、雇われ作業員のような仕事をこなしましたが、今度は一人前の研究者、かつ実務を統括する番頭の大役でした。

対象となる海域は台湾東方沖からフィリピンのルソン島東方海域にかけてです。それまでの調査で南下するにつれ、採れるレプトセファルスが小さくなっていました。大西洋でより小さなレプトセファルスを探したシュミット博士と同じプロセスを踏めば、ニホンウナギの産卵場にたどり着くはずです。黒潮はルソン島沖から台湾東方沖を流れ、日本の太平洋岸を洗っています。そうであれば、黒潮を遡《さかのぼ》る形で台湾東方沖からルソン島沖へ南下するのは当然の選択でした。

グリッドサーベイをしよう

番頭を拝命した私たちは、二つの作戦を頭に描いていました。一つはグリッドサーベイです。すでにある程度のレプトセファルスは採れているのですから、カンや経験で漫然と航海する段階は過ぎています。第三次航海で主席研究員の石井丈夫《たけお》先生が二本の南北に延びる測線を引いたのは、そういう意味だったのでしょう。

私たちはこれをもう少し徹底してやってみたいと考えました。具体的に言えば、対象海域に格子《こうし》状の測線（グリッド）を引き、その交点ごとにかたっぱしから標本を採集していくのです。

調査ポイントが増え、中にはまったく採れないポイントもあるでしょうが、採れないポイントも含めて網羅的に調査を行う必要があります。すると、海域全体のレプトセファルスの分布を正確に知ることができるのです。そして、採れるポイントと採れないポイントが明確になれば、なぜそうなっているのかが次のテーマとして浮かび上がってくるでしょう。

「こんな珍しい生物が採れました」とか「こんな興味深い現象を発見しました」というニュースや論文はよく見ます。しかし、「これこれの調査をしましたが、採れませんでした」とか「こんな条件で実験しましたが、興味深い結果は得られませんでした」という場合はまったくニュースにはなりませんし、こうした結果だけでは、多くの場合、論文にもなかなかすることができません。「ここでは採れませんでした」と言っても「ああ、そうですか」でお終《しま》いです。「採れた」「発見した」という結果をポジティブ・データというならば、「採れなかった」「発見できなかった」はネガティブ・データと呼びます。しかし、論文になかなかしづらくても、科学の世界ではネガティブ・データをきちんと収集することが大切です。

何かを追求する時、最初の段階ではほとんど手掛かりがありませんから「だいたいこのあたりじゃないか」とカンでアタリを付けます。これはよくあることで、当たれば効率のよい探し方だったことになります。

しかし、それで見つからなかったら、別のアプローチをするのも一法です。地味だけれどこつこつデータを積み上げて、客観的判断に委《ゆだ》ねる科学的方法です。「ここにはいない」「ここにはいた」という数多くの情報を集積していく。それらの情報を総合すると、どこにいて、どこにいないか、分布をはっきりつかむことができるようになります。時間と手間のかかる話ですが、多くの場合、研究の実際とはそういうものです。

私たちは海図に緯度経度とも一度ごとの測線を引き、グリッドサーベイをする計画を立て、主席の梶原先生に計画書を提出しました。これまでの海洋調査とは大きく違うやり方の航海計画だったので、私たちは先生がどう言うか、どきどきしていました。

しかし、先生はじっと私たちの説明を聞いたあと、細かいことは一切問わずに「わかった。任せる」とのひと言でした。

私たちはうれしくなって、これまでのウナギ航海で一緒だった諸先輩たちに「今回はこれこれこういう計画でやりたいと思います」と報告を兼ねて挨拶《あいさつ》に行きました。するとと以前の航海で番頭を務めた一人の先輩はニヤッと笑いながら、こんなことを言いました。

「グリッドサーベイなんかやって、大丈夫？　もし採れたらどうするつもり？」

すでにレプトセファルスが採れているといっても、わずか三回です。しかも二個体の採集に留まった前回の調査から一〇年が経《た》っていました。第四次航海にかかる基本的な期待は、新たな海域で従来よりも小さな個体をある程度の数、採集することでした。

その先輩も、もちろん、グリッドサーベイを行うことの意味——ネガティブ・データの大切さは百も承知です。しかし、それはより多くのサンプルを採集する可能性を捨てることにもなりかねません。

たとえば、グリッドサーベイを始めてすぐ、あるポイントで一個体のサンプルを採集できたとしましょう。そこに留まってネットを曳《ひ》き続ければ、あるいはそのすぐ近くを重点的に調査すれば、多数のサンプルを入手できる可能性があります。そうなれば、航海は成功を収めることになります。

しかし、それはグリッドサーベイを中止することを意味します。もし、続行するなら、ネットをある測点で曳いた後、目的のサンプルが採れようが採れまいが、ただちに次のポイントに移動しなければなりません。この航海で描いたグリッドは一度ごとですから、距離にして約一一一キロ移動してしまうことになります。その場に留まればもっと採れるであろうサンプルを放棄して——。

「このグリッドを粛々と全部こなします。それから那覇に入港します」

私が即答すると、先輩は「えっ？」という表情をされました。今でこそ、これは当たり前ですが、まだレプトセファルスが採れること自体が幸運な時代でした。だから、採れたらそのポイントに集中し、他の測点の調査はとり止めて、予定したグリッドを放棄するという選択が常識的というか、現実的だったのです。

これには、相手が動物で、しかもフィールドが海だという事情があります。常に海流が流れていますから、採れたポイントでずっと採れる保証はありません。時を移さずネットを入れなければ、レプトセファルスは移動してしまいます。

ただし、この「海流に流されている」という条件が、産卵場調査の大きなヒントになっていたことも事実です。海流を遡って行けば産卵場にたどり着けるのではないかという仮説が成り立つからです。黒潮を遡って、より小さなレプトセファルスを探す、卵を探す――それがニホンウナギの産卵場調査の基本姿勢でした。

耳石の日周輪解析

私が考えていたもう一つの作戦は耳石の解析です。第1章で耳石解析を利用したアユの回遊研究について述べましたが、第四次航海の話が持ち上がったのは、ちょうどその仕事が一段落した頃でした。私は回遊の研究が専門ですから、ウナギの回遊研究にも耳石解析を使ってみてはどうだろうと考えたのです。

ここでちゃんと、耳石解析について解説しておきましょう。脊椎《せきつい》動物はみな内耳《ないじ》に耳石を持っています。魚には、人間のような外耳《がいじ》や中耳《ちゅうじ》はありませんが、脳の下に内耳があり、その中に耳石が形成されます。淡泊な白身で食用に好まれるイシモチは、この耳石が大きくて目立つことから「石もち」と呼ばれています。

耳石は炭酸カルシウムの結晶で、成分的には腎臓《じんぞう》などの臓器にできる結石とほぼ同じですが、魚の場合は平衡感覚や聴覚に関与しており、非常に大事なものです。人間

[図・17／ウナギレプトセファルスの耳石]

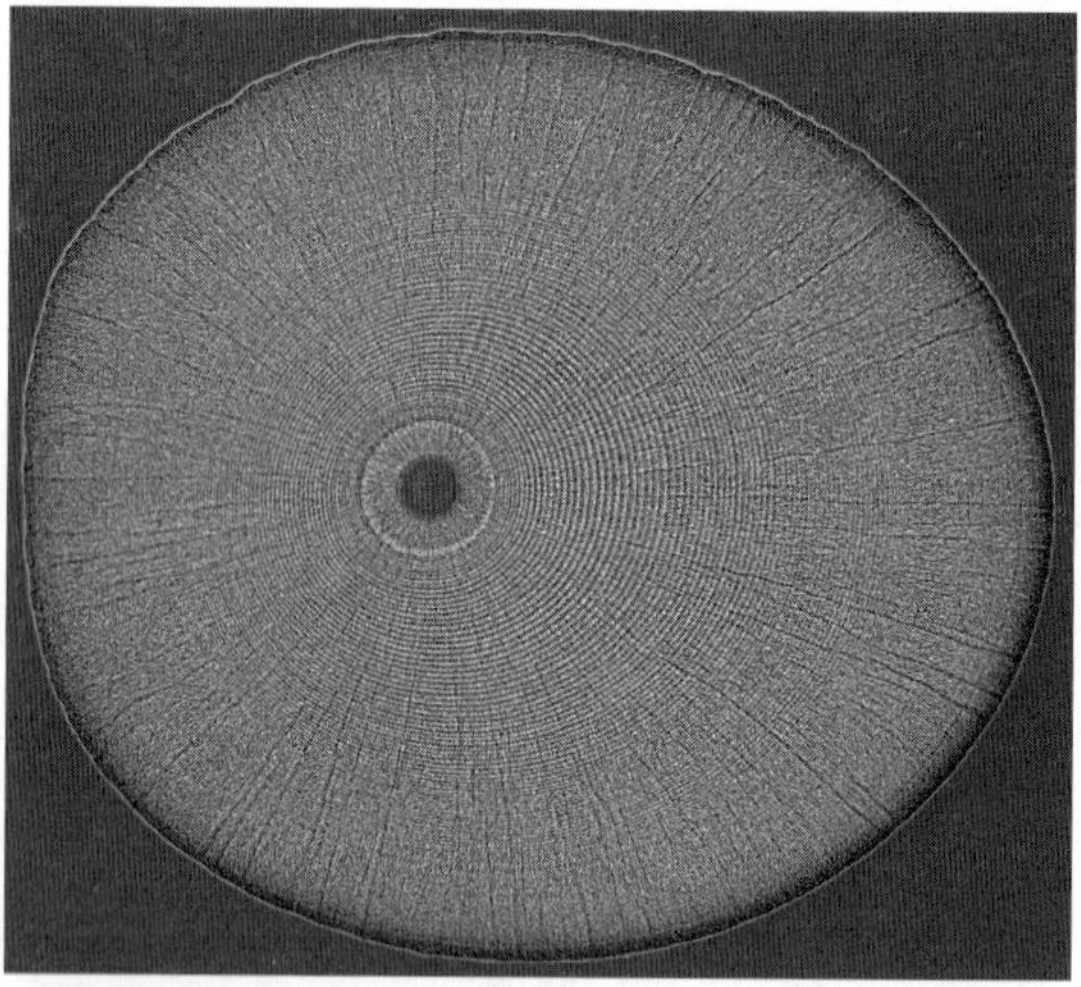

走査型電子顕微鏡で観察したウナギレプトセファルスの耳石。耳石を調べると、ウナギの初期生態の様々なことがわかる。(写真：黒木真理)

の場合は、魚のような大きな耳石はもたず、三半規管の前庭部に聴砂《ちょうさ》と言われる細粒ができますが、何かの拍子にこれが三半規管の内部に入ってしまうと、めまいの原因になります。

魚の場合、一日ごとに耳石の輪が増えることはすでに述べましたが、これを調べることで魚の日齢や孵化日、あるいは成長様式を知る手法を、「耳石日周輪解析」と言います。この技術はそもそも、一九七一年にアメリカのパンネラという研究者が、魚の耳石に日周輪があると発見したことにその端を発しています。以前から魚の耳石にも、木の切り株にみられる年輪のような輪紋《りんもん》ができることはよく知られており、この年輪を使って魚の年齢査定が行われ、その情報は魚の資源研究に広く応用されていました。ところがパンネラは、この年輪と年輪の間に三〇〇本以上の細かい輪紋のあることを見つけました。そして「この細かい輪紋は、もしかしたら一日に一本ずつできる日周輪では？」と考えたのです。とっても単純な、聞いてみると「なんだ」というような発見ではありませんか。しかし、これが魚類の生態研究や水産の資源研究に果たした役割は計り知れません。

米国のサイエンス誌に掲載されたこの研究にいち早く注目して応用への道を確立したのが、米国西海岸ラホヤにある南西水産研究所の人たちです。この微細な日周輪が本当に一日に一本ずつできることを飼育によって証明した上で、カタクチイワシの仔《し》魚《ぎょ》の日齢査定に応用したのです。生まれて何日目かという日齢がわかると、その個体が生まれた孵化日がわかります。成長率も計算できます。これらによって、魚の初期発生の時期に大量に起こる死亡の問題に具体的に切り込めるようになりました。また水産資源学の永遠のテーマとも言える資源変動のメカニズム解明へも大きく近づきました。とにかく、この技術は革命的と言えるものでした。

ちょうどその頃、ラホヤの水産研究所に留学していたのが東大海洋研の川口弘一《こういち》さんでした。川口さんはハダカイワシの研究で世界的な業績をあげた人です。私の大学の先輩で、海洋研究所の第一期大学院生です。私たちの兄貴分のような人で、私は川口さんからいろんなことを教わりました。またテニスクラブでも一緒で、ダブルスのよきパートナーでもありました。そんな川口さんがラホヤで耳石解析の可能性にいち早く気づき、日本でもやってみようと考えたのです。

帰国した川口さんは、彼の研究室の大学院生・辻祥子《さちこ》さんに耳石の日周輪解析を使った日本のカタクチイワシの生態研究を勧めました。こうして東大海洋研でも耳石解析を使った研究が始まります。これに興味を持った私が、辻さんに初歩的な手ほどきを受け、アユに応用したわけです。

なぜ、こんな内輪話を記すかと言えば、ウナギの産卵場調査には、耳石に限らず多くの分野の研究手法や観測データが必要だったからです。回遊の大きなファクターとなる海流は海洋物理学や水産海洋学の分野ですから、これに詳しい東大海洋研の木村伸吾《しんご》さんや蓮本浩志《はすもとひろし》さん、川辺正樹《かわべまさき》さんらに教えていただきました。木村伸吾さんは、今ではむしろウナギチームの重要メンバーの一人になっています。また、地学の分野では地磁気や海底地形の知識が必要です。この分野では、東大海洋研の沖野郷子《きょうこ》さん、田村千織《ちおり》さん、熊本大の横瀬《よこせ》久芳《ひさよし》さんにいろいろ教わりました。親ウナギやレプトセファルスの生理学も重要です。ここでは私のクラスメート・東大の鈴木譲《ゆずる》さんや金子豊二《とよじ》さん、北大の足立伸次《しんじ》さんや井尻成保《いじりしげほ》さんのお世話になりました。遺伝子解析の技術は当時私たちの研究室の青山潤・渡邊俊君の他に、同研究室の出身で現在北里大の吉永龍起《たつき》君が担当してくれました。これら多くのジャンルの研究の総合力としてウナギ研究は成り立っているのです。

一九八六年の第四次航海は、ちょうど私がアユの耳石解析で日齢査定や回遊メカニズムの研究を盛んにしていた頃に企画されました。そして、航海の番頭を任されたのですから、これは海の神様かウナギの神様から「ウナギの耳石を解析せよ」とおつげをもらったようなものでした。

二四時間三交代の船上作業

第四次航海では首席の梶原武先生以下約三〇名が白鳳丸に乗り込みました。乗組員は船長以下四〇名で総勢七〇名前後の航海です。一〇年振りの調査ですから、メンバーの多くが初の遠洋航海で、学生の中には船上生活は初めてという者もいました。

レクチャーすることが山ほどあるので、晴海埠頭《はるみふとう》を出るとすぐに打ち合わせ会議が始まります。救命艇部署訓練に始まり、船内生活の諸注意、観測機器の取り扱い方、大型プランクトンネットの組み立て方などです。

これらは実際に自分の手でやっておかないと体得できませんから、調査海域に到着するまでの二～三日ほどはトレーニングに当てられます。

調査海域に着くと、プランクトンネットを海中に投じ、一時間とか一時間半曳いて走ります。ネットを引き揚げると、デッキで待っていた私たちは、ネットの一番最後のコッドエンドと呼ばれる部分を開けて、プランクトンサンプルを大きなポリバケツに取ります。海水でネットをよく洗い、取り残しがないようにします。このバケツを船内のウエットラボに持ち込み、サンプルを少しずつ小さなシャーレに取り分けて観察します。大きく育ったレプトセファルスはすぐに目につきますが、私たちが探すのはより小さいもの、できれば卵や孵化仔魚なのですから、丹念に見なければなりません。

シャーレ一つ分をだいたい一〇秒から三〇秒くらいで見ていき、終わるとわんこそばのようにどんどん「お代わり」をします。これをサンプルがなくなるまで、延々と繰り返します。

一連の作業は昼夜を分かたず続けますから、二四時間三交代のシフトを組むことになります。約三〇人の研究者を一〇人ずつ三班に分け、一班ずつ稼働《かどう》させます。一五分（一度の四分の一、約二八キロ）間隔のグリッドだと、一つのポイントが終了すると、一時間くらいの航走移動ですが、この間もシャーレの中のサンプル観察は続きます。次のポイントで採集したサンプルと混じってしまうと意味がなくなりますから、到着前に作業を終えていなければなりません。

シャーレに入ったサンプルから小さなレプトセファルスやプレレプトセファルス、あるいは一・六ミリの卵を見つけ出すにはコツがあります。レプトセファルスは一〇ミリから六〇ミリと大きいので、見つけるのは簡単です。しかし、一〇ミリ前後の小型レプトセファルスだとちょっと目を凝らして探す必要があります。プレレプトセファルスの場合は半透明の白い糸くずのように見えるので、大変です。よく似た白い糸くずはプランクトンサンプルの中に山ほどあります。疲れてくるとヤムシやオタマボヤさえウナギのプレレプトセファルスと間違えます。サンプルが破損したり、変形したりしている場合はなおさらです。一つ一つ顕微鏡で拡大してプレレプトセファルスか否《いな》か、確認します。

レプトセファルスやプレレプトセファルスを探す場合は、シャーレの中の何かある

[図・18/船上作業の様子]

ネットサンプルの選別作業(上)とシャーレの中のプランクトンサンプル(下)。
サンプルがなくなるまで、シャーレの「お代わり」を延々と繰り返す。

部分を探します。これに対し、卵を探す場合は何もないように見える、透明な水の部分に目を凝らします。海水中の一〜二ミリほどの透明な卵はそういう意識で見ないと見つかりません。私たちは、これを「レプト目」「タマゴ目」と呼んでサンプルの選別作業のときの心得としています。

ただし、一九八六年の第四次航海の頃は三〇〜四〇ミリの大きなレプトセファルスを探していたので、「レプト目」「タマゴ目」などという意識はまったくありませんでした。プレレプトセファルスや卵を探すようになったのはずっと後、二〇〇〇年を越えたあたりだったでしょうか。

二〇〇五年からは、選別作業にも新兵器が投入されました。何か怪しい仔魚や卵が見つかった時は、まず顕微鏡で詳細に形態のデータをとります。それでほぼ確実だとなると、船の第五研究室（ドライラボ）に積み込んでいるリアルタイムPCRという遺伝子解析装置にかける。すると一時間から二時間くらいで、ニホンウナギか否かの遺伝子鑑定結果が出ます。こうした技術革新は、調査研究を、それまでにない新しいフェーズに誘《いざな》います。

レプトセファルスはだんだん小さくなった

　こうして私たちが番頭をした第四次航海では、結局計二一匹のレプトセファルスが採集できました。サイズは約四〇ミリでほぼ揃《そろ》っています。それまでの最小記録三四ミリのレプトセファルスも採れました。一九六七年に台湾の南で最初に採集されたレプトセファルスは五四ミリ、台湾東方沖で行った第二次航海では五〇ミリ前後でした。それがルソン島付近では四〇ミリになっていました。大雑把な言い方しかできませんが、南下するとサイズは小さくなっていくようです。

　そして、この第四次航海でグリッドサーベイをきちんとやったお陰で、レプトセファルスが採れた測点と採れなかった測点を比べると、面白いことがわかりました。採れた測点では海流が東から西へと流れ、採れなかった測点では西から東へと向かっているのです。卵は当然レプトセファルスより前段階にあるのですから、レプトセファルスが採れた東から西に流れる海流を遡《さかのぼ》っていけば、産卵場に近づくはずです。

　北赤道海流は北半球の熱帯海域を東から西に向かって流れています。グアム島方面からフィリピンに向かって流れる、この大きな流れは、フィリピン諸島にぶつかってルソン島の東で二手に分かれます。右にカーブした流れは黒潮になって北上し、左にカーブした流れはミンダナオ海流となって南下します。

すると、黒潮に乗って日本にやって来るシラスウナギは、ルソン島東方沖までは北赤道海流に乗っていたと推測されます。これまでは南へ下ると小さいレプトセファルスが採れましたが、これからはフィリピン沖から東へ進むことによって、またより小さいレプトセファルスが採れるに違いありません。

耳石から産卵時期と場所が推定できた

私は、採れた二一匹のレプトセファルスの耳石を白鳳丸の船上で観察してみました。内耳から耳石を取り出し、スライドグラスの上に封入して、顕微鏡で覗《のぞ》けばリングが見えます。走査型電子顕微鏡で詳しく見る時はカットして耳石断面を観察しますが、簡単に日齢を計数するときはカットせず、普通の光学顕微鏡を使って一〇〇〇倍くらいの高倍率で観察します。レプトセファルスの耳石は小さくて透明なので、カットしなくてもリングが明瞭《めいりょう》に透けて見えます。

顕微鏡を覗きながら日周輪を数えてみると、どの耳石にも七〇本くらいリングがありました。つまり採れたレプトセファルスは二ヵ月と少し前に孵化したことになります。採集したのが九月中旬ですから、逆算すると同年七月頭に生まれていることになります。

これはニホンウナギの産卵時期に関するこれまでの定説（というより漠然とした根拠のない「思い込み」）とはまったく逆の結果でした。銀ウナギは秋に川を下って海に産卵に行きます。そしてシラスウナギは冬場にやってきます。寒い時期に夜間、灯りをつけて河口で行われるシラスウナギ漁は、各地で冬の風物詩になっています。こうしたイメージも手伝ってか、なんとなく、ウナギは冬に産卵すると考えられていたのです。

博多の吉塚《よしづか》鰻屋さんには、小説家の火野《ひの》葦平《あしへい》がウナギについて書いた色紙があります。おそらく、蒲焼《かばや》きを食べに来た作家が、ウナギが焼き上がるのを待ちながら筆を執ったのでしょう。

「河童《かっぱ》うなぎ博士は曰《いわ》く　ウナギといふものは赤道直下までタマゴを生みに行き　二年かかって日本にかへり　吉塚に来てカバヤキになるのである　昭和三十年一月二十六日　あしへい」

火野葦平は『麦と兵隊』や『花と龍《りゅう》』などで知られる作家ですが、『赤道祭』（一九

［図・19／火野葦平の色紙］

河童うなぎ博士は曰く
ウナギといふものは
赤道直下
までタマゴを
生みに行き
二年
かかって
日本に
かへり
吉塚に来て
カバヤキに
なるのである
昭和三十年
一月二十六日
あしへい

五一年、新潮社）という冒険ロマンも残しています。ウナギの産卵場の謎《なぞ》に取り憑《つ》かれた青年がレプトセファルスを求めて赤道近くまで調査に行く小説です。

執筆にあたり、当時のウナギ研究者に取材をしたのでしょうが、一九五一年の時点で、ウナギの産卵場を赤道直下としています。すでに記したように初めてニホンウナギのレプトセファルスが採集されたのは一九六七年で、当時、推定された産卵場は沖縄南方海域でした。これに先立つこと十数年前、火野が産卵場を赤道直下と設定したのは畏《おそ》るべき洞察と言うべきでしょう。

ただし、産卵時期だけは違っていました。「二年かかって」と書いた色紙から推察すれば、火野はウナギの回遊について片道一年と想定していたことになります。すなわち秋に川を下ったニホンウナギは一年かけて赤道直下まで行き、産卵し、稚魚は一年かけて日本に戻ってくるのだと——。

一年という目算が、現実には半年だったわけですが、火野もウナギは冬場に産卵すると推測していたことになります。

この理解は、当時にあってはごく自然で、みな、そう思っていました。火野の色紙から約二〇年経って行われた海洋研の産卵場調査は、第一回から第三回まで三月、一二月、二月とすべて冬場だったのです。また、種苗《しゅびょう》生産の研究者、生理学者は、秋の銀ウナギにホルモン注射をして人工的に成熟させ、約二ヵ月後の正月前後に産卵させていました。ウナギの産卵時期は冬場だというのはほとんど定説だったのです。

第四次航海の翌年に開かれた学会で、私はこのレプトセファルスの結果と日本各地の河口から得たシラスウナギの耳石解析結果から「ニホンウナギの産卵期は夏だ」という説を発表しました。しかし、これを信じてくれた研究者は少数でした。学会のあとの懇親会で、とても親しいある先輩から「塚本、おまえ、馬鹿《ばか》なことを言っちゃいかん」と叱られたのを覚えています。

耳石の解析で誕生日がわかると、産卵場調査にもう一つ大きなヒントが得られました。孵化したレプトセファルスは海流に乗ってやってきたのですから、採集場所から海流の流れを日輪数の分だけ遡れば、そのあたりが産卵場所だということになります。採れたポイントを流れている平均的な海流の速さと方向からエイヤッと逆算してみると、産卵場は北緯一五度、東経一三七度付近の海域と推定されました。

第4章　海山《かいざん》に「怪しい雲」を追う

——三つの仮説、検証の一四年

調査航海の時期を夏に変更した

一九八六年に採れたレプトセファルスの耳石解析から、産卵場と時期におおよその見当がつきました。当然、早く調査に行きたいと願ったのですが、次の航海は五年後の一九九一年まで待たねばなりませんでした。

この間に、老朽化した初代白鳳丸に代わり、二代目白鳳丸が新造され（一九八九年）、お披露目の世界一周航海がありました。私も乗船しましたが、世界一周とはいかず、フロリダ半島先端のマイアミから大西洋を横断し、リスボンを経て地中海のモナコまででした。この区間は、マイアミを出てすぐサルガッソ海を横切ります。シュミット博士がレプトセファルスを採集し、ヨーロッパウナギの産卵場だと結論付けた海域です。

ウナギ研究者がそんな海域にやって来て、何もしないわけがありません。対象がニホンウナギではなく、ヨーロッパウナギやアメリカウナギになろうと、シップタイム（第5章P177参照）が不足していて本格的な調査は到底できなかろうと、そんなことは問題ではありません。血が騒ぐというか、なんというか、私の「動因レベル」はいやが上にも上昇してしまいます。

マイアミを出港した日の夜、沖合二〇〇キロくらいの海域でネットを入れてみると、いきなりアメリカウナギのレプトセファルス四匹が採れました。いずれも五〇ミリほどで、孵化《ふか》後三ヵ月くらいは経《た》ったと思われる仔魚《しぎょ》です。定量的な調査ではないので、何とも言えませんが、感覚的にはアメリカウナギの資源量は豊富だろうという印象を持ちました。

また有名なサルガッソ海では、三〇～四〇ミリのヨーロッパウナギのレプトセファルスが三匹採れました。一二月という季節が悪かったせいか、シュミット博士が採集したという小さいレプトセファルスは残念ながら採れませんでした。

サルガッソ海では、延縄《はえなわ》を入れてみたりもしました。海に出たウナギが餌《えさ》を食わないのは承知ですが、何かの拍子に掛かることがあるかもしれないと思ったのです。しかし、掛かってきたのはムカシクロタチという深海魚ばかりで、予想通りウナギは釣れませんでした。

ジブラルタル海峡でもネットを入れて六〇ミリを超える大きなヨーロッパウナギの仔魚五匹を採りました。さらに地中海の中でも四匹を加えて、ヨーロッパウナギは計一二匹になりました。世界一周のタイトな予定に縛られ、あまり観測時間がなかったのが残念でしたが、まずまずの成果です。また機会があれば、サルガッソ海はぜひ調査に出かけたいものです。

そんなことがあって、白鳳丸の第五次ウナギ航海は五年ぶりということになったのですが、この航海で、私は主席研究員を務めることになりました。耳石解析から「産卵時期は夏」と判明していますから、より小型のレプトセファルスや卵の採集を目指すなら、夏に行かねばなりません。私は調査時期を夏場に変えました。

満を持しての第五次航海は一九九一年六月一四日から七月二二日までの三九日間。往復に三日半ずつかかり、出入港日は除くので、実質調査日数はちょうど一ヵ月ですが、これだけあれば十分です。しかも、新造の二代目白鳳丸は大幅に性能をアップしていて、巡航一六ノット（時速約三〇キロ）出ます。初代の白鳳丸が最後の方は一〇ノット（時速約一八キロ）くらいしか出なかったのに比べると、格段の快速です。これを活《い》かして前回の航海では行けなかった海域も調査したいと考えました。

一九八六年の調査で採れたレプトセファルスの耳石解析から推定された産卵場は北緯一五度、東経一三七度付近でしたが、第五次航海ではマリアナ諸島を挟み、広い海

［図・20／1991年第5次調査でのグリッド］

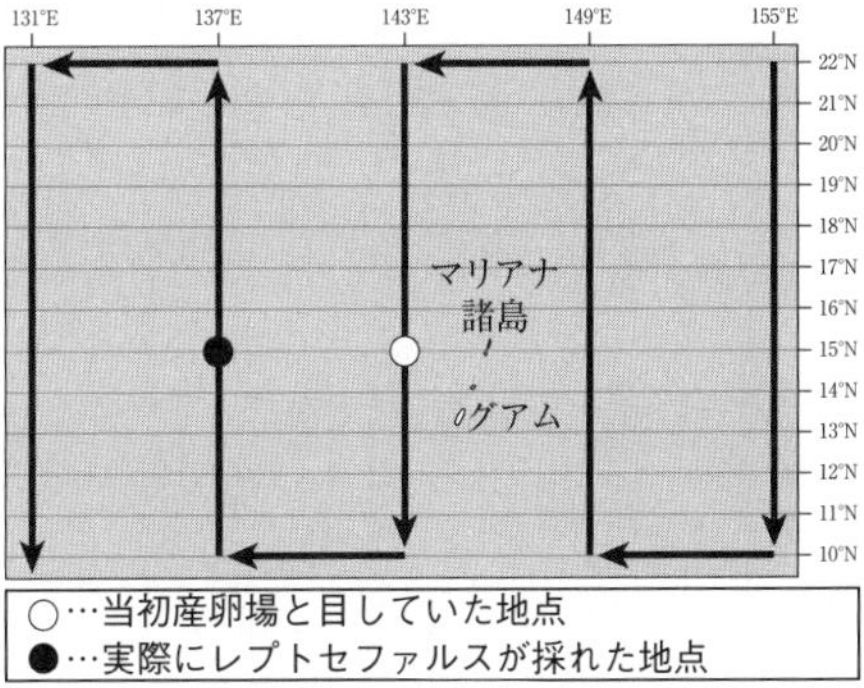

域に大きなグリッドを設定しました（図・20）。東経一三一度から六度刻みに一五五度まで、南北の測線を引き、スタートは一五五度の測線、これを北緯二二度から一度刻みに一〇度まで測点を設けて南下します。次は西に六度移動し、一四九度の測線を南から一度刻みに北上するというやり方です。

　このグリッドの場合、当然、中心の北緯一五度東経一四三度付近が航海大本命の測点となるわけですが、これは一九八六年の航海から推定した産卵場（北緯一五度東経一三七度）より一本東の測点上にあります。それは、一九八八年と一九九〇年に鹿児島大学の敬天《けいてん》丸が、全長約二〇〜三〇ミリの中型レプトセファルスを東経一三七〜一三九度付近で採集することに成功していたからです。この時の主席は鹿児島大学の小澤貴和さんで、一九七三年から白鳳丸ウナギ航海に参加されたベテランです。この小澤さんたちの発見が事前にあったから、私たちは東経一三七度ラインをグリッドの中心に据えることをやめ、一本東の一四三度ラインを本命としたのでした。この海域全体に西向きの流れがあり、東経一三七～一三九度で中型レプトセファルスが採れたのなら、もっと東に行かないと産卵場には届かないことは自明の理です。

この布陣では、北赤道海流が東から西に流れている限り、最初に行う東経一五五度の測線と次の一四九度の測線ではウナギのレプトセファルスは採れないはずです。あえて、ここに測線を引いたのは、ネガティブ・データの収集、つまり「そこでは採れない」ことを確認するためでした。

塩分フロントの南で九五八匹――「塩分フロント仮説」

晴海を出港した白鳳丸は順調に航海し、六月一八日、最初の調査ポイントに到着しました。北緯二二度、東経一五五度でネットを入れると、予想通りレプトセファルスは採れません。南下しても、東経一四九度の測線に入っても同様でした。

そして、グリッドの真ん中の東経一四三度測線に入り、北から順に測点をこなしていきましたが、相変わらずレプトセファルスは採れません。「あれ、変だなあ」と思いつつも、「ま、海のことだから、思い通りにはなかなかいかないよな」と、それでもまだ余裕がありました。

しかし、次の東経一三七度の測線に入って北上を始めると、さすがに焦《あせ》ってきました。この測線が終わると航海の半分強にあたる前半が終了して、沖縄那覇港に寄港します。前半に何の手応《てごた》えもないと、後半では追い詰められて苦しい戦いになってしまいます。

思い切って、航海の時期をこれまでウナギ調査では例のない夏にしたこともちらっと脳裏に浮かびます。陸で航海の支援をしてくれた海洋研の事務の方々、先生、先輩、いろんな人の顔も浮かびます。

気分転換に、洋上お茶会を開くことにしました。お茶のセットをもって乗船した人がいたのです。茶道の心得のある人も何人かいました。場所はネット作業をする主甲板より一つ上の見晴らしのよい空間。いろんな観測機器の制御室も兼ねた第三研究室の裏手です。白鳳丸の中でもお気に入りのくつろげる場所です。

ウッドデッキの上に花ござを敷いて、即席の野立て。草花がないので、船のキッチンから野菜や果物を借りてきてござの端にならべます。海洋研尺八愛好会の蓮本浩志さん、西田周平《にしだしゅうへい》さんが尺八を吹く。熱帯の洋上、炎天下のお茶会です。神野洋一《じんのよういち》船長も来てくれました。

七月六日未明、学生の一人が起こしにきました。「なんだかそれらしいレプトセファルスが採れた」というのです。急いで着替えて研究室に降りていくと、作業班の人たちが皆、顕微鏡の周りに集まっています。それまで誰も見たことのない小サイズのレプトセファルスだったので、それが確かにニホンウナギかどうか、なかなか判断がつかなかったのです。レプトセファルスの形態に詳しい下関水産大学校の望岡典隆《もちおかのりたか》さん（現・九州大学准《じゅん》教授）が、ついに、「ウナギで良いと思います」と結論を下しました。「わあー」と歓声と拍手が起こりました。

ニホンウナギのレプトセファルスは、東経一三七度の測線の北緯一三度あたりで採れ始め、一五度付近がピークになりました。結局、体長一〇ミリ前後の小型レプトセファルスを計九五八匹採集するという「大漁」になりました。

最小は七・七ミリで、シュミット博士がサルガッソ海で採集したレプトセファルスの最小サイズの五ミリには少し及びませんが、ほぼ同じサイズグループのものが採れたと考えてよいでしょう。博士が、一〇ミリ以下の小型レプトセファルスを以《もっ》て、サルガッソ海をヨーロッパウナギの産卵場と結論したのはすでに述べた通りです。すると、私たちも太平洋でニホンウナギの産卵場を突きとめたことになります。少なくとも大西洋のシュミット博士と同じ研究レベルに達したことになります。

結局、採集されたレプトセファルスは、緯度方向では北緯一五度付近に、経度方向では、東経一三一度から一三七度付近に集中していました。東経一四三度より東では採れていません。大量に採集できたのは、まだそれほど拡散していない濃密な群れに遭遇したからでしょう。最小のサンプルが採れたのは北緯一五度東経一三七度でした。

海洋生物の調査では、必ず環境を調べて記録しますが、この時も各測点の水温や塩分を調べ、レプトセファルスの採集状況と合わせて解析しました。すると、レプトセファルスを採集したポイントは、多くが「塩分フロント」の南側でした。塩分フロントとは、塩分の異なる二つの水塊《すいかい》の境目です。日本の沿岸でも海水の色が変わったり、浮遊物が溜《た》まったりした「潮目《しおめ》」をよく見ますが、あれの大規模なものが、この時は東西に何百キロも伸びていたと思ってください。しかし、西マリアナ海域の塩分フロントの場合は「海洋学的」には顕著な塩分の差であっても、沿岸の潮目に比べればはるかに微小な違いなので、水色が違ったり、ゴミが集積しているような、肉眼ではっきりわかるようなものではありません。

こうした海洋環境の計測にはCTD（Conductivity Temperature Depth profiler）

という観測機器を用います。停船して、これを海中に降ろすと自動的に水深別の塩分、水温、溶存酸素、クロロフィル量などが計測され、同軸ケーブルでデータが船上に送られてきて私たちはそれをリアルタイムで知ることができます。

どうして塩分の異なる海域ができるかというと、原因はスコールです。強烈な熱帯の日射《ひざ》しで温められた海面から多くの水分が蒸発し、これが雲となり、上空で冷やされてスコールとなります。ご存知のようにスコールは広域に一様に降るのではなく、比較的狭い範囲に集中的に降る。すると、スコールが降った海域だけ海水は雨水で薄められます。

問題のマリアナ諸島西方海域では、これがより赤道に近い南のほうで起きます。つまり、北側に塩分の高い海水があり、南側に低い海水があるという状況が作り出されます。

この水塊と水塊の境目が塩分フロントで、レプトセファルスはその南側、つまり塩分濃度の低い水塊中で多く採れました。この塩分の低い水塊のことを、私たちは「甘い水」とか「ウナギ水」と呼んでいます。

親ウナギたちは東アジアから西マリアナ海嶺《かいれい》と呼ばれる海底山脈に、つまり北から南に泳いできます。三〇〇〇キロに及ぶ長旅の末に、西マリアナ海嶺に着き、塩分フロントを北から南に縦断します。この時、彼らは、それまでの海水とは違う何かを感じ取って、自分たちがついに目的の産卵場に着いたことを知るのでしょう。しかし、ウナギの回遊行動を止める「何か」とは、塩分の違いではないと思われます。前にも書きましたが、この塩分フロントとは海洋学的にいう「顕著な」塩分の差であって、河口の沖合や沿岸にできる潮目とはわけが違います。実際は〇・〇一パーセント程度の微々たる塩分の違いを議論しているにすぎません。おまけに毎秒一メートル以下のゆっくりした親ウナギの遊泳速度に対して、塩分フロントの何キロにもわたる幅広さを考えると、塩分の差をウナギが感知するのは不可能です。

では、この「何か」とは一体、何か。仮説にすぎませんが、私はそれぞれの水塊独自の「匂《にお》い」ではないかと考えています。塩分の違う水塊には、それぞれの環境に特有の植物プランクトンや動物プランクトンが生息しています。こうした生物相の違いは、これらが死んで細菌の分解を受けたとき、異なる匂いを発するものと思われます。ウナギの嗅覚《きゅうかく》の良さは定評があります。陸上で鼻の良い動物と言えば、すぐ犬があげられますが、魚ではウナギは犬並みの優れた嗅覚を誇っています。

親ウナギたちは、塩分フロントを北から南に縦断したとき、もし、彼らが言葉を持っていれば、こうつぶやくかもしれません。

「あっ、この匂いは子供の頃に嗅《か》いだあの懐《なつ》かしい匂いだ」

卵から孵《かえ》り、子供の頃体感した水の匂いは、彼らの脳に刷り込まれています。サケが水の匂いをたよりに最終的には自分の生まれた母川《ぼせん》に回帰するように、ウナギも生まれた海の匂いを記憶しているのです。そして「ここが約束の場所だ」と感じて長旅に終止符を打ち、その時を待つのでしょう。

私は、航海に参加した研究者を代表してこの第五次調査の結果をとりまとめることになりました。最初、国内の雑誌に投稿する予定で原稿を用意していましたが、ちょうど京都であった国際動物行動学会で再会したカナダ・トロント大のマート・グロス博士の強い勧めもあって、思い切って英国の科学誌ネイチャーに投稿してみることにしました。博士は学会の帰りに東京に観光で立ち寄った際、私の研究室にやってきて親切に私の原稿を見てくれました。また、歌舞伎《かぶき》の時間に遅れると、いらいらしている奥様の脇《わき》で、ホテルのカフェテリアのハンバーガーをほおばりながら原稿に何度も赤ペンをいれてくれたのです。奥様には申し訳ないことをしたのですが、お陰でその論文は翌年（一九九二年）ネイチャー誌に発表されました。論文のタイトルは、ずばり「ニホンウナギの産卵場発見」です。またその中に、後に卵の発見に繫《つな》がる「塩分フロント仮説」の萌芽《ほうが》的アイデアも盛り込みました。親ウナギは北から来て、塩分フ

［図・21／『Nature』356号の表紙］

第5次航海の成果は、英国の科学雑誌『Nature』に掲載され、その巻の表紙を飾る「カバーストーリー」となった。（Tsukamoto 1992）

ロントを越えると回遊を止《や》め、そこに産卵場を形成するのではないか——と。

また、グロス博士の勧めもあって、航海に参加した望岡さんらに撮ってもらった大量の小型レプトセファルスの写真を、論文と共にネイチャー誌へ送りました。その写真が論文掲載号の表紙を飾ることになったのです。いわゆるカバーストーリーで、その号の目玉記事であることを意味します。

多くの方からお祝いの言葉をいただきました。しかし、一方では冷静かつ辛辣《しんらつ》な指摘もファックスで送られてきました。

「あなた方が採ったのは生まれてしばらくたった七・七ミリのレプトセファルスであり、生まれたばかりの孵化仔魚（プレレプトセファルス）を採ったわけではない。また卵を採集したわけでも、産卵中の親ウナギを見たわけでもない。だから、ウナギの産卵場を発見したというのは早計だ」

言われてみれば、たしかにその人の言う通りです。「シュミットだって大西洋のサルガッソ海で、卵や親ウナギを採ったわけじゃないじゃないか」とうらみがましく思ったのも事実ですが、うかれていた頭に冷水をかけるようなこのファックスは、私たちを大いに刺激しました。「よし、それならプレレプトセファルスも卵も採って、完全にウナギの産卵場問題に結着をつけてやろう」と思ったのです。

［図・22／レプトセファルスの孵化日と親ウナギの産卵の月周期］

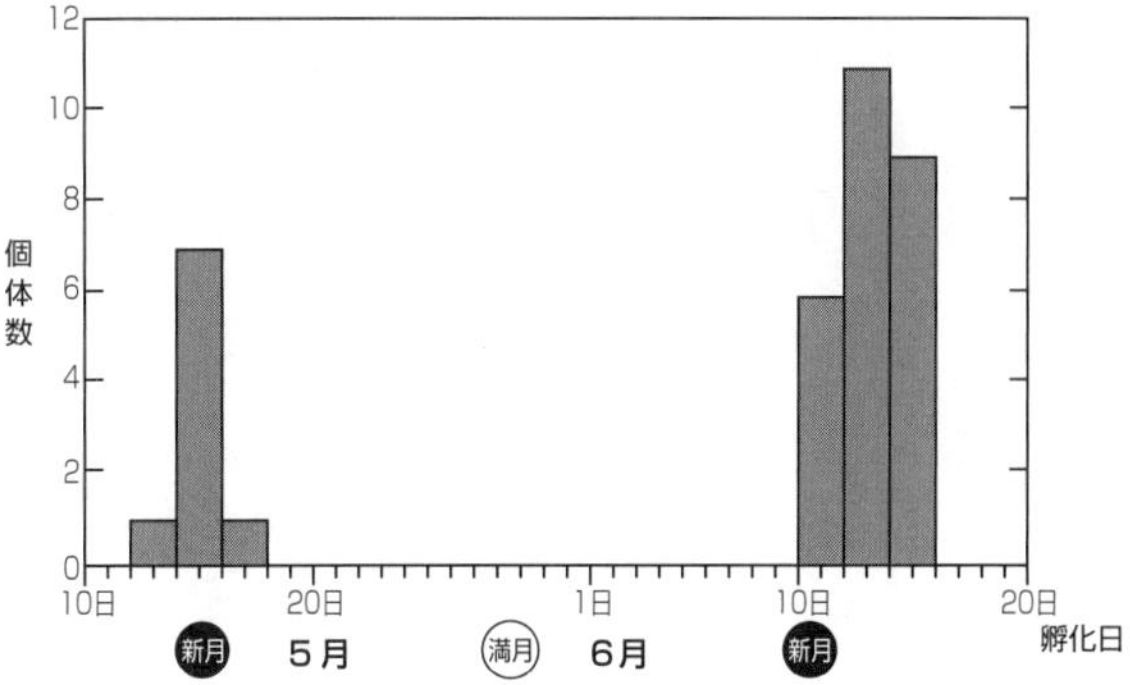

「新月仮説」のもとになったデータ。産卵場付近で採集されたレプトセファルスの孵化日は、各月の新月前後だと推定された。

新月の晩に合同結婚式を挙げている——「新月仮説」

第五次調査から戻った私たちは、採集したレプトセファルスの分析にかかりました。まず行ったのは耳石の日周輪解析です。前回（一九八六年）採集したサンプルでも解析し、航海を夏に変更したわけですが、今回は大量のサンプルがあるので、さらに詳しい分析が可能です。私たちはランダムに選んだ一〇〜三〇ミリの七六個体から耳石を取り出し、日周輪解析を行いました。

図・22がその結果で、横軸が個々のレプトセファルスの孵化の日付、縦軸が個体数です。棒グラフから読み取れるように、七月に採集されたレプトセファルスは、五月生まれと六月生まれの二群にはっきり分かれました。しかも、それぞれのピークが、各月の新月の日にほぼ一致しています。ウナギは産卵後の受精から孵化までの期間がわずか一日半と短いので、この解析では産卵と孵化のタイミングはほぼ同じと考えてもかまいません。そうなるとこの結果から、親ウナギたちは好き勝手な時期に産卵しているのではなく、夏の新月の晩に一斉に「合同結婚式」を挙げていることになります。

こうした現象を生物学では「同期産卵」と言います。これには受精の効率を高めるメリットがあります。しかも新月の晩は真っ暗で安全性が高い。親ウナギにしてみれば、月影の射し込む満月の海より、闇夜《やみよ》の新月に卵を産むほうが、わが子が、そして自分自身も天敵に襲われる可能性は低いのです。さらに言えば、大潮なので産み出された卵は早めに流れて拡散し、リスクは分散されます。新月の同期産卵はきわめて合理的な選択と言っていいでしょう。

動物の多くは同期産卵をしますが、きっちりタイミングを合わせる例としてはサンゴが挙げられます。沖縄近海の造礁《ぞうしょう》サンゴは水温が二四度を超えた夏（五月、六月）の満月の晩、一斉に産卵します。新月の晩にも産卵するという説もありますが、一般的には満月の晩とされています。

サンゴは雌雄同体で、一つの個体が卵と精子の両方を作ります。これをバンドルというパッケージに一緒に入れて海中に放出しますが、この中では受精は起きません。放出されたバンドルはゆっくり浮き上がっていき、海面付近ではじけます。

そして、他の個体が放出した卵、精子と混じり合い、受精が行われます。受精卵は潮に流されて拡散していきますが、ここでもリスクの分散、分布域の拡大のために、大潮の流れが利用されています。

ウナギは、サンゴとは対照的に新月の晩を選択していますが、これはウナギに強い負の走光性（光刺激に反応して移動すること）があるためと考えられます。サンゴの場合はウナギのように明瞭《めいりょう》な光に対する走性（外界の刺激に対して一定方向に移動する性質）はなく、原則としては水温と潮の満ち引き、流れの強弱を判断材料にして、約束の日を知るのでしょう。そうであれば、新月だけでなく、満月に産卵する個体があってもおかしくありません。

では、親ウナギたちは、どのように新月を感知しているのか。当然、潮汐《ちょうせき》の影響が強い河口を通過したり、定着している生物だから、体内に月周リズムはあるはずです。その音頭《おんど》取りの役目をしているのは満月の光と思われます。正確に満月の日がわかれば、新月は満月と満月の中間点ですから、新月を知るのは簡単です。

「満月とはいえ、深い海の中で本当に弱い月光を感じ取れるのか」と言う人もいるでしょう。ウナギは夜行性で光に敏感に反応します。換言すれば、ウナギの目は相当に弱い光でも感知できます。これについてはいくつかの実験結果が報告されていますが、人間の目が感知しうる照度より一桁《けた》低い照度でも感知します。

そして、面白いことに、川で成長している時期の黄ウナギから、産卵場への回遊が近づいて銀ウナギに変態すると目が大きくなります。変化は外見だけではなく、眼の内部でも起きていて、網膜の視細胞は、形の認識に適した細胞が減り、明暗のみを感度よく認識できるタイプの細胞が増えてきます。これは来《きた》るべき長旅への適応であり、新月の晩を正確に感知するための変化と考えていいでしょう。

銀ウナギは、産卵場に回遊する時、ずっと一定の水深を泳いでいくわけではありません。第5章で詳述しますが、昼間は水深六〇〇～八〇〇メートルくらいの深海で外敵を避け、夜になると水深二〇〇メートルくらいまで浮いてきます。これは比較的浅い水深の暖かい環境で体内の生殖腺の成熟を促すためのようです。

この二〇〇メートルという水深は、澄んだ海水であっても、人間にとっては暗黒の世界です。しかし、目の改造を済ませた銀ウナギにとっては比較的明るい環境で、彼らは少なくとも満月の明るさを十分に感知できるでしょう。すると、夜毎《よごと》に二〇〇メートルまで浮上してきた親ウナギたちは月周期がわかることになり、当然、新月も把握できることになります。親ウナギたちはこうして約束の時——夏の新月の晩を知る。私たちはこれを「新月仮説」と名付けました。

そこに三つの山がある——「海山仮説」

一九九二年、九三年は航海がなく、第六次航海は九四年になりました。六月二〇日から七月三日までです。九一年に採集した最小サイズが七・七ミリですから、狙《ねら》いはそれより小さいレプトセファルス、プレレプトセファルス、あるいはもう、最終ゴールの卵の採集です。

産卵場と目される海域はかなり特定されたので、その海域を中心に一度刻みのグリッドサーベイを行いました。一九九一年に多く採れた海域から三〇〇キロほど東の海域です。レプトセファルスは次々に採れ、計一一〇五匹を数えました。前の第五次航海をしのぐ「大漁」です。しかし、サイズは一一ミリから三一ミリで、前回の最小サイズ七・七ミリに及びません。

北赤道海流を東に遡《さかのぼ》って、産卵場に近づいているはずです。ならば、卵やプレレプトセファルスあるいは七・七ミリ以下のレプトセファルスだって採れてもいいのに、前回の調査とほぼ同じサイズばかりなのです。

　航海も終盤にさしかかり、どうしてだろうと思案していたある日、朝食を済ませてブリッジに上がっていくと、神野洋一船長が海図を見ていました。そして、こんなことをポツリと言ったのです。

「ちょっと東に、海山がありますよ。名前のない海山ですが……」

　この船長の言葉がどんな意図だったのか、その時も、今もわかりませんが、とにかく私は「海山」という言葉の響き、そして無名だという、なんとなく謎《なぞ》めいた話に興味を持ちました。

　船長が指さした海図には三つの大きな海山がありました。一帯は水深四〇〇〇メートル以上あるのですが、その海底から四〇〇〇メートル級の海山が三座、ほとんど海面近くまでそびえ立っています。北からパスファインダー海山、アラカネ海山と、ちゃんと名前があるのですが、最も南の海山には名前が付いていませんでした（後にスルガ海山と私たちが命名）。

　そして、同じサイズのレプトセファルスしか採れていない以上、「ちょっと東」は興味をそそられます。

「それじゃ、ちょっと、行ってみましょうか」

限られたシップタイムの中で、グリッドサーベイをこなしている最中ですから、決して無駄にできる時間はないのですが、少し遊び心を出して、とにかく行ってみようということになりました。三座のうち最も高いのは北のパスファインダーで、その頂きは水深六メートルまで迫っています。真ん中のアラカネの頂上も水深八メートルで、この二つの海山の山頂付近は航行できません。排水量三九九一トン、喫水六メートルの白鳳丸は船腹を擦《こす》って座礁する危険があります。

最も南にある、無名海山の頂上は水深四〇メートルほどで、この上は航行できます。船上から無名海山の頂上を見下ろしてみると、サンゴ礁の白が海の群青《ぐんじょう》に溶けて、白から青へのグラデーションを作っていました。そこではネットを引かず、輪郭を失い、茫《ぼう》とした白い頂きを眺めただけでしたが、振り返れば、この体験が運命的な意味を持っていたことになります。

この海域を、東から西に流れる北赤道海流の速度は時速一キロくらいです。採集したレプトセファルスのサイズ、そして耳石の日周輪から計算すると、このあたりが産卵場であってもおかしくありません。むしろ、そうであればいくつかの事象の辻褄《つじつま》が合います。

これらの海山は、北太平洋の西部海域、つまり日本の真南に連なる巨大な海底山脈（西マリアナ海嶺）の一部です。日本の陸地は北米プレートとユーラシアプレートに乗っていますが、すぐ南の海底はフィリピン海プレートになっています。

このフィリピン海プレートと北米プレートの東端に、太平洋プレートがぶつかり、沈み込んでいます。ここに形成されたのが日本海溝とマリアナ海溝です。そして、潜り込んだ太平洋プレートがフィリピン海プレートの東端を押し上げる形で形成されたのが西マリアナ海嶺です（図・23）。これらのプレートのぶつかり合いが、日本を火山国、地震国にしているわけで、二〇一一年の東日本大地震はその活動の一端でした。

東アジアに生息するニホンウナギが太平洋に出て、マリアナ諸島西方海域で産卵するには、約三〇〇〇キロの旅をしなければなりません。この長旅は、ただ南に向かえばいいというだけで成し遂げられるものでしょうか。おそらくその道程には何か道標が必要で、ゴールにも何か目印が必要なはずです。

第2章で「成育場は広く、繁殖場は狭い」と述べました。産卵期を迎えたウナギの雄と雌は、広大な海の中のどこかで出会わねばなりません。出会うために必要なのは、言うまでもなく、時間と場所を正確に決めることです。

時間は夏の新月の晩です。そして、場所に関する一つの大きなヒントは塩分フロン

[図・23／フィリピン海プレートの海底地形]

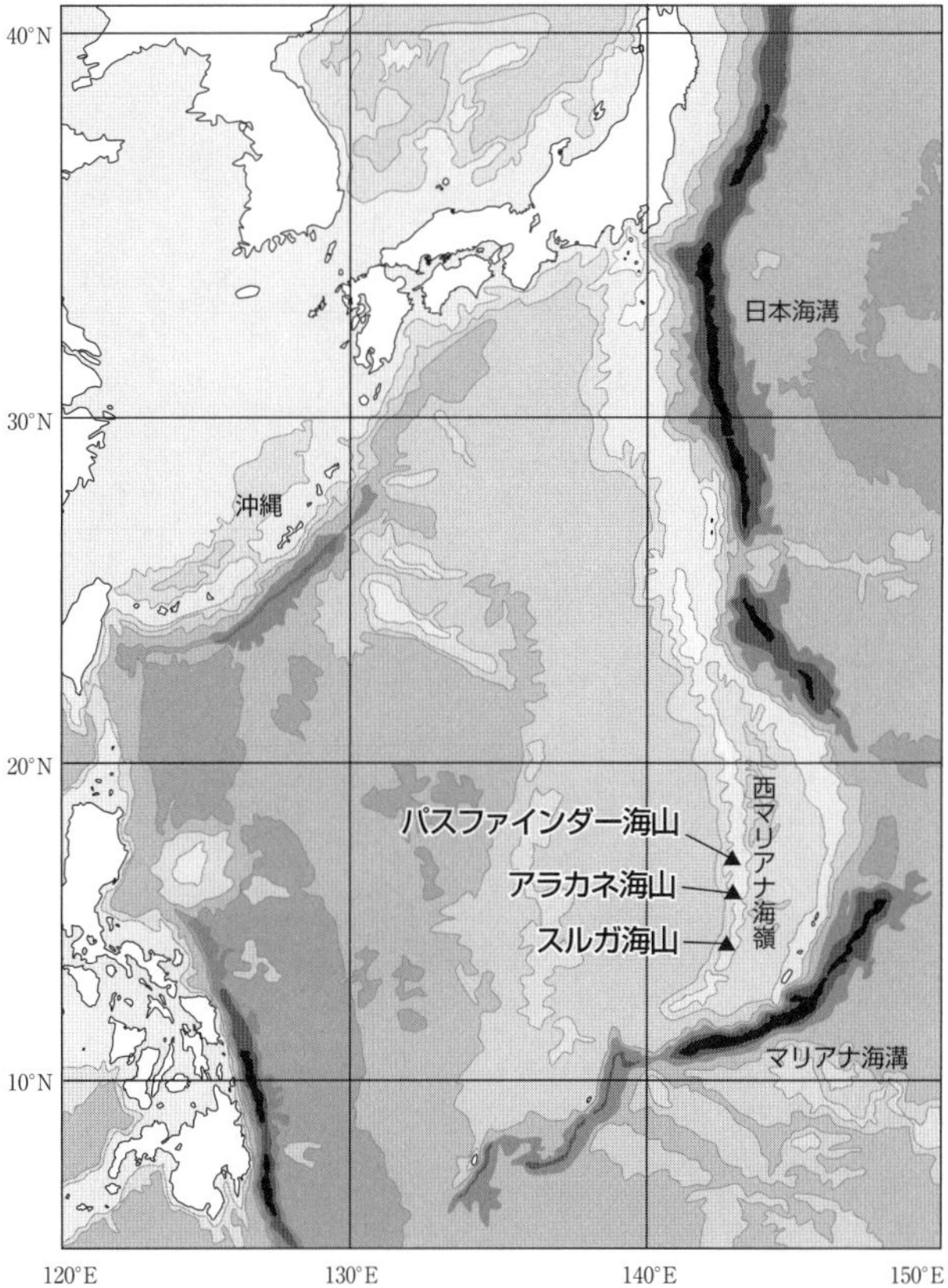

推定産卵場にはパスファインダー海山・アラカネ海山・スルガ海山の3つの海山がある。親ウナギたちはこれらの海山からなる海底山脈を目印にして集まってくるというのが、「海山仮説」である。

トでした。しかし、塩分フロントは海域を南北に分け、延々と東西に延びているのです。ウナギたちの長い旅のゴールを設定するには、塩分フロント以外にもう一つ軸が必要です。地図で言えば、塩分フロントは緯度を確定してくれるけれど、経度を確定する何かが必要なのです。その二つが確定すれば、私たちは地図上にピンポイントを求められます。

南北に並ぶ三つの海山は元は火山で、海底から一気に三、四〇〇〇メートルもせり上がっています。当然、周囲の環境になんらかの特徴的な変化を生じさせているでしょう。流れの変化や渦、湧昇流《ゆうしょうりゅう》、あるいは匂い、磁気異常や重力異常も考えられます。

親ウナギたちはそれを手掛かりに集まってくる。つまり、それまで東西に散っていた親ウナギたちは三つの海山のある海底山脈を目指して経度を収束させ、南下してくるのではないだろうか。そして、問題の海山域に入った彼らは塩分フロントを越えた時点で、約束の場にたどり着いたことを知る——。

私は、親ウナギたちが三つの巨大な海山をゴールの「目印」にしているのではないかと考えました。目印と言っても親ウナギたちは海山を実際に眼で視認するわけではなく、側線感覚や磁気感覚、あるいは嗅覚で感知しているものと考えられます。これが一九九六年に発表した「海山仮説」です。

空白の一四年間――なぜ、卵の採集が困難か

　こう書いてくると、読者は、一九九一年の成果から「塩分フロント仮説」「新月仮説」「海山仮説」が容易に導き出されたような印象を持たれるかもしれません。しかし、それは、今、振り返って整理してみればそうなるという話で、現実には長い暗中模索の時期がありました。

　また、実際、塩分フロント仮説がしっかりとした仮説として機能するようになったのは、他の二つの仮説よりもずっと後になります。塩分フロントは年により、また月によってさえ変動するような不安定なものなので、長い年月の観察と解析が必要でした。事実、小型レプトセファルスが大量に採れた一九九一年以降、一〇ミリくらいのレプトセファルスは採集できても、それ以下のサイズのレプトセファルスやプレレプトセファルスが一切採集できない時期が、一四年も続いたのです。

　なぜ、プレレプトセファルスや卵は採れないか――基本的な原因は、それほど難しい話ではないと思われました。採集のための時間的、空間的な条件がきわめて厳しいものになるからです。

何度か触れたように、ウナギの卵は水温二〇度では産卵後一日半（三六時間）で孵化します。卵採集のチャンスはこの三六時間に限定される。もちろん、産卵は新月前の三〜四日続くかもしれませんが、それを勘案してもチャンスは四〜五日程度でしょう。プレレプトセファルスの期間は約一週間です。卵よりは長いけれど、広い海域を捜し回っているうちにさっさとレプトセファルスになってしまいます。

これに対し、レプトセファルスの期間は四〜六ヵ月です。その間にマリアナ海域からフィリピン東方沖、台湾東方沖へと流れるので、採れる場所は変わりますが、とにかく半年近くの間チャンスがあります。レプトセファルスと比べると、卵の三六時間、プレレプトセファルスの一週間は相当に厳しい条件になります。

それでも、時間的な条件は新月というほぼピンポイントの手掛かりがあるので、まだマシと言わねばなりません。空間的な条件はもっと厳しくなります。産卵、受精は多くの親ウナギが寄り集まらなければなりません。寄り集まるだけではなく、受精のためには体が触れ合うほどに密集しなければなりません。

東アジアにやってくるシラスウナギの総量をおおまかに推定し、レプトセファルスの海での半年間の死亡率や親のもつ卵の数、性比などを、エイヤッと決めて、どんぶり勘定した一産卵期に集まる親ウナギの総数は、約一〇万匹でした。この親ウナギ一〇万匹が、受精可能な密集度で集まると、どれくらいの空間になると思いますか？まだその産卵光景を見た人はいないので、あくまで机上の計算になりますが、ざっと一〇〇〇立方メートルです。一辺が一〇メートルの立方体と言ったほうがイメージしやすいかもしれません。二階建ての家一軒分くらいでしょうか。産みたての卵を採集しようと思ったら、広大な海中で一〇メートル立方のスペースにネットをヒットさせなければならないのです。

この家一軒分のスペースに産み出された卵は、海流に流されて拡散していきますが、その時間は三六時間です。拡《ひろ》がったところで、二階建ての一軒家が一〇階建てのビルや東京ドームになる程度の話でしょう。私たちは、マリアナ海域で、そのピンポイントを探していました。

こうした理由で、一九九一年以降の一四年間、実証という意味では足踏み状態が続いたのですが、それは、これまで述べてきた三つの仮説の着想、熟成、検証のための時間でした。「なぜ、卵が採れないのか。どうしたら採れるのか」――この言葉を嫌になるほど反芻《はんすう》し、ひたすら試行錯誤を繰り返しました。

潜水艇ヤーゴで海山域に潜る

一九九八年の夏には、海山域に潜ってみるという調査を行いました。ドイツのマックス・プランク研究所との共同調査を企画し、彼らが所有するヤーゴという二人乗りの小型潜水艇を白鳳丸に積み込みました。この調査には、ドイツだけではなく、韓国、ニュージーランドの研究者も参加しています。それまでにも海外の研究者が白鳳丸に同乗し、一緒に調査したことはありましたが、この年は四ヵ国、一三機関、研究者だけで延べ五〇名、船内の公用語はほとんど英語という国際調査団となりました。

一九九二年にネイチャー誌に発表した論文

[図・24／ドイツの小型潜水艇ヤーゴ（JAGO）と白鳳丸]

2人乗り、最大深度400mの小型潜水艇。（写真：Hans Fricke）

がカバーストーリーになり、一九九八年にも、一生、川に遡上《そじょう》しない「海ウナギ」の発見が同誌に発表されたために、私たちの研究は国際的な注目を集めていました。しかも最大深度四〇〇メートルまで潜れるヤーゴがウナギ研究に乗り出してきたので、みんな張り切っていました。

調査対象はアラカネ、パスファインダーの二海山。ヤーゴで海山頂上付近の山腹に潜水し、産卵の様子あるいはその前後の親ウナギを観察しようというわけです。期間は五月二二日から七月二日までですが、狙い目は六月二四日の新月前後となります。

新月前日の二三日午後二時頃、パスファインダー周辺を調査していた時、白鳳丸の科学魚群探知機は海山山腹に「怪しい雲」を捉《とら》えました。水深三〇〇メートル、濃密で巨大な群れでした。

「怪しい雲」は、この日、ほぼ水深三〇〇メートルにとどまり、浮いてくることはありませんでした。午後七時頃に消えるまで、水深三〇〇メートルを動こうとしなかったのです。プランクトンや小魚が密集した群れは、普通、夕方になると浮いてきます。こうした海中生物の時間帯による浮沈を「日周鉛直移動」と言います。これを行わなかった「怪しい雲」は、おそらくその手の小魚群ではありません。

「もしかしたら、親ウナギの産卵集団か？」私たちはどきどきしながら、科学魚群探知機に見入っていました。

「怪しい雲」は新月の日（二四日）にも出現しました。そして、この日も日周鉛直移動を見せずに消えて行きました。もちろん、海山斜面にへばりついて探査しているヤーゴから、斜面から離れて中空にいる「怪しい雲」の姿を見ることはできませんでした。魚群探知機に大きな魚影が確認されているなら、発見できそうに思うかもしれませんが、水深三〇〇メートルは闇《やみ》の世界です。人間の視野はヤーゴのライトが照らす小さな円だけになってしまいます。

その小さな円を、私たちは海山の斜面に向けていました。そもそも潜水艇による観察というのは、何もない中空をあてどなく探索するのには向いていません。潜水艇の推進力はたかがしれているので、限られた潜降時間内にグリッドを画《えが》いて広い範囲を探索するわけにはいきません。潜降の際には、深海底の熱水噴出口であるとか、沈没船であるとか、あるいは巨大なマッコウクジラの死体であるとか、なにか必ず目標点があります。この場合は、目的は親ウナギの産卵シーンの発見なのですが、目標はいきおい、しっかりとしたよりどころを与えてくれる海山本体に集中していきました。やはり、海山以外の目印のないオープンウォーターをふらふら探すわけにはいかなかったのです。

[図・25／潜水艇ヤーゴによる海山の潜水調査]

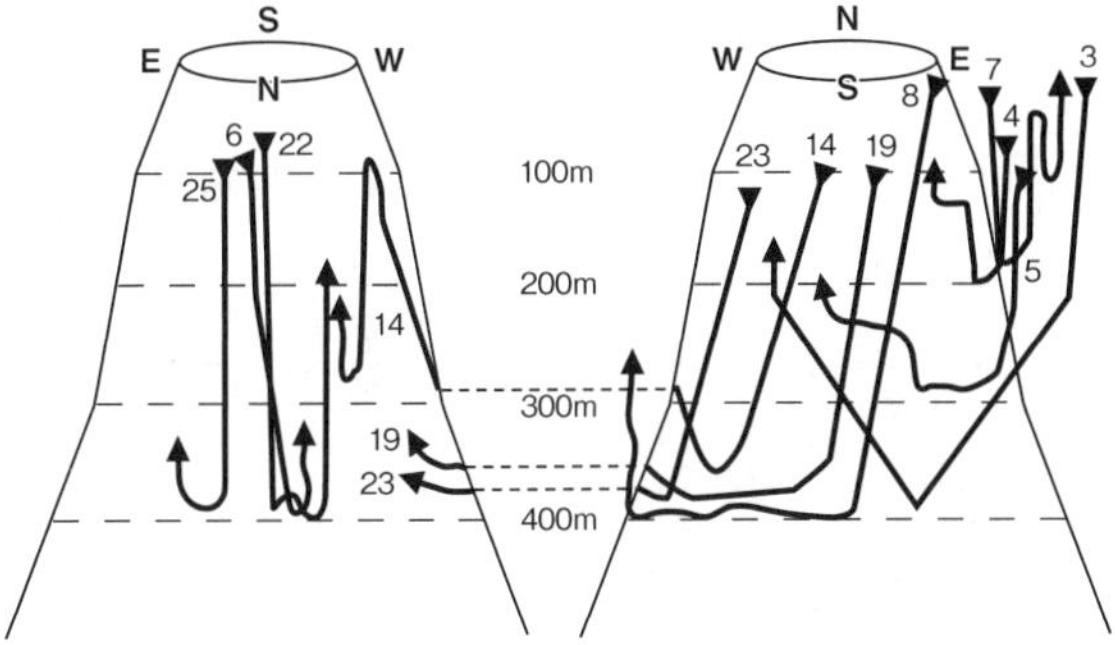

アラカネ海山

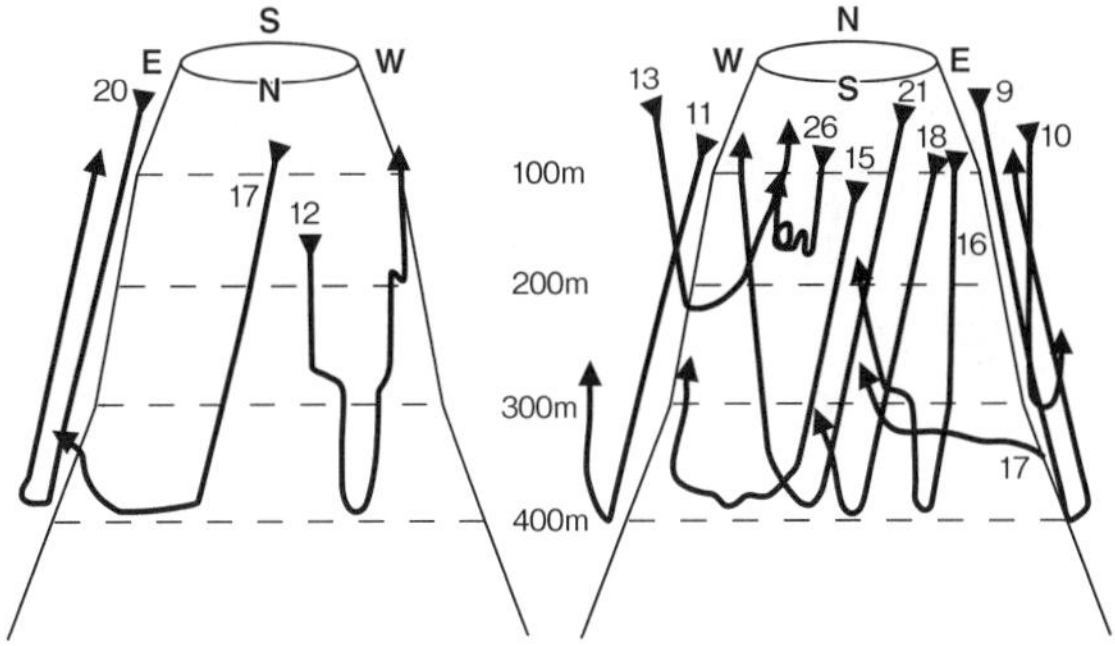

パスファインダー海山

新月期にアラカネ海山とパスファインダー海山で、合計 27 回、91 時間の潜水調査を実施した。海山斜面に沿って潜降・上昇を繰り返し、詳細な観察をしたが、ウナギは発見できなかった。

もちろん私たちは最終的な産卵行動が中空で行われる可能性も考えていました。ハモの人工産卵行動の実験観察から、産卵前にメスが泳ぎ回ること、オスがそれに追随することなどを知っていました。まさに産卵の際には水面近くに浮上して放卵放精を行いました。ホルモン注射で人工的に成熟させた親ウナギの産卵行動も類似した行動を示しました。

しかしそれでも、産卵前には親ウナギが海山の洞穴やクレバス、岩の下に潜んでいる可能性もあります。そうした親ウナギが産卵前後に出てきて、海山斜面をふらふらしているのではないかとも考えられます。それで私たちは、近視眼的にライトを海山に向け続けたのです。海山の斜面で発見しようと、斜面から何百メートル離れた海中で発見しようと、海山仮説は証明されたことになります。

この探索法だと、たとえ親ウナギたちがヤーゴのすぐ後ろにいたとしても、私たちの視界には入ってきません。調査が終わって帰路に作製した航海報告の表紙には、ドイツチームの女性研究者カレン・ヒスマンさんが描いた漫画が残っています。それは、海山にライトを向けたヤーゴの後方でたくさんのウナギたちが笑いながらヤーゴを観察している姿でした。

「怪しい雲」を追え

翌二五日、「怪しい雲」がまたまた、姿を現しました。これでもう三回目です。今回の水深は二五〇メートル。魚群探知機の映像を見た私は、もう我慢できなくなり、ヤーゴの緊急発進命令を下しました。そして、自ら乗り込み、操縦士のユルゲン・シャウアー氏に「あの群れに突っ込んでくれ」と叫んだのです。

ヤーゴは急速潜航。わずか一〇分ほどで水深二五〇メートル。白鳳丸船上から時々刻々、怪しい雲の水深情報が入ります。ヤーゴは水深の微調整をしながらライトを巡らす。胸躍らせながら海中に目を凝らしたのですが、何も見えません。「アレ、どこいっちゃったんだろ」と探し回っていると、洋上の白鳳丸から「怪しい雲は上昇している」という連絡が入りました。「えっ、そんなばかな」前日までの怪しい雲は、出現水深は一定でした。

指示された水深一〇〇メートルまで急いでヤーゴを浮上させ、サイドスキャンソナー（水平方向の超音波探知機）で魚群を探します。画面に「怪しい雲」の像が現れると、ヤーゴを接近させていく。すると、像はパッと画面から消えてしまう。旋回して魚群を探し、接近していくとまた消えてしまう。

そんな追いかけっこを何度か繰り返し、これはヤーゴの照明に驚いて逃げてしまうのだと気づきました。今度はライトを消し、ソナーの像だけを頼りに接近し、至近距離に入ったところでパッとライトを点《つ》けてみました。

見開いた私の目に飛び込んできたのは魚の下半身。銀白の体と二つに分かれた尾鰭《おびれ》。それはウナギとは似ても似つかぬニシンやアジのような魚でした。私とユルゲンは顔を見合わせて溜め息をつき、白鳳丸に戻りました。

この日、私たちが追った魚群は、日周鉛直移動を行うプランクトンを追う小魚の群れだったのです。しかし、私には前日、前々日と水深三〇〇メートルにジッとしていたあの魚群が今日見た小魚の群れと同じだとは思えませんでした。

私たちは今、ポップアップタグという最新の電子機器と人工衛星を使って、海に出た銀ウナギも、夜は浅層、昼は深層という日周鉛直移動をしながら回遊することを知っています。しかし、当時はそんな技術も知識もまったくなかったので、夜になっても浮上しない「怪しい雲」に、謎めいたウナギの産卵生態を重ね、想像をかき立てられたのです。

この「怪しい雲」の追跡以外に、私たちはヤーゴで計二七回、九一時間、海山斜面

[図・26／海山域で放流したアルゴスブイの軌跡]

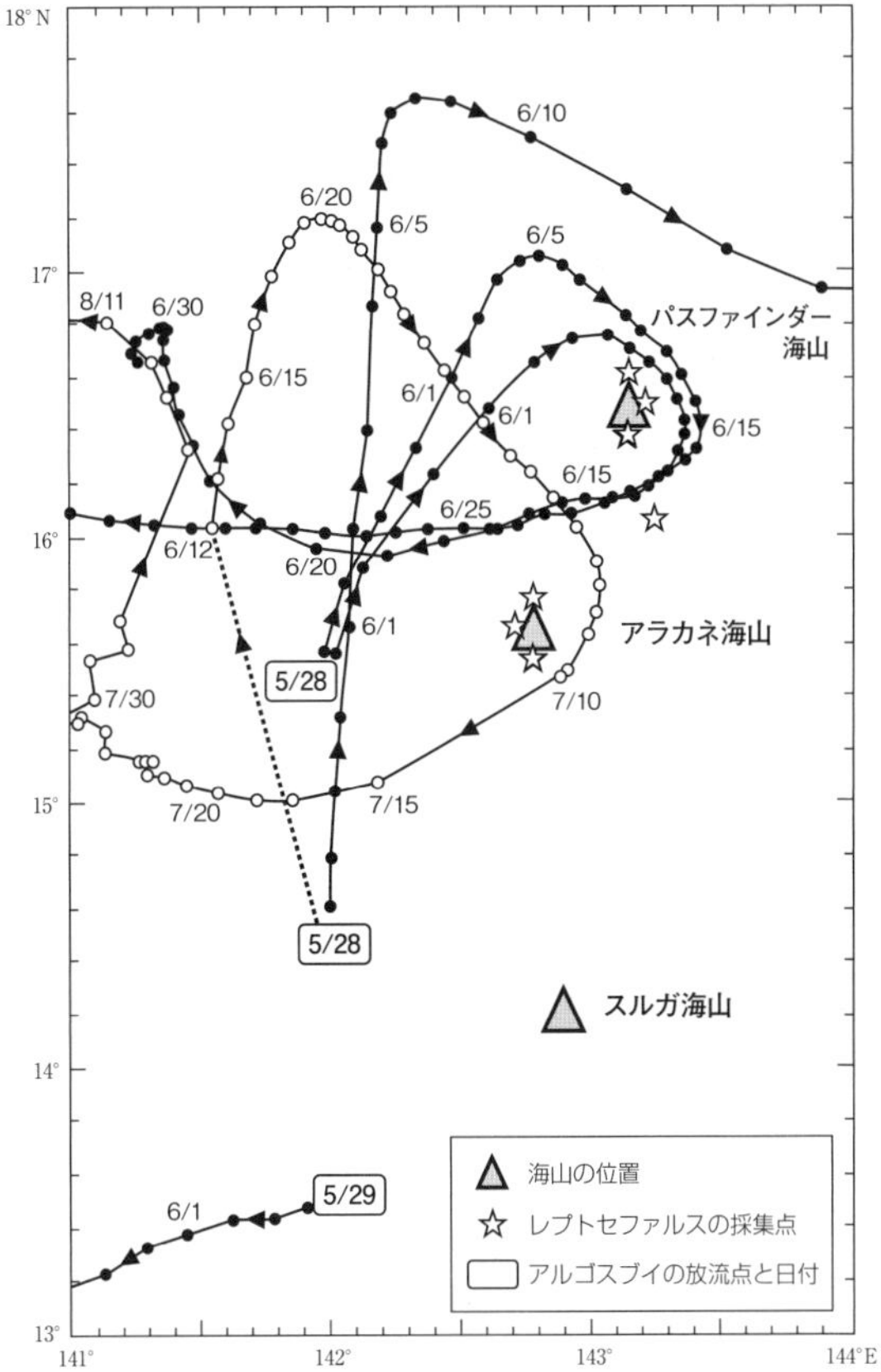

アルゴスブイは、複雑な軌跡を描いて海山域を漂流した。中でもスルガ海山北西に放流したブイは北上し、小型レプトセファルスが採集されたアラカネ、パスファインダー両海山の周りを通過した。

を潜水観察しました（P157図・25）。しかし、ニホンウナギではないウナギ目の魚を数例見ただけで、ニホンウナギの姿はまったく見えませんでした。闇の中をゆっくり沈下していくマリンスノー（プランクトンの死骸《しがい》）が印象的でした。

この年の調査は、私たちの期待を裏切る結果となりましたが、実は大きなヒントを一つ掴《つか》みました。ヤーゴの潜航に先だって、海山域の海流を調査するためにアルゴスブイ（人工衛星を使って位置を知らせる発信器）を流してみたのです。P161の図・26がその結果ですが、驚いたことに、三ポイントから投入した計九個のアルゴスブイはきわめて興味深い動きをしました。

私たちは、北赤道海流によって西に流されていくだろうと単純に考えていたのですが、海山の西側で投入した九つのブイの大部分は北上したのです。そして、その内の二つのブイはパスファインダー海山を旋回して西側に戻り、それから西に流れていきました。

つまり、単純に孵化後の日数分を東に遡れば産卵場に至るというものではなかったのです。海域全体としてはおおむね東から西へ北赤道海流が流れてはいるけれど、海面近くまで迫《せ》り上がった三つの海山は、付近の流れをきわめて複雑なものにしていました。

［図・27／人工授精で得られたニホンウナギの卵（左）とよく似た「怪しい卵」（右）］

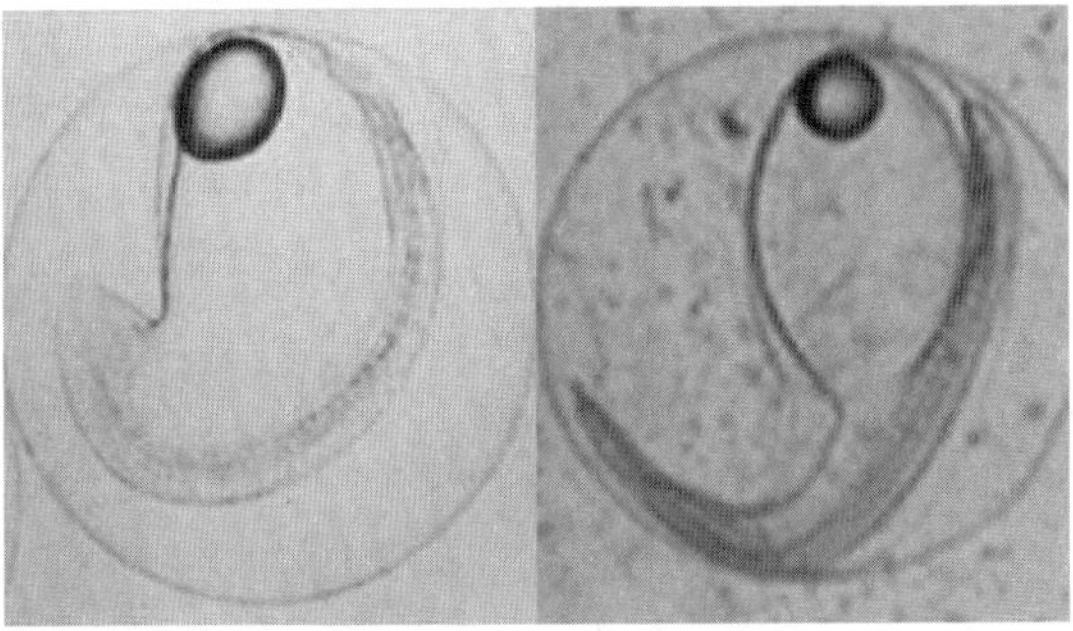

「怪しい卵」は帰港後のDNA鑑定の結果、ノコバウナギの卵だと判明した。（Aoyama et al. 2001b）

科学者の使うべき言葉

一九九八年の航海では、ネットによるレプトセファルスの採集もしました。全長一〇ミリから二〇ミリのレプトセファルス二四匹が採集されました。同時に、ニホンウナギの卵によく似た「怪しい卵」が三つ採れました。シャーレの中に肉眼で「怪しい卵」を発見した学生が、顕微鏡で卵の鑑定を担当していた鈴木譲・次席研究員（当時東京大学附属水産実験所教授）に見てもらいました。彼は人工の受精卵をいつも見ていますから、ウナギ卵の特徴は目に焼き付いています。三つの卵は、直径一・八ミリほどの大きさで、色素がなく、一つの油球《ゆきゅう》を持ち、尻尾《しっぽ》のあたりまで卵黄物質が伸びている——ちょっとサイズが大きいことをのぞけば、人工ウナギ卵の条件を満たしています。

しばし顕微鏡を覗《のぞ》いていた鈴木次席研究員は言いました。

「ニホンウナギの卵であることを否定する根拠は、何一つありません」

ならば、それはニホンウナギの卵であろうと、私は大きな期待を持ちました。いち早く取材に来た新聞社は「ウナギの卵が採れた」という記事を一面に載せました。しかし航海を終えて研究室に帰ってからDNA鑑定をしてみると、明らかにウナギの卵ではないことがわかりました。強いて言えば、同じウナギ目のノコバウナギに最も近いDNAをもっていました。当時はまだ誰も天然の卵を見たことがなかったので、形態だけでは判別が難しかったのです。

落胆した私は、鈴木次席研究員につめよりました。

「ニホンウナギの卵だって、言ったじゃないか……」

すると、私の大学時代の親愛なるクラスメートは、何事もなかったかのようにうそぶくのです。

「俺は『ニホンウナギの卵であることを否定する根拠はどこにもない』と言ったんだ」

船上での顕微鏡による鑑定を、彼は正確に表現していました。

「なるほど、そう言われると、確かにそう聞いたような……」

しかし、期待に満ちた私の頭は、いつの間にか「ニホンウナギの卵だ」と思い込んでしまったのです。この時「科学者たる者、いつも正確な言葉を使い、それを正しく理解しなければならない」と思いました。

その後も、私たちはこの「怪しい卵」には悩まされることになります。二〇〇一年に行われた第一〇次航海でも「怪しい卵」が採集されました。例の三つの海山に的を絞ってネットを曳《ひ》くと、レプトセファルスは採れなかったのですが、それらしい七個の卵が採集されたのです。そこが産卵場で、ウナギたちが産卵した直後であれば、レプトセファルスは採れず、卵か親ウナギだけが採集されることになります。したがって卵だけの採集は吉兆かもしれません。大いなる期待をもってＤＮＡ鑑定してみると、またまた「ノー」と出ます。一体どこにウナギの卵はあるのでしょうか。ある友人は「ウナギは胎生で生まれるから、卵なんてどこにもないんじゃないの？」と悪い冗談を言い出す始末です。

ウナギらしき魚影が映った

産卵中の親ウナギを見たり、獲《と》ったりする試みは、一九九八年のヤーゴ航海以来、静岡県水産試験場（当時）の調査船駿河《するが》丸や白鳳丸で続けられました。思いつくあらゆる漁法を試してみました。刺し網、筒、延縄《はえなわ》、釣り、灯火採集など、およそ産卵中の親ウナギには有効とは思えない漁法も、万一、一匹でも獲れればと思い、試してみました。

ただ、大がかりな専用トロール船を用いた親魚の捕獲作戦は最後の最後にとっておこうと決めていました。それはウナギとの知恵比べをしながら、その謎のベールを一枚ずつ丁寧に剝《は》がしているのに、大型最終兵器を持ち込んで一気に敵を殲滅《せんめつ》しようという方法は、なんとなくウナギとの駆け引きのゲームにおいてルール違反のような気がしていたからです。一匹でも何らかの方法で親ウナギを獲ることができれば、こちらの勝ちです。ウナギも「まいった！　これまで隠しに隠してきた秘密をとうとう知られちゃったね」と脱帽するに違いありません。

しかし、そうは言っても背に腹はかえられません。一度だけ、トロール網をウナギ産卵場調査に導入しようと動き始めたことがありました。二〇〇七年七月に東京海洋大学の海鷹丸《うみたか》（首席研究員・石丸隆教授）で、オッタートロールとカイトトロールの試験操業をやるというので乗船させていただき、可能性があれば本格的導入を考えようとしたのです。しかし、この航海は台風に見舞われ、カイトトロールの簡単なテスト曳網に留まり、本格的なオッタートロールの威力を確認することはできませんでした。結局その後、トロール導入の話は保留のままになってしまったのです。

一方で、新しい漁具や漁法も考案しました。高さ一〇メートル、長さ一〇〇メートル以上もある三枚刺し網を白鳳丸の船尾からゆらゆら左右に揺らしながら、微速前進して、産卵場に集結した親ウナギを獲ろうという寸法です。「左右に揺らしながら」というところがポイントです。刺し網は魚群の進行方向に対して直角に設置するものです。しかし、一ヵ所に設置したのでは、広い範囲を探索できません。広範囲を調査できる、新しい漁具はないものか。

そこで、見つけたのが、長い手ぬぐいのようなものを水中で鉛直に立てて、ゆっくり引っ張ると、ゆらゆら左右に揺れることです。早速、模型網を作って水槽中で引っ張ってみました。きれいに網が左右に揺れます。これだ、と思いました。網が左右に揺れるとき、付近にいた親ウナギが網に絡《から》まるはずだ。これだと産卵場の広い範囲を引っ張って親ウナギを探索できます。また刺し網にも細長いウナギの仲間が十分かかることは駿河丸の航海で確認済みです。

それに「地獄網」とよばれるほど、かかったものは決して逃げられない三重の刺し網です。親ウナギがそこにいさえすれば、確実に獲れるのではと期待されました。むしろ、カツオやマグロまでも根こそぎ獲ってしまうのではと、虫のいい心配さえ出てきました。イルカが絡まったら国際問題に発展するのではと心配する向きもありました。

勇躍、白鳳丸に積み込んで試してみました。しかし、結果は大惨敗《だいざんぱい》。何も獲れませんでした。かろうじて二三センチのオオヨコエソと呼ばれる黒い深海魚が一匹獲れただけです。折角作った新規ネットもこうして一航海の夢に終わりました。

いろいろ試した方法の中でも、その簡単な方法が気に入って、何回か時間があればやってみた漁法があります。それは釣りです。といっても、餌を付けて釣るのではありません。海に出たウナギは餌を食べませんが、群れて繁殖行動に夢中になっているなら、空針に引っ掛かることがあるかもしれない。確率は低いけれど、何もせずにはいられない。白鳳丸の科学魚群探知機でそれらしい魚影を見つけたら、その水深に空針を降ろして大きくしゃくり続けるのです。

しかし、水深は三〇〇メートル。釣りをされる方ならわかると思いますが、釣り糸を三〇〇メートルも出したら、当然、流されて針は真下には降りません。三九九一トンの白鳳丸が真下に魚群を捉えていても、そこに針は降りていかないのでした。それでも目的の水深に届く前に、好奇心旺盛《おうせい》なカツオやギンガメアジ、それに大きなバラムツなどが食いついて、たくさん釣果《ちょうか》はありましたから、にわかに釣り師となった乗船研究者たちの腕は決して悪くなかったようです。

「採ろう」という試みの他に、「見よう」という努力もなされました。二〇〇一年の夏は、五〜七月の白鳳丸の航海の後、すぐ八月にも「よこすか」で出直して、深海ビデオカメラによる産卵親ウナギの撮影を試みました。「よこすか」は海洋研究開発機構（ＪＡＭＳＴＥＣ）の調査船で、潜水艇「しんかい６５００」の母船です。また様々な深海観察用の機器を搭載することができます。白鳳丸が海洋研究全般のオールラウンド・プレーヤーとすると、「よこすか」は深海研究のスペシャリストと言えます。この「よこすか」を使って海洋研究開発機構とウナギ共同研究をすることになりました。産卵親魚を見てやろうという計画です。ディープ・トウという曳航《えいこう》式の深海ビデオカメラを海山域に降ろし、かなり深いところまで観察するという作戦でした。

しかし、ここでも海山に縛られてしまいました。やはり、なにかしら探索目標がほしかったからです。

船上でモニター画面を凝視していると、水深一〇〇〇メートルから二〇〇〇メートルの海山斜面で、ウナギのような魚影がいくつか映りました。ニホンウナギは日周鉛直移動で水深八〇〇メートルから二〇〇メートルくらいの間を移動しますが、何かの拍子――たとえば大きな魚に追われたりして一〇〇〇メートル以上も潜ることがあります。

また産卵を済ませた親ウナギは、力を使い果たしてヨレヨレになり、ゆっくりと海底へ沈んでいくはずです。あるいはその途中で息絶え、死骸となって沈んでいきます。ですから、ディープ・トウが捉えたいくつかの映像は親ウナギである可能性がありますす。鈴木次席研究員に倣《なら》えば、「それが親ウナギであることを否定する材料はありません」と言うべきところでしょうか。

しかし、苦しいことに、産卵後の親ウナギだと特定する証拠もありません。至近距離で真横から見ればヒレの位置や体色で判断はつきますが、如何《いかん》せん、対象までかなりの距離があり、被写体は小さくボケていました。しかも船上からカメラを引っ張っているので、すぐに画面から消えてしまいます。「あっ、いた!」と目を凝らしても三秒ほどで見えなくなってしまう。船を旋回させて、もう一度探そうとしてもムリというものです。

結局、九回ほど、それらしい魚影をビデオに記録することができましたが、いずれもウナギであると証明することはできませんでした。親ウナギを「見る」試みは、こうしてどちらとも決着がつかないまま不完全燃焼で終わってしまいました。

また、三つの海山の西側に一本だけ測線を設け、海山域から流れて来るであろう卵やプレレプトセファルスを期待して、南北に何度も行ったり来たりした白鳳丸の集中調査でも、これといった成果は得られませんでした。一九九一年以来、一〇年も進歩がありません。ヤーゴの投入が空振りに終わった後遺症もまだ残っています。ずっしりと疲労感がのしかかってきます。他に打つ手はないのだろうか。二〇〇一年の夏はこうして過ぎていきました。

第5章　ハングリードッグ作戦

——幸運の台風遭遇

トウキョウ・イール

二〇〇一年の夏の落胆を私たちは長く引きずっている余裕はありませんでした。九月二八～三〇日に控えた国際シンポジウム「ウナギ生物学の進展」（Advances in Eel Biology、愛称 Tokyo Eel）が迫っていたからです。会議場や宿泊所の準備はもちろん、ヨーロッパ、北米、オセアニア、東アジアから集まった多くの研究者のお世話もしなくてはなりません。

このシンポジウムは、東大の會田《あいだ》勝美《かつみ》先生（現・名誉教授）がリーダーの未来開拓学術推進事業（文部省・日本学術振興会）「ウナギのライフサイクルの解明と制御」の総まとめの会合として開催されました。ウナギの生態研究と養殖研究の二本立てで進められ、両者の交流が互いに良い刺激となって大いに成果があがったプロジェクトです。會田先生を中心に「Eel Biology」という学術書も取り纏《まと》められ、シュプリンガー社から出版されました。

私の研究室の学生諸氏は、会議の手伝いをするだけでなく、これまでに蓄積したそれぞれの研究成果の発表準備で、大忙しでした。学生諸氏の発表は、ウナギの分類、集団、系統、生態、生理など様々。多少欲目もあるかもしれませんが、集まった世界一流のウナギ研究者の中でも、これらの発表はいずれも斬新《ざんしん》で、輝いていました。

産卵場研究こそ行き詰まっていましたが、こうした様々な方面に発展している学生諸氏のウナギ研究があったからこそ、産卵場研究のほうも「またいつか、いい結果が出てくるだろう」と、泰然と構えていられたのかもしれません。

二つの新兵器

一九九一年の小型レプトセファルス大量採集以後、産卵場調査が大きく進展したのは二〇〇五年でした。この年は、新兵器を二つ用意して調査に臨みました。

一つは大型のリングネットです。愛称をビッグフィッシュと名付けたこのネットは、網口に金属のリング（直径三メートル）が付いていて、どこをどう曳《ひ》いても網はしっかり開くようになっています。

これまで使っていたIKMTネットという調査用大型中層トロールネットは、大きさはビッグフィッシュとほぼ同じですが、網口がふにゃふにゃしていて固定されていません。こちらは、高速で曳くことによって網口に付いている潜降板と呼ばれる金属の翼のようなものが抵抗になり、水中で網口が開く仕組みになっています。

ＩＫＭＴネットには、信頼性の点で少々難がありました。操作性は良いのですが、水深の深いところを曳いたり、潮の向きが悪かったりすると、十分に網口が開かない場合があるのです。そこで、むしろ原理は旧式なリングネットにひとまず回帰することにしたのです。リングネットならば曳けば曳いた分、きちんと水を濾過《ろか》してくれるので安心です。

もう一つの新兵器は船上でも使えるリアルタイムＰＣＲ遺伝子解析システムです。これがあれば、採れたサンプルを船上ですぐ遺伝子解析して、ウナギかウナギでないかが判定できます。

対象がレプトセファルスなら、形態的特徴がある程度発達しているので、顕微鏡で丹念に観察すれば種判別できます。しかし、孵化《ふか》直後のプレレプトセファルスや卵となると、著しく未発達であるため、形態では判別できません。そこで、陸上の研究室に持ち帰って、遺伝子を調べて種を決めることになるわけですが、これだと結果を知るまでに時間が大分経《た》ってしまいます。

「船の上でただちに種判別ができればいいのになあ」研究室でよくそう話していまし

た。もし採れたサンプルがウナギであると船上でわかれば、すぐさま現場で調査計画を変更して新たな観測ができます。それは航海で得られる研究成果の質と量を大きく向上させます。これはとりもなおさずシップタイムの有効利用になります。シップタイムというのは読んで字のごとし、船の時間です。

船を稼働《かどう》させるのに多額の経費がかかることは皆さんご存知のことと思います。研究船の白鳳丸も例外ではありません。むしろ何万トンという大型タンカーや貨物船などよりコストがかかるかもしれません。大型の商業船は、自動化と人員削減が進んで、経済性が優先されます。これに比べて、様々な観測を二四時間行うことのできる総合海洋研究船の白鳳丸の場合は、通常の船の航行業務にあたる乗組員の他に、観測作業に従事する乗組員も必要で、単純に考えても倍の人員が必要になり、タンカーに比べるとずっと小さいのですが、運用の経費は割高になります。

したがって、白鳳丸の稼働日数（航海日数）は大変重要な事柄で、予算によって厳密に決められており、それを超えて研究航海を実施することはできません。「限られた航海日数をどう有効に使うか」は、いつも頭を悩ます難問です。

白鳳丸は建造以来、東京大学海洋研究所の研究船として、全国の海洋研究者の共同利用に供されてきました。二〇〇四年からは東京大学から海洋研究開発機構（ＪＡＭ

STEC）に移管され、運航されるようになりましたが、現在も海洋研究所（今は改組され、大気海洋研究所）が全国の海洋研究者の共同利用・共同研究に供する「共同利用研究船」として運営しています。

共同利用とは、加速器や大型望遠鏡など、文部科学省の大型研究機器や先端的施設を、全国の大学や研究機関にいる研究者が申し込みをして共同で使うシステムです。このシステムのおかげで、自分の所属する研究機関にない最先端の大型機器であっても、計画書が受理されれば自由に利用できるようになっています。またこのシステムは、共同研究の「ゆりかご」の役目も果たし、さらには全国の研究者のネットワーク作りにも役立っています。

白鳳丸も、活発に利用されてきた「大型研究施設」だと言えます。海洋学の世界で数々の発見をし、研究業績を上げるだけでなく、大学院生の教育にも大きな力を発揮しました。かくいう私も、大学院生時代から白鳳丸に育てられた研究者の一人です。数ヵ月の長い研究航海の間に知り合った研究仲間は一生の宝物になりますし、異分野の様々な人との交流は、研究の幅を大きく広げてくれます。

しかし、白鳳丸の共同利用を維持することは必ずしも容易ではありません。運営費や修理更新費などの予算が少ないのはどこの大型機器も同じでしょうが、船である白鳳丸の場合は油代（燃料費）の問題があるからです。しかし、せっかく世界に誇る研究船と熟練した乗組員がいたとしても、波止場に繫留《けいりゅう》していたのでは、カキやフジツボが付くばかりで研究船の意味がありません。航海してこその研究船です。

年間に何日の航海ができる燃料費の予算があるか、そこが問題です。これだけ有用な研究船ですから、できることなら、メンテナンスのドック期間を除いた一年中、世界の海で活躍してもらいたいものです。しかし、近年油代の高騰《こうとう》により、年間の航海日数の削減が続いています。

こうした予算問題の他に、研究分野間の航海日数の獲得競争も熾烈《しれつ》です。当然のことながら、白鳳丸はウナギの研究以外にも、様々な研究課題に使われます。海洋学全般の研究に対応するわけですから、その範囲はとてつもなく広いものになります。

海洋学を便宜的に大きな研究分野に分けると、海洋物理学、海洋化学、海洋生物学、地球科学、水産学となります。各分野の中も細分されていて、いろんな研究者が様々な研究課題を持っています。たとえば生物分野の中には、魚類を研究する人もいれば、クジラ、プランクトンの研究者もいる、微生物だって大きな研究グループを作っています。

また課題によっては複数の分野にまたがっているものも多くあります。たとえば、ウナギの研究は基本的には海洋生物学と水産学の分野ですが、海洋物理学や地球科学の人びととの連携がなくては今や先に進めなくなっています。海洋学はまさに総合科学なのです。

仮にこうした様々な研究課題や研究者すべてに年間航海日数を均等に配分したとすると、ほとんどの課題は成り立たないでしょう。そこで、各研究者から出てきた計画申請書を審査し、評価することが必要になってきます。その任にあるのが、全国の海洋研究者の代表からなる共同利用運営委員会であり、その下にある実務担当の運航部会です。

白鳳丸の航海計画は三年単位で組まれています。その長期計画を立案する際には公開シンポジウムが開かれ、各申請課題の代表者が自分たちの航海計画の発表をします。これを運航部会が依頼した各分野専門の評価委員が聞き、個々の課題の目的、計画、新規性、国際性、これまでの成果の各項目に分けて評点を付けるのです。

これらを集計して、総合点を出し、基本的にはこれによって順位が決まります。各評価委員の間の評点のばらつきや専門家の意見を検討した上で、最終的にある課題に割りふる三年間の航海日数が決まるのです。極めて公平かつ厳正な審査プロセスです。したがって、申請書を書く側も、評価する側も必死です。申請者にとっては向こう三年分の研究をかけた真剣勝負だし、それを受けて立って、公正に評価しなければならない評価委員の作業量も精神的プレッシャーも大変なものです。

私たちのウナギの研究は、幸いなことにこれまで高順位でこの難関を通過してくることができました。しかし一方で、マリアナ海域で実施されるウナギの産卵場航海がいつも年度の初めにデンと控えているために、評価順位の低い研究課題が十分なシップタイムをとって、理想的な航海時期や調査海域で研究することができなかったことも多かったのではないかと思います。

私が長々とこんな話をしたのには、わけがあります。何もしないのに目の前に白鳳丸があって「さあどうぞ、ウナギの研究にお使いください」という状況じゃないということを皆さんに知って欲しかったのです。航海計画の立案の際には、生々しいシップタイムの「ぶんどり合戦」があって、やっと獲得した航海日数も油代の高騰で削られ、ぎりぎりの航海日数の中で、いくつもの測点を泣く泣く切りながら調査をしているということをわかって欲しかったのです。

そんな中で、台風が一発でも来てしまったら、航海は壊滅的になります。その年はもう終わりです。私たちが航海日数、すなわちシップタイムをけちけちし、大切にする理由をわかっていただけたと思います。

調査のネットを曳くときも、測点に着く前から万全の準備をして、デッキで待ちます。着いたら間髪入れずネットを降ろす。曳網作業が終わったらすぐ次の測点を目指す。飛行機の離着陸練習の「タッチ・アンド・ゴー」さながらです。あるいはF1レースのピットインのような緊迫した忙しさです。通常、船で曳網するときは原則として船首を風上に向けてゆっくりと航行するのですが、「風向きに関係なく、次の測点に向けて曳いてくれ」と船長と強談判《こわだんぱん》に及んだこともあります。少しでもシップタイムのロスを抑えるためです。

ここでやっと本題に戻るのですが、こんな状況の中で、リアルタイムPCR遺伝子解析システムの導入の効果は大変大きかったのです。採集したサンプルを分析にかけると、一時間半ほどで結果が出ます。もし、ウナギと出れば、すぐにそのサンプルが採れた測点に船を戻し、再確認の網を入れることができます。どんな水深に分布しているのかも調べることができます。生理学的な解析用に特別な曳き方で、状態の良いサンプルの入手もできます。

もしこの解析システムが船上になく、帰港したあと研究室で分析し「あれはウナギだった」という結果が出ても、もう後の祭りです。こうした意味で、このシステムの白鳳丸への搭載はシップタイムの有効利用になり、また結果として、ウナギ研究の大きなブレークスルーになったのです。

動く塩分フロント

二〇〇五年五月二九日に那覇を出港した白鳳丸が、西マリアナ海域に着いたのは五月三一日正午。最初の仕事は言うまでもなく塩分フロントの把握です。スコールによって生じる現象なのでその位置は一定ではありません。毎日とは言いませんが、その年その月によって塩分フロントの位置は変化しています。エルニーニョ（太平洋赤道域東部の海水温が上昇する現象）の時には南下し、且《か》つ不明瞭《ふめいりょう》になります。その反対の現象のラニーニャの時には、北上する傾向があると言われています。

また、おおむね東西に形成されるとはいえ、自然現象ですから、東西に走る緯度線と必ずしも平行であるわけではありません。その時の様々な気象条件により、傾斜したり、湾曲したりします。

従って、塩分フロントの把握には西マリアナ海嶺《かいれい》を東西に挟む形で二測線を設け、その線上の塩分フロントの位置で塩分濃度の低い「甘い水」を正確に捉《とら》える必要があります。ＣＴＤによる観測で判明した、二〇〇五年六月上旬の塩分フロントは、複雑な形状をしていました。東経一三八度から一四〇度までは北緯一三度半あたりを東西に走っていましたが、一四〇～一四一度では北緯一五度まで北上し、一四一度半では九〇度折れ曲がって南北に走っていたのです。南の甘い水が、北緯一四度東経一四一度あたりで、北の辛い水の中にせり出している感じです。

いつもこの塩分フロントの解釈には頭を悩まされます。しかし、後で詳しく説明しますが、塩分フロントは親ウナギが産卵地点を決める際に重要な働きをしているようなので、その位置の判断は調査のキーポイントともいえます。水深一〇〇メートルくらいまであるような明瞭な塩分フロントがくっきりと東西方向に走っているときは、調査の焦点をしぼりやすくなります。逆に調査の直前に台風が発生し、海が擾乱《じょうらん》された状態の調査では、「甘い水」がちぎれ雲のようにあちこちに存在して、どこが本当のフロントか判断に苦しむことになります。二〇〇五年の調査はまさに後者、最悪の状態で始まりました。

産卵場へ急行せよ

観測が始まって最初の東経一三七度線を南下していると、台風がやってきました。

このまま行くとぶつかります。調査を一時中断して、どこかに回避しなくてはなりません。台風の進路とスピード、発達程度を予測して、東北方向へ逃げることにしました。しかし、あまり遠くまで逃げてしまうと、その後のグリッド調査ができなくなってしまいます。船長と交渉して、ぎりぎりのところまで逃げて、台風をやり過ごすことにしました。

風上に船首を立てて、定点保持（ヒーブ・ツウ）。次から次に大波《おおなみ》がやってきます。船首を越えた波は船の最上階のブリッジまで上がってきて窓を叩《たた》きます。早くおさまってくれと祈るばかりでした。嵐《あらし》は一昼夜続きました。

少し風がおさまり、調査を再開することになりましたが、嵐の前に離脱した一三七度線の測点はまだ風が強そうです。風速毎秒一五メートルを超えるとビッグフィッシュの曳網作業は危険になります。そこで、西へ帰るのをやめ、東側の測点を先につぶしていくことにしました。

一四〇度線ならなんとか観測できるということで、これを南下して北緯一二度まで調査しました。その測線では僅《わず》かですが、計五匹のレプトセファルスが採れました。台風が西へ移動しているので、いまなら当初予定していた一本西の一三九度線も調査できそうです。この測線に戻って北上しながら台風の様子を見ることにしました。

まず北緯一三度で四匹のレプトセファルスが採れ、次の一三度三〇分へ向かいます。六月四日の深夜、正確には日付が五日に変わってからのことでした。一五、六ミリのレプトセファルスが三四匹。台風に祟《たた》られ、計画はめちゃめちゃ、レプトセファルスもポロポロとしか採れない。船内の雰囲気は重く停滞していましたが、本航海はじめての成果らしい成果に、空気は一変しました。漁船ではないので、多くを採るのが目的ではないのですが、やはりたくさん採れると嬉《うれ》しいものです。体長からほぼ一ヵ月前、五月の新月に生まれたものと推定できました。

しかし、この良い雰囲気も長くは続きませんでした。その後、ネガティブな測点が二点続いたからです。だんだん焦《あせ》ってきました。六月の新月は七日、つまり翌々日に迫っています。私は主だったメンバーに集まってもらい、重要な相談をするための緊急班長会議を開きました。

台風の現状、これまでの成果、すでに台風避難による二〇時間のタイムロスがあること、当初予定したグリッドをこの航海期間にこなすことが難しそうであることなどを、集まったメンバーに説明しました。そして「もうこうなったら、思い切った作戦変更が必要だ」と提案しました。皆も同意し、では次の手をどうするかという話になりました。

［図・28／塩分フロントに沿って行ったハングリードッグ作戦
（概念図、1991年の塩分フロントとレプトセファルスの分布の例）］

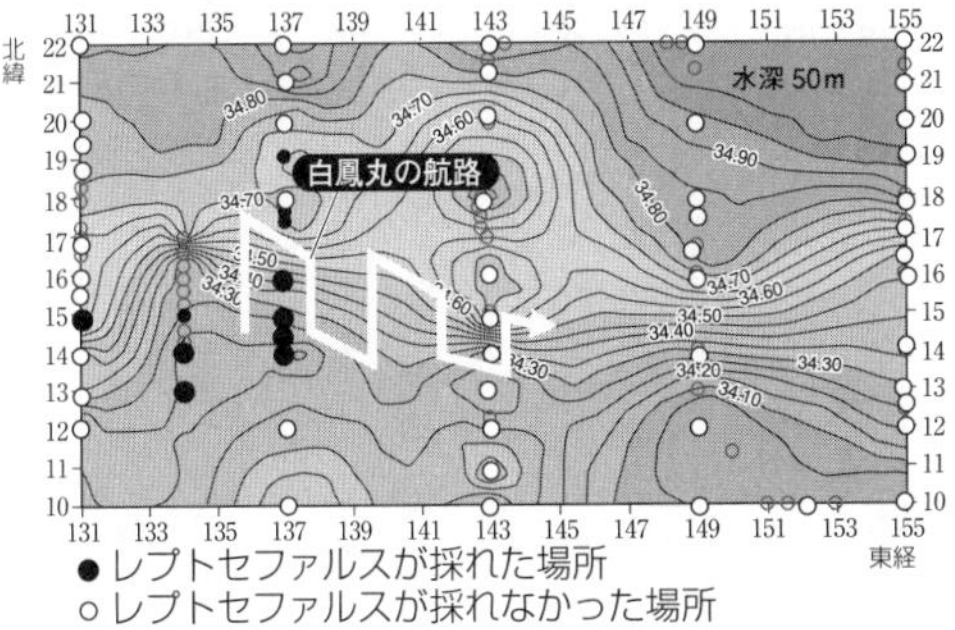

図中の等塩線が密になった部分が、塩分濃度の高い水塊と低い水塊の境界「塩分フロント」である。過去に採集されたレプトセファルスは、この「塩分フロント」のすぐ南で採れていたため、腹の減った犬が匂いをかぎながら餌を探すように、塩分フロントを西から東へジグザグに移動しながら調査をすることで、産卵の起こった地点に到達できるものと考えた。

そこで考えたのが「ハングリードッグ作戦」です。腹ぺこの犬が、食べ物のにおいをクンクン嗅《か》ぎながら、右へ左に振れながら餌《えさ》を探し歩き、最終的に餌にありつく様子になぞらえた作戦です。

南北の測線上で、まずレプトセファルスが採れる点を見つける。その後、採れない点が二回続いたら、その測線上の観測はやめて、海流の上流方向にあたる東側の測線に移る。こういうルールで測点をこなしていけば、正規のグリッドサーベイをするより観測時間はずっと少なくてすみます。

こうしてどんどんレプトセファ

ルスの採れる点を求めて東へ行けば、

「少なくとも先月生まれのレプトセファルスが生まれた場所、すなわち先月の産卵地点には到達できるはずだ」「うまくいけば今月産み出されるはずの卵や孵化したてのプレレプトセファルスだって採れるかもしれない！」

これは苦肉の策ではありますが、一旦《いったん》決めてしまうとなんだか希望が湧《わ》いてきました。

一時間ほどの検討が済んだ後、私は船内の掲示板に以下の張り紙をしました。

「昨夜、五月の新月生まれのレプトが計三八個体採集されました。海流と日齢から逆算して、東経一四一〜一四二度付近が産卵地点と推定されます。台風のため、当初予定したグリッドの西の部分は放棄し、急遽《きゅうきょ》一四一度ラインへ向かいます」

移動に約九時間を要し、目指したポイントに着いたのは五日午後七時。ちょうど日が落ちて、空に星がかすかにまたたき始めた頃です。午後八時にネットを入れ、一時間ほど曳きましたが、何も採集できません。東経一四一度のラインを緯度三〇分（約五六キロ）刻みで設けた測点を南下していきます。日付が六日になり、日が昇っても成果なし——。

結局、一四一度ラインは北緯一四度半と一四度でポジティブな測点（それぞれ一一匹と一匹）が出て、そのあとは二つ続けてネガティブな測点が続いたので、「ハングリードッグ作戦」のルールに従い、もう一本東の東経一四二度線に移ることにしました。

世界初、プレレプトセファルスを採集！

東経一四二度線を観測しながら北上しますが、ネガティブな測点が続きます。「産卵場の推測を誤ったのだろうか……」「このまま、このやり方を続けていてよいのだろうか……」そんな不安が首をもたげ始めた六月七日の昼近く、僥倖《ぎょうこう》が訪れました。プレレプトセファルスが採れたのです。体長五ミリ前後の個体が二三匹。北緯一四度東経一四二度、スルガ海山の西方で午前一〇時に投入した網でした。

実は、私はこの時、実際のプレレプトセファルス発見の現場には立ち会えませんでした。網上げ時に太ももを怪我《けが》して甲板に倒れたポスドク（博士研究員）の篠田章《あきら》（現・東京医科大講師）君に肩を貸し、医務室に連れていったのです。篠田君を自室に寝かし、戦列に復帰したときには、研究室はもう異様な雰囲気に包まれていました。

私が戻ってくる直前の研究室の様子を、白鳳丸に同乗していた作家・阿井渉介さんが以下のように記しています。阿井さんは二〇〇一年のウナギ航海に初めて参加して以来、すっかりウナギファンになってしまい、私たちの研究室の熱烈なサポーターになってくれたありがたい人です。

シャーレの中を、鵜《う》の目鷹《たか》の目タマゴの眼でさがし、レプト眼も疲れ、みんながあきらめかけたころだった。背を丸め込む研究者たちの中から、一人の青年が立ち上がった。渡邊俊PD（ポスドク）だ。手に小さなシャーレを持ち、六研（顕微鏡観察するセミドライの第六研究室）に歩いた。顕微鏡の前に座り、シャーレから水とともに糸くずみたいなものをプレパラート上に移した。顕微鏡をのぞき、またのぞき直して、深呼吸をした。七研（プランクトンサンプルを選別するウェットラボの第七研究室）に戻って、福田野歩人《のぶと》M（修士課程の大学院生）を呼んだ。

「プレじゃないかと思うんだ。ちょっと見てくれないか」

福田も、手に小さなシャーレを持ってきた。

「こっち、先に見ていいですか」

「プレ?」

「じゃないかと。三尾拾ったんですが」

福田は顕微鏡をのぞき、接眼したまま言った。

「プレ、ですよね。ああ、きれいだなあ」

渡邊も福田も、いらご研究所（東洋水産のウナギ種苗《しゅびょう》生産研究所）が人為的に孵化させた、ウナギ仔魚《しぎょ》の写真を思い浮かべ、比較していた。ミラー博士（特別外国人研究員）も来た。彼も同じく、手には小さなシャーレを持っている。彼は顕微鏡をのぞきながら、片手の計数器をカチャカチャやって筋節《きんせつ》（体側にある節状の縞《しま》模様、数を数えて分類に使う）を数えた。計数器の数字を見、もう一度顕微鏡をのぞいて、あごひげで胸を突くように何度もうなずいた。

（『週刊朝日』二〇〇六年三月一〇日号、丸カッコ内は著者）


この直後、私が研究室に入るなり、福田君が「先生、ちょっと見てください」と声をかけてきました。そこに置かれた顕微鏡をひと目覗《のぞ》いて、「これは！」と感じました。

プレレプトセファルスとレプトセファルスはまったく形状が異なります。卵から孵化したばかりのプレレプトセファルスは、レプトセファルスのような柳の葉に似た扁《へん》平《ぺい》な体ではなく、糸くずのように細長い体をしているのですが、まさにその通りの姿をしたサンプルが顕微鏡の中に見えたのです。さらに、同じものが一つの網から何匹も出てきています。こんなことはいままでになかったことです。

ニホンウナギのプレレプトセファルスに間違いないと感じました。しかし、まだ「ニホンウナギのプレレプトセファルスであることを否定する証拠は一つたりとも見当たらない」という段階です。なにしろ、確たる天然のウナギ・プレレプトセファルスを見た者は人類に誰一人としていないのですから――。

ただちにDNA鑑定をすることにしました。リアルタイムPCR（遺伝子解析装置）でDNA鑑定が行われている間も、ウナギとおぼしきプレレプトセファルスは

［図・29／採集されたニホンウナギのプレレプトセファルス］

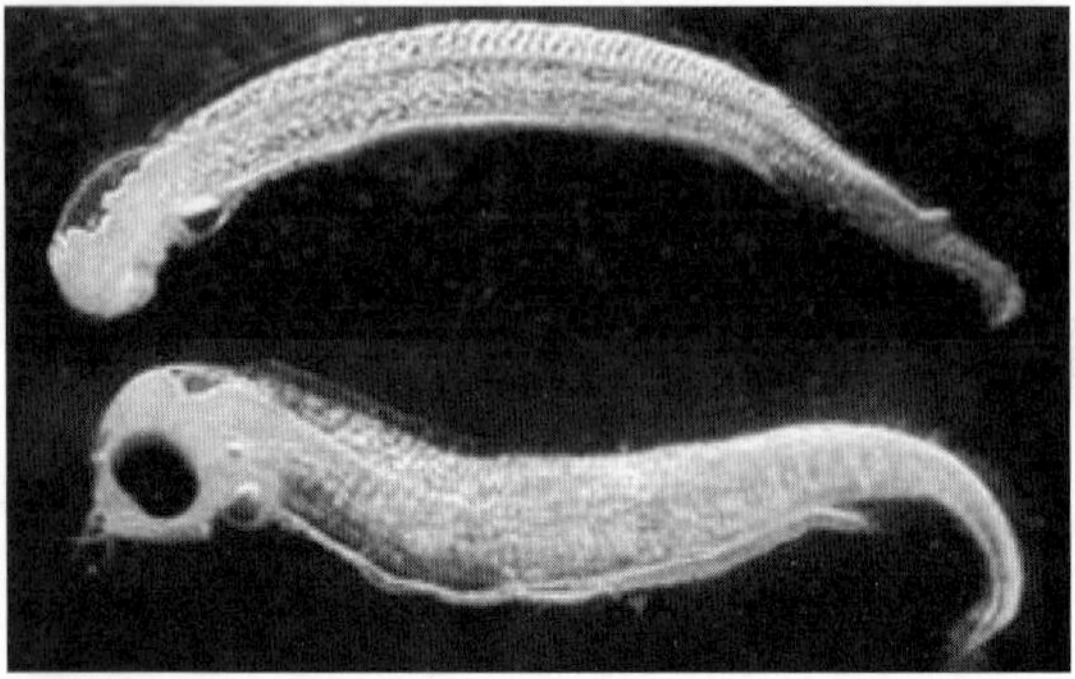

2005年に世界で初めて確認された、天然のニホンウナギのプレレプトセファルス。孵化後2日目（上）と孵化後5日目（下）。

次々と発見されていました。

　一時間後、リアルタイムＰＣＲの解析作業にあたった院生の須藤竜介君が顔を上気させて私を呼びに来ました。「先生、上がりました！」解析装置のディスプレイで、ウナギ特有の遺伝子の増幅状況を見るカーブが急増したということです。見ると、まさしく鑑定データは、そのサンプルが間違いなくニホンウナギの遺伝子を有していることを示しています。

「ニホンウナギで間違いないな」

　ディスプレイに示されたデータを見ながら、私はそう確信しました。居合わせた研究者たちから小さな拍手が起こり、その情報はすぐに白鳳丸のクルーにも伝えられました。

「プレが採れたんだって？」「よかったねえ」船長はじめ、船の乗組員が続々と祝福に来てくれました。つい数時間前まで重苦しかった空気は一変し、活力と明るさが船内に満ちました。

二〇〇五年の産卵はスルガ海山近傍で起こった

　私は、しばらくディスプレイの前に呆然《ぼうぜん》と座ったままでした。一四年間、研究にはまったく進展が見られなかったのですが、いざ「その時」が訪れてみれば呆気《あっけ》ないものです。そして、もう二日早くこのポイントでネットを入れていたら、プレレプトセファルスはまだ卵であったはずで、そうすれば卵が採れたかもしれないなあと漠然と思ったりしました。

　しかし、我に返ってなすべきことはたくさんありました。ネットによるサンプル採集は続いていたし、その中に卵が含まれている可能性も、低いけれどまだゼロではありません。産卵は新月期の一夜だけではなく、その前後を含め数日にわたって起こる可能性があると当時は考えていたからです。

　採集したプレレプトセファルスの観察も重要です。四・二ミリの最小個体は、まだ目も口もできておらず、大きな油球をもっていました。これらはその後の耳石《じせき》解析から孵化後二日の個体（日齢二日）とわかりました。最初プレレプトセファルスが採れてから二～三日後の夜には一本東の測線（東経一四二度一五分）で、もう少し育った五ミリくらいの個体が一〇四匹採集されました。こちらはもう目に黒色素が沈着し、油球は少し小さくなっています。顕微鏡で覗いていると、できたばかりのしなやかな牙《きば》状の歯が、船体のローリングにつれてゆっくりと揺らいでいました。これは日齢五日と推定され、六月七日に採れた日齢二日の群と同じ孵化日をもつので、流されたルートや流速次第では、両者は同じ産卵群に由来する可能性もあります。

この間、一帯の潮がどう流れていたか。今、どう流れているかも重要でした。産卵後の経過日数分の時間、流れを遡《さかのぼ》れば、産卵場をピンポイントで推定できますが、アルゴスブイでの海流調査でわかったように、三つの海山付近はきわめて複雑な流れ方をしています。しかも、それが時々刻々、変化するのです。調査時の海流はおよそ秒速〇・二メートルでほぼ西に流れていました。これは分速一二メートル、時速七二〇メートル、一日で一七・二八キロ流れることになります。

今回採れたプレレプトセファルスは日齢二日と日齢五日の二群ありました。ウナギの場合、産卵後約一日半（水温二〇度で三六時間）で孵化するので、これらはそれぞれ三・五日前と六・五日前に産卵されたことになります。

したがって、単純計算すると、前者の産卵地点は採集ポイントから約六〇キロ東、後者は一一二キロ東の点ということになります。これらはそれぞれスルガ海山の西三八キロと東四二キロの点にあたります。

陸上で四〇キロ前後というとかなり離れた感じがしますが、流速を秒速〇・二メートルと一律にして計算したことや、産卵後まっすぐ西に流れたと仮定したことを考えると、いずれの場合も「二〇〇五年六月の産卵地点はおおよそスルガ海山周辺であった」と言ってよいでしょう。つまり、ウナギは海山域で産卵するとした海山仮説は正しかったと言えます。

産卵時期についても、日齢二日の群は新月当日に採れていて、産卵はその三・五日前なので、新月の三・五日前に産卵されたことになります。また、日齢五日の群は新月の後三日目に採れていて、産卵はその六・五日前だから、これも同じく新月の三・五日前産卵となります。

人間もそうですが、生物は皆せっかちで、新月に産卵しようと決めていても、いざとなるとどうしても「早め早め」に事を起こします。ですから、天文学や物理学、地球科学の世界では厳密に新月の時期は決まっていますが、生物の世界では少しフライングして、そのタイミングは早まってしまいます。だから、おおむねウナギは新月に産卵するという「新月仮説」も当たっていたと言ってよいでしょう。

ここまで話してきたプレレプトセファルスは、すべてがきちんと遺伝的にニホンウナギと確認されたものです。この他にも同じ網で数多くのプレレプトセファルスが採集され、それらの総数は四〇〇匹を超えました。こうして、プレレプトセファルスが採集されたことで、少なくとも海山仮説と新月仮説の二つの仮説は実証され、ウナギの産卵生態に関する研究は大きく前進しました。なお、この時の塩分フロントは不明瞭で、プレレプトセファルスの採集地点との対応関係ははっきりしませんでした。

天然のプレレプトセファルスを採集し、遺伝的にきちんと確認したのは、ニホンウナギ以外の種も含め、世界初のことです。ニホンウナギの産卵場が西マリアナ海嶺南部の海山域であることは、これでほぼ確定的となりました。また、ウナギの産卵地点をピンポイントで特定したのも、世界初の事例でした。

産卵場の水深はどれくらいか

しかし、最終的な卵に到達するには、もう一つ解明しなければならないことがあります。「いったい、ウナギはどれくらいの深さで産卵するのか」つまり産卵水深です。これがわかれば、三次元的に産卵地点を予想できることになり、次の課題である卵の採集にも役立つはずです。

実は、二〇〇五年にプレレプトセファルスを採集した時点では、この部分が曖昧《あいまい》でした。調査ポイントに到着し、白鳳丸が停船すると採集用の大型プランクトンネット「ビッグフィッシュ」を投入しますが、これを水深何メートルまで降ろすか、それが問題です。私たちは四〇〇メートルという深さを目安としてきましたが、明確な根拠があったわけではありません。それまでに多くのレプトセファルスを採集した経験から、それくらいまで降ろせばまずはいいだろうと判断していたのです。

白鳳丸は二・五ノット（約一・三メートル／秒）くらいのスピードでゆっくり前進しながらネット（ビッグフィッシュ）を海中に降ろしていきます。ネットはウインチから一・〇メートル／秒で繰り出されますので両者のスピードは相殺《そうさい》されて、海中でネットが曳かれる対水速度は〇・三メートル／秒となります。ネットに二〇〇キロもの重りが付けてありますから、どんどん沈んでいき、その分網が移動する距離が大きくなり、実際の対水速度はこれより少し大きくなります。

ネットが水深四〇〇メートルまで降りると、一旦ウインチのワイヤー繰り出しを止めて、船の速度を二・〇ノットまで落とします。そして今度は、ネットを〇・三メートル／秒のワイヤー速度で巻き上げていきます。この時は船のスピードとウインチの巻き上げ速度が加算されて、ネットの対水速度は一・三メートル／秒となります。

つまり、ネットは海面〇メートルから水深四〇〇メートルまで斜めに急角度で降りていき、上がるときはなだらかに海面まで上昇するという、ゆるやかな変則V字型（チェックマーク型）の軌跡を描きます。この間ネットは、降りる際には対水速度が低いので、あまり水を濾過せず、有効な濾過の大部分は上げの時間帯に行われることになります。この曳き方をオブリーク曳網法といい、海面からある水深までの生物の分布密度を海域毎《ごと》に定量的に比較する際に使います。しかし実際は、海の中には流れがあり、場所によっても深さによっても一様ではありません。したがって毎回、濾過する水量が変わり、なかなか厳密に定量的な調査をすることは容易ではないのです。

こういう方法で、水深四〇〇メートルから表層までを調査していたわけですが、これに対して「もっと浅い水深までネットを降ろせば十分だ」と示唆《しさ》してくれたのが耳石の解析結果です。耳石の日周輪解析は産卵場の絞り込みに威力を発揮しましたが、産卵水深の推定にも役立ったのです。

この研究を行ったのは、一九八六年の第四次航海で私とともに番頭を務めた大竹二雄さんの研究グループです。耳石にはその個体が過ごしてきた環境が刻み込まれていきますが、大竹さんたちはシラスウナギの耳石の中心部、つまりその個体が孵化直後に形成した耳石の微小な部分を解析し、その時の水温を究明しようと試みました。海中の水温は一様ではなく、基本的に水深が増すほど低下します。現場ではCTDによって簡単に水温観測ができますから、耳石から孵化時の水温がわかれば、ウナギが卵から孵化する場所の水深を推定することも可能になります。

大竹さんたちは、まず、水温の異なるいくつかの水槽でシラスウナギを飼いました。そして一ヵ月後に、その間に形成された耳石縁辺部分の酸素同位体比を調べました。自然界の酸素には、質量の重い安定同位体（酸素18）がわずかに存在します。普通の酸素（酸素16）と同じように、この同位体も生物の体内に取り込まれますが、取り込まれる比率は水温の違いによって変化します。高い水温だと酸素18の比率が低くなり、低い水温では比率が高くなります。

その比率がウナギにおいて、どの水温だとどの程度なのかという関係式がわかっていれば、採集したサンプルの耳石の酸素同位体比から環境水温がわかります。そして、水温がわかれば、水深がわかるというわけです。

耳石の酸素同位体比と水温に関する関係式を得た大竹さんのグループは、いよいよシラスウナギの耳石の中心部を解析してみました。すると、その形成時の水温は二六度くらいであることが判明したのです。

西マリアナ海域の三つの海山付近で、水温が二六度くらいになるのは水深一五〇メートル前後です。つまり、ニホンウナギは水深一五〇メートルくらいで孵化していることになります。人工卵で調べた卵の比重は海水よりほんのわずかに軽い程度で、孵化までの三六時間に浮上するとしても三〇メートル以内と推定されます。すると、誤差を勘案しても、水深二〇〇メートルくらいまでネットを入れればいいことになります。

これまで四〇〇メートルまで降ろしていたのが、半分で済むのですから、作業効率は格段に上昇することになります。これを実行したのが二〇〇九年の調査からでした。その年にようやく卵が採集できたのには、こうした水深のアタリがついたという背景があります。

銀ウナギの日周鉛直移動

産卵地点の水深については、銀ウナギの回遊行動の追跡実験もヒントになりました。研究室の大学院博士課程の学生・眞《ま》鍋諒太朗《なべりょうたろう》君が行った研究です。ただし、これは日本の河川から太平洋に出た銀ウナギが、どういうルートで西マリアナ海域の産卵場へ向かうのかという調査で、直接的に産卵場の水深にアプローチを試みたものではあり

[図・30／ポップアップタグ]

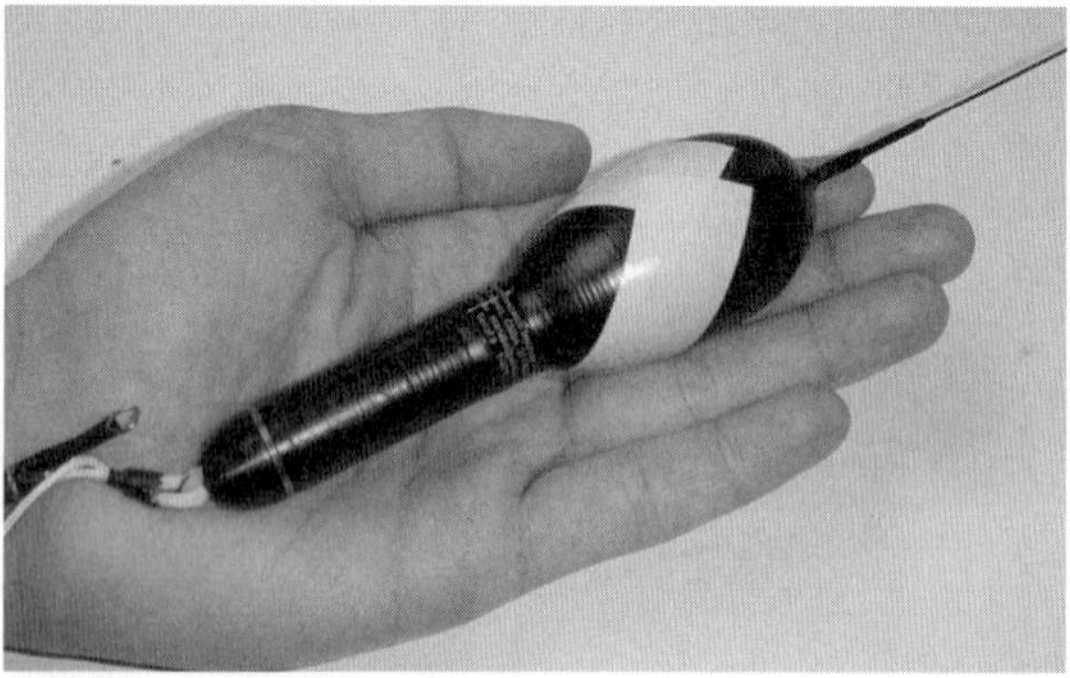

ポップアップタグの登場により、外洋におけるウナギの産卵回遊の追跡が可能になった。

ません。

二〇〇七年から始めたのですが、銀ウナギの背中にポップアップタグを取り付け、日本の沿岸から放流して、ウナギがどのルートをとって、どんな行動をするかみてみようという試みです。ポップアップタグは、一言で言えば発信器付きデータロガー。最新のテクノロジーの粋を集めた精密機器で、水温と水深と光量の情報を時系列的にロガーに溜《た》め込み、まとめて通信衛星に送ります。

水中からはデータの送信はできないので、海面に浮上してから一気に送ります。仕掛けを簡単に説明しましょう。主要な部品はバッテリー、アルゴス送信器、フロート、センサー、アンテナ、切り離し装置。一定の時間が経過すると、切り離し装置に電流が流れ腐食が進み、魚体から切り離されます。そして、フロートによって海面に浮上してきます。

切り離しのタイミングは通常一ヵ月後、二ヵ月後、三ヵ月後といった具合に設定します。長く設定すれば、長期間のデータが入手できることになりますが、その間の回遊ルートは摑《つか》めません。一ヵ月単位でポップアップタグが浮上する地点を把握できれば、これらを繋《つな》いでいくことで、回遊ルートの解明に繋がります。

また、ウナギが同じ水深に三日以上留まると、四日目には自動的に切り離される時限装置もポップアップタグの中に組み込まれています。動きがないのは、死んでしまったとか、何かに怯《おび》えて海底の穴に潜り込んでしまったというケースが考えられます。流されていく死骸のルートや異常行動が記録されては困るので、三日間動かなくなったら、そこで終了するわけです。

ウナギにとって、ポップアップタグを背中に縫いつけられるのは相当な負担ですから、一匹のウナギには一個しか付けられません。したがって、たとえば一ヵ月後、二ヵ月後、三ヵ月後に設定したタグをそれぞれ三匹ずつ、計九匹に割り振ります。使用する銀ウナギは、当然、天然もので成熟し始めた個体です。

こうした方法で、太平洋沿岸の各地から銀ウナギを放流し、ポップアップタグが浮上した地点をまとめたのが図・31です。二〇〇八年に種子島沖合で放流したものは、土佐湾沖、遠州灘沖《えんしゅうなだ》、そして八丈島の沖合でポップアップしました。二〇〇九年に利根川の沖合で放流したものは、黒潮に乗ってハワイの方向に流れたものと、すぐに南下してマリアナ海域を目指したものがありました。

まだサンプル数が少ないのですが、関東以西の川から太平洋に出た銀ウナギは、黒潮に乗って一旦北上するようです。黒潮は北上の過程で、東側にも多くの南下する分枝流を生みます。おそらく銀ウナギたちはこの分枝流に乗って西マリアナ海域に向かっているのでしょう。

この調査で、データローダーに記録された銀ウナギの日周鉛直移動を示したのが図・32です。銀ウナギは一日中、同じ水深を泳いでいるわけではありません。すでに触れたように、日中は深層、夜間は浅層という鉛直方向の移動を毎日行っています。

どれくらいの水深かというと、昼間は四〇〇～六〇〇メートルくらい、夜間は二〇〇メートルを切るくらいまで浮上しています。時には、例外的に海面付近まで浮上したり、一〇〇〇メートルくらいまで潜ったりした形跡がありますが、これは何かに驚いたとか、外敵に追われて逃げたものと思われます。つまり、銀ウナギは毎日、この鉛直移動を繰り返しながら産卵場に向かって南下していくのです。

[図・31／ポップアップタグによる産卵回遊行動の解明]

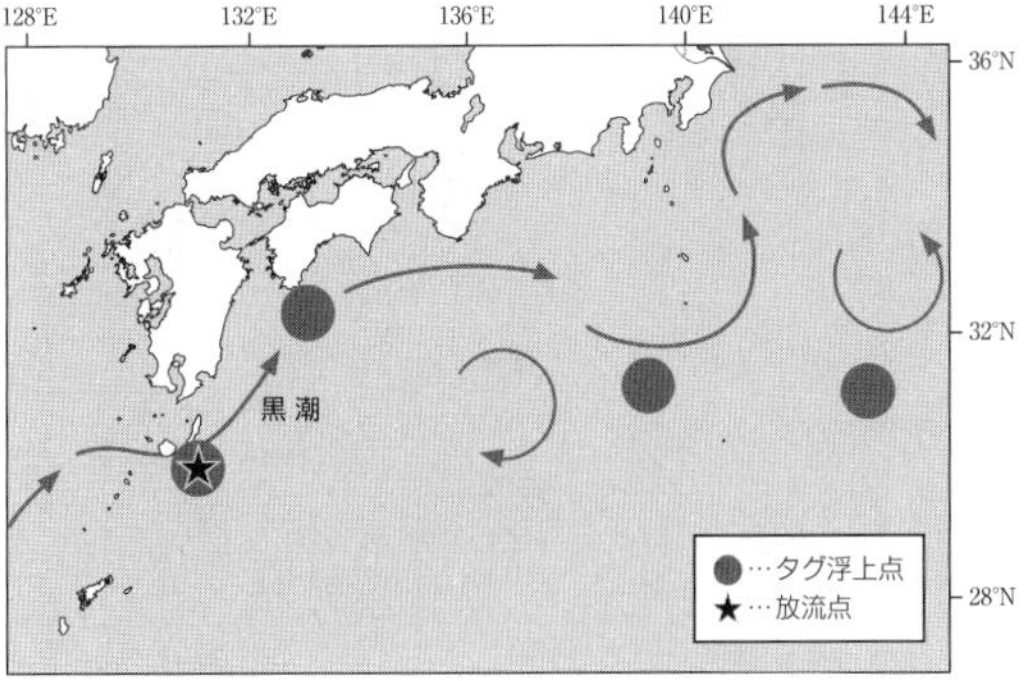

銀ウナギは黒潮に乗って北上し、やがて分枝流に入って南下していると推測された（2008年の放流実験結果）。

[図・32／銀ウナギの日周鉛直移動]

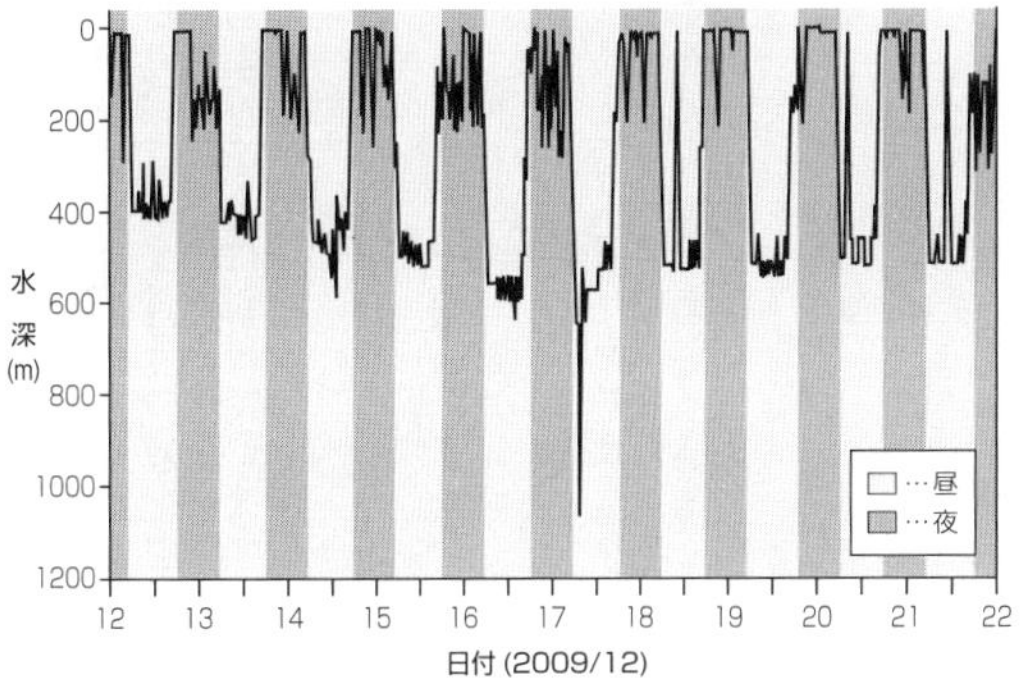

昼間、水深400〜600mを泳いでいる銀ウナギは、夜間は水深200mまで浮上する。

では、この銀ウナギが西マリアナの海山域に到着し、塩分フロントを越えてふるさとの水塊（ウナギ水）を感知した時、どれくらいの水深で産卵するか。夜間に浅層まで浮上するのは、高い水温で生殖腺を成熟させるためですから、産み出された卵にとっても水温は高いほうが望ましいはずです。そして、産卵は新月の晩です。銀ウナギは夜間、水深二〇〇メートルくらいまで浮上する習性を身に付けていますから、産卵、受精もそのあたりで行われると考えられます。

海の一次生産は表層一〇〇メートル

ここで、一つ説明を要することがあります。これまで「銀ウナギは塩分フロントを越えてウナギ水を感知すると産卵場に着いたことを知る」と書いてきました。そして「水深二〇〇メートルくらいで産卵する」と――。

そうであれば、ウナギ水、つまりスコールによって塩分が低下した海水は、水深二〇〇メートルまで達していなければなりません。ところが、現実には、ウナギ水は水深一〇〇メートルくらいまでの表層にだけ出現します。銀ウナギが夜間に浮上してくる水深二〇〇メートルは、正確に言えばウナギ水にはなっていないのです。

これはいったいどういうことでしょうか。銀ウナギはどのように「塩分フロントを越えたこと」を感知しているのでしょうか。ウナギ水の存在をどのようにして認識しているか、これはいま一番頭の痛い問題です。

Ｐ２０９の図・33をご覧ください。これはウナギの産卵場の水塊構造を示したものです。水深約一〇〇メートルより浅いところにに生じるウナギ水と塩辛い海水の鉛直方向の境目は、水温が急激に変化する「温度躍層《やくそう》」になっています。したがって、密度が急激に変わる密度躍層にもなっています。

銀ウナギの浮上は水深二〇〇メートルくらいまでですから、温度躍層まであと一〇〇メートル届きません。ところが、銀ウナギはここで「ウナギ水の匂《にお》い」を感知しているのです。

海中には様々な生物が生息していますが、その種類や構成比は水塊によって異なります。ウナギ水にはウナギ水なりの生物（主にプランクトン）がおり、辛い水にはそれなりの生物が棲《す》んでいます。これらの生物がそれぞれの水塊特有の「匂い」を作ります。ことに死骸は強い「匂い」の元となります。

ウナギ水の中で、何が起きているか、もう少し詳しく述べましょう。海中に光が届くのはせいぜい水深二〇〇メートルくらいまでです。海中には植物プランクトンがいて、葉緑体を使って光合成をしていますが、その限界の照度は水深一〇〇～一五〇メートルくらいまでです。大雑把に言えば、海面から水深約一〇〇メートルまでに棲んでいる植物プランクトンが、海における生物生産（有機物の合成）の主役を担《にな》っています。

沿岸では、昆布やワカメ、ホンダワラといった植物も繁茂していますが、海全体で見ればこれらは量的にはごくわずかです。広い海の中の一次生産は大部分が表層一〇〇メートルで、植物プランクトンによって行われているのです。この植物プランクトンを動物プランクトンが食べ、それを小魚が食べ、小魚を大魚が食べる。これが海の食物連鎖です。

故郷の「匂い」はマリンスノー

表層一〇〇メートルに生息するプランクトンたちが死ぬと、バクテリアの分解を受けながらその死骸はゆっくりと沈んでいきます。きな粉を水中に投じたような感じです。そして、温度躍層で密度が急に大きくなるので、一旦止まります。つまり、死骸の比重はウナギ水よりも重く、その下の辛い水よりも軽い。すると温度躍層にはプラ

[図・33／ウナギの産卵場の水塊構造]

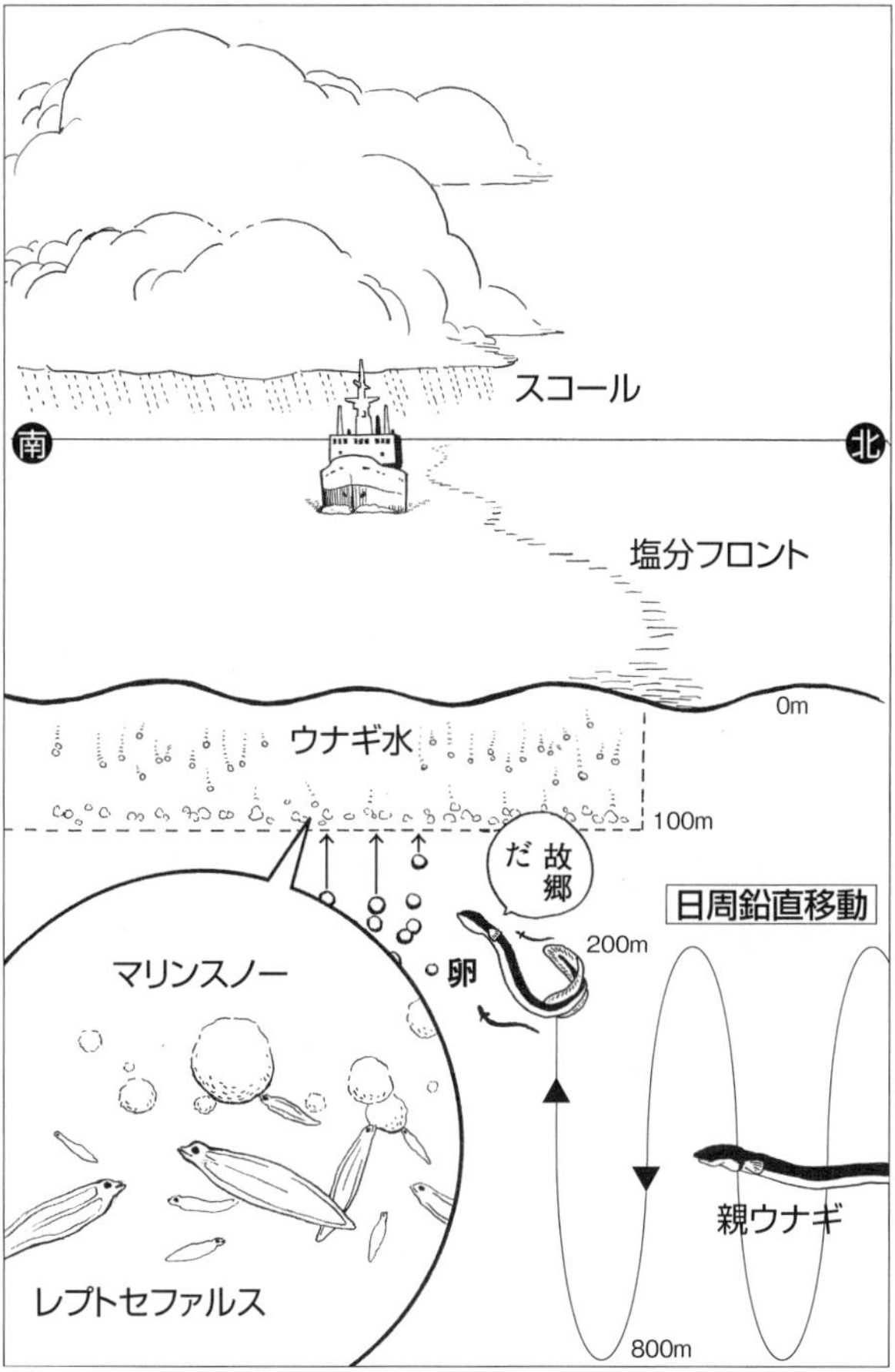

ンクトンの死骸の層ができます。これができたてのマリンスノーです。

マリンスノーは、ここでさらにバクテリアの分解を受けます。タンパク質は分子量の小さいペプチドになり、やがて一個のアミノ酸となって水の中に溶けていきます。これがウナギ水特有の「匂い」のもとです。マリンスノーは分解されて、さらに小さな粒子になっていきますが、一方、同時に互いに凝集して大きな粒子もできます。たっぷりとウナギ水特有の「匂い」を染《し》み込ませた大きな粒子は、躍層から下へゆっくりと沈んでいきます。そして、銀ウナギが浮上してくる水深二〇〇メートルにも届くのではないだろうか――。

ウナギ水の「匂い」が降ってくる海域に達した銀ウナギは、ウナギ水のはるか下層でこれを感知し、おそらく「アッ、故郷の匂いだ！」と気づくのではないでしょうか。彼らは生まれたあと、このウナギ水の「匂い」の中で育ち、レプトセファルスとして北赤道海流の中をゆっくりと西へ流されながら三～四ヵ月も過ごしています。その間に神経や脳が発達するのですから、その「匂い」は故郷の水の記憶として脳の中に強く刷り込まれているに違いありません。これはサケの稚魚が川を下って成長のために海へ出るとき、母なる川の匂いを脳に刷り込んでおくのと同じです。

これはまだ仮説の段階にもなっていない、単なるアイデアにすぎませんが、こう考えれば塩分フロントの南にあるウナギ水が、確かにウナギの産卵やレプトセファルスの分布に何らかの役割を果たしているという事実と、ウナギの日周鉛直移動は実際のウナギ水には届かないという、相反する二つの事実のパラドックスを一応うまく説明できます。

水塊には、タンパク質やアミノ酸以外にも様々なものが含まれているでしょう。だから、それらのトータルを「匂い」と表現しているわけですが、その主成分がアミノ酸であることに変わりはありません。

動物の体はタンパク質でできていますが、その材料はアミノ酸です。みな、体内でアミノ酸を作ったり、あるいは体外から摂取したりして生命を維持しています。アミノ酸あるいはその集合体であるタンパク質が豊富に存在する場所こそ、生存に適しています。

二〇〇五年に採集した最小のプレレプトセファルスは孵化後二日目で、まだ目も口もありませんでした。それより少し大きな個体は歯ができつつあるところでした。いずれも、まだ消化器官は十分に発達しておらず、外界の餌は摂《と》りません。彼らは摂食が可能になるまで、卵黄や油球の栄養分を消費していきます。これは親ウナギが卵の中に仕込んだお弁当のようなもので、鶏卵でいうと黄身の部分に相当します。

卵黄や油球によって体を作り、なんとか摂食が可能になった時、プレレプトセファルスはレプトセファルスになり、何を食べるのでしょうか。おそらく、いきなり生きたプランクトンにかぶりつくようなことはできないでしょう。人間の赤ちゃんが一年ほど母乳を飲み、離乳食を食べるように、ウナギの赤ちゃんもバクテリアによってよく分解された半液体状のマリンスノーを食べるのではないでしょうか。これならば海中にたくさんあるし、飲み込むのも簡単です。

温度躍層から降ってくるマリンスノーは、親ウナギにとってはウナギ水の存在を知らせるシグナルですが、レプトセファルスにとっては栄養源、つまりふんだんにある餌なのかもしれません。ウナギの赤ちゃんたちは、故郷の匂いをたっぷり含んだマリンスノーのスープを飲んでいる——もしそうであれば、親ウナギが温度躍層の下、塩分フロントの南側の水深約二〇〇メートルを産卵場に選んでいることに納得がいきます。

第6章　ウナギ艦隊、出動ス！

——世界初の天然卵採集、親ウナギ捕獲

「ウナギ産卵場における親魚の捕獲調査」計画

ニホンウナギは夏の新月の夜、海山列と塩分フロントの交点で産卵するらしい——二〇〇五年までの調査で、そう予想がつきました。二〇〇七年の第一四次航海は、その決定的証拠つまり天然卵の採集が狙《ねら》いでしたが、新たな進展は見られませんでした。スルガ海山の西一〇〇キロのポイントで、二〇〇五年と同じサイズ（約五ミリ）のプレレプトセファルス三八匹を採集したに留まったのです。

「次はなんとしても卵を」と意気込んでいた二〇〇八年、独立行政法人（当時）・水産総合研究センターと水産庁が「ウナギ産卵場における親魚の捕獲調査」を計画しました。これは、同年から三年計画で天然親ウナギを捕獲し、その生理状態を知ることで人工種苗《しゅびょう》生産技術の向上を図ろうというものです。

プロジェクト名からわかるように、ニホンウナギの産卵場がわからないことには成り立たない調査ですから、東京大学海洋研究所（当時）を中心とした私たちの研究グループが特定した産卵場が、ほぼ間違いないと第三者にも認められたということです。

同じ時期、同じ場所で同じニホンウナギの調査をするのですから、ぜひ共同調査をしようという話になり、私たち東京大学海洋研究所と水産総合研究センターがタッグを組むことになりました。先方は親ウナギ狙い、私たちは卵狙いで、役割分担が明確でしたから、きわめて好都合だったのです。

かくして、水産庁から大型のトロール船・開洋丸が出動することになりました。二〇〇八年五月二一日、白鳳丸は前日に出た開洋丸を追って晴海を出港し、西マリアナ海域へと向かいました。

産卵場の近くにやってきた白鳳丸は、すでにそのころ産卵場調査のルーティンになっていた、東経一四〇度ラインの観測に入りました。産卵場は、東経一四二〜一四三度にある西マリアナ海嶺《かいれい》で、西向きの北赤道海流の中にあります。東経一四〇度ラインはほどよく産卵場から離れていて、前の月の新月に海嶺付近で生まれたレプトセファルスが流され、三週間ほどで到達する距離だったのです。

このラインを北から南へ、北緯一八度から一二度まで、ＣＴＤ観測とレプトセファルスの分布調査をすると、大体西マリアナ海嶺のどのあたりからそのレプトセファルスが流れてきたかの見当をつけることができます。つまり、北のパスファインダー海山か、アラカネ海山か、あるいは一番南のスルガ海山付近なのか、先月産卵が起こった場所のおおよその目星をつけることができるのです。

しかし、この年の五月は、塩分フロントらしい海洋構造は一四〇度ライン上にまったく見当たりませんでした。五月上旬の新月期に生まれたはずのレプトセファルスの採集数も少なく、海山域のどこに焦点を絞って良いか、判断材料がほとんどありませんでした。

結局北緯一三度と一三・五度で採集された計一〇個体のレプトセファルスをたよりに、それまでの推定産卵場最南端のスルガ海山に的を絞ることになりました。スルガ海山は二〇〇五年と二〇〇七年にプレレプトセファルスの採集で実績のあった場所です。

まず海山頂上から東西南北に一〇マイル（約一九キロ）離れた点を通る方形の測線を書き、「スルガ包囲網」としました。白鳳丸は新月の八日前（五月二七日）から黙々と包囲網の四角形の上を曳網《えいもう》して回ることになりました。

遅れて海山域に到着した開洋丸から白鳳丸に電話がかかってきました。開洋丸の首席調査員を務める張成年《ちょうせいねん》さんです。白鳳丸のスルガ包囲網の内側に入って、海山ぎりぎりで曳網しても良いかという問い合わせでした。もちろんのこと、否《いな》やはありません。二八日より、スルガ海山からおよそ五マイル（約九キロ）離して、開洋丸のトロール調査が始まりました。

白鳳丸は決められた測線上を真四角に調査をして回ります。開洋丸はその内側で、ウナギのいそうな場所をトロールします。時々開洋丸の白い船体が水平線に姿を現します。ほとんど船を見かけないマリアナの海で、僚船が傍にいるというのは心強いものです。

卵狙いの白鳳丸は口径三メートル、〇・五ミリ目合いのプランクトンネット「ビッグフィッシュ」を使います。一方、親ウナギを狙う開洋丸は、サンマ用の中層トロール網です。幅六〇メートル、高さ五〇メートルの間口に約二〇〇メートルの網が付いています。巨大な漏斗のような形です。網目は網口近くは目合いが大きく（約三〇センチ）、網の後方に向かって徐々に小さくなっています。網の最後の部分は約二センチ角の目です。サンマの群れは前方の大きな網目を通り抜けず、中央に逃げ込むので、網口近くは目が大きくともかまわないのです。

ウナギは、通常、群れを作る習性がなく、どう見ても摺《す》り抜けるのが得意な魚です。サンマ用のトロール網でウナギを捕獲できるかどうか――。しかし、まだ産卵前後の親ウナギを獲《と》った人はいないのですから、とにかく、やってみなければわかりません。

開洋丸、親ウナギの捕獲に成功！

「ビッグフィッシュ」で卵を探していた白鳳丸に、開洋丸の張さんから「親ウナギが獲れた」と連絡があったのは、六月四日午前三時ごろのことでした。そのとき張さんたちの開洋丸はスルガ海山から一〇〇キロ以上南の洋上でトロールをしていました。スルガ包囲網の中で何回か操業してウナギが獲れなかったので、スルガ海山に見切りをつけ、ウナギを求めて南へ移動したのでした。そこは海面から頂上まで一〇〇〇〜二〇〇〇メートルもある低い海山しかない西マリアナ海嶺南端部でした。

親ウナギが獲れたなら、その付近に受精卵も漂っている可能性があります。白鳳丸も開洋丸に合流して、すぐさま卵を狙ってみたい衝動に駆られました。しかし、やり始めたスルガ包囲網を今、捨てるわけにはいきません。このあと明日にも明後日にも、このスルガ海山で産卵があって卵が採れるかもしれません。またたとえ、卵が採れなくても、この年この月、このスルガで産卵は確かになかったということを確かめなくてはなりません。

私たちはじりじりしながらその後二日間スルガ包囲網を守りました。そしてスルガで産卵がないことを確かめたあと、親ウナギ捕獲の地点に急行しました。

着くなり、早速ビッグフィッシュの曳網調査を始めました。開始後二回目の網でいきなり一四個体のプレレプトセファルスが採集されました。これらはすぐに白鳳丸船上で遺伝子解析され、ニホンウナギであることが確認されました。これで、この月、ここで産卵のあったことが明らかになりました。

世界初の親ウナギ捕獲があった二〇〇八年には、八～九月にも開洋丸の航海がありました。この第二次開洋丸航海の首席調査員は、一次航海の首席・張さんと同じく水産総合研究センターの黒木洋明《くろぎひろあき》さんでしたが、六月に張さんが雄の親ウナギを採集した南のポイントでは親ウナギがまったく採集できず、調査は難航しました。

しかし、シップタイムもほとんど尽きて帰路の途中に操業した航海最後の一網で、骨と皮ばかりになった雌の親ウナギ二匹が捕獲されました。その地点は、スルガ海山の三〇キロメートル南でした。ここは六月に雄の親ウナギが採集された地点から一〇〇キロメートル以上北へ隔たった場所です。

またその後のネット調査で、プレレプトセファルスも採集されました。これでこの地点で確かに産卵があったことがわかりました。すると、この年八月の新月には南の低い海山域では産卵がなく、逆に北のスルガ海山近辺で産卵があったことになります。

やはり産卵地点は広い産卵場の中で、年により、月により変化するのでした。またスルガ海山付近の海域も確かに産卵場として使われていることが再確認できたのでした。

結局、この年の五月と八月の二航海で、開洋丸はニホンウナギの雄二匹（全長四八・五センチ、五一・三センチ）、雌二匹（五五・五センチ、六六・二センチ）とオオウナギの雄一匹（六二・三センチ）を捕獲しました。

オオウナギはその名の通り、最大で体長二メートル、体重三〇キロにも達します。太平洋とインド洋の熱帯、亜熱帯に分布し、日本では関東以南に生息します。ことに南西諸島には多く見られ、沖縄でのオオウナギ釣りがよくテレビで放映されています。

このオオウナギの雄は、ニホンウナギの雄

［図・34／開洋丸が採集したオオウナギの雄親魚］

（撮影：張成年／写真：水産庁、水産総合研究センター）

と同一の曳網で獲れています。これまでの白鳳丸の調査でも、オオウナギとニホンウナギのプレプトセファルスが混じって採れたことがあり、この二種は同じ産卵場を使っている可能性があると考えていましたが、それが親ウナギの捕獲によっても証明されたわけです。

近縁の二種が同時期に同所的に産卵していると、交雑の可能性が高いのですが、この二種のハイブリッド（交雑種）は報告されていません。これまでに相当数のウナギを見てきましたが、交雑の可能性のある個体は見当たらないのです。

第３章でヨーロッパウナギとアメリカウナギの交雑について述べましたが、ニホンウナギとオオウナギの関係は、それとは異なっているようです。つまり、両者の間には、きちんと何らかの生殖隔離メカニズムが存在していると考えられます。現在のところ、それがいったいどのようなものであるかはわかっていませんが、研究者にとって、きわめて興味深いテーマです。

ウナギ艦隊、海山域に展開

計画の二年目（二〇〇九年）、調査船は四隻《せき》になりました。白鳳丸、開洋丸の他に、北光丸《ほっこう》、天鷹丸《てんよう》が加わったのです。北光丸はその名から察せられるように、水産総合研究センターの北海道区水産研究所所属の最新鋭調査船です。サケ、マス、スケソウダラなどの調査に活躍しています。言わばオホーツク海がホームシーなのですが、今回初の南の海への出張となりました。天鷹丸は水産大学校（山口県下関市）の由緒《ゆいしょ》ある練習船で、今回は学生さんの航海、調査実習を兼ねての参加となりました。四月から六月にかけて、四隻はそれぞれの母港を出てマリアナ海域を目指すことになりました。

四隻のウナギ艦隊が、マリアナ海域に同時展開するのですから、我が国始まって以来の壮挙と言うべきでしょう。前年同様、白鳳丸は卵狙い、開洋丸、北光丸はおもに親ウナギ狙いのトロール漁。天鷹丸は学生さんたちの実習航海なので両方を試みます。

これまでは、白鳳丸一隻でマリアナ海域を走り回っていましたが、複数の船で調査すれば、今までとはまったく異なる研究が展開できるのではないかと、期待されます。横浜の水産総合研究センター本部で船長や各機関の代表者が集まり、事前打ち合わせが行われました。

その結果、白鳳丸は四月・五月の新月期に、いつも通り、東経一四〇度ラインのCTD観測と先月生まれのレプトセファルスの分布調査を、また天鷹丸は五月の新月、西マリアナ海嶺海山列を挟んで東側の対称位置に設けられた一四三・五度ラインのC

ＴＤを受け持つことになりました。開洋丸は五月、六月の新月期に親ウナギ狙いで、また北光丸は六月の新月を狙って参戦することになりました。初めてのウナギ艦隊による大規模調査に、会議後の懇親会では、皆やや興奮気味でした。

四月の調査は白鳳丸の単独航海です。まずは小手調べと、一通りの調査が行われました。しかし四月はウナギの産卵期の走りにあたるので、予想通り、三月生まれのレプトセファルスも、四月生まれのプレレプトセファルスも採集されませんでした。

五月はいよいよウナギ艦隊のお出まし。白鳳丸、天鷹丸、開洋丸の三船が産卵場に向かいました。例によって白鳳丸は海山域における本番調査の前に、一四〇度ラインの予備調査を行いました。

その結果、二〇〇九年五月には北緯一三・五度に塩分フロントがあり、その南で四月生まれのレプトセファルスが採集されました。これは五月の新月でもかなり南で産卵が起こることを示しています。また、四月の白鳳丸調査で検出できなかった四月の産卵も、僅《わず》かながら確かにあったことがわかりました。やはりかたまっているプレレプトセファルスは採集しにくく、レプトセファルスまで成長すると広い範囲に分散しているので、確実に採れるようです。

私たちが白鳳丸で海山域を調査していると、インマルサット衛星（インマルサット社が提供する通信衛星）を通じて、白鳳丸に一通のファックスが舞い込みました。それは海山列の東側で調査中の天鷹丸からで、東経一四三・五度ラインのＣＴＤデータでした。早速、送られてきたデータを基に、白鳳丸船上で一四三・五度ラインの塩分フロント位置が解析されました。

驚くことに、それは北緯一二・五度にあったのです。一四〇度ラインの塩分フロント位置（北緯一三・五度）と一・〇度（約一〇〇キロ）も違うではありませんか。私たちは両ラインの塩分フロントの位置に基づいて、地図上で斜めに定規を当てて直線を引きました。これと海山列との交点を求めたところ、海嶺の北緯一三度あたりに細長い三角地帯ができました。

この三角地帯を眺めているうちに、新月を二日後に控え、少し焦《あせ》りを感じていた私たちは、もういてもたってもいられなくなりました。一番怪しいと思われるこの三角地帯に賭《か》けてみたいと思うようになったのです。

早速、緊急会議が開かれました。観測作業班の班長からなる班長会議です。天鷹丸から送られてきたデータの説明をし、三角地帯の話をしました。新月までの限られた時間についても議論しました。

その結果、急遽《きゅうきょ》計画を変更することにしました。この三角地帯を中心とした新たな

[図・35／世界で初めて採集されたニホンウナギの天然卵]

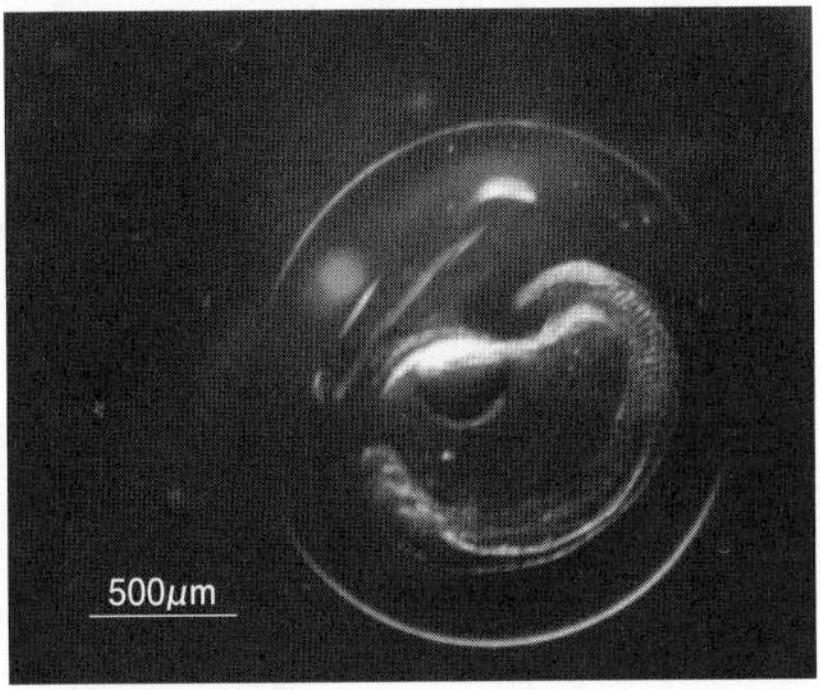

（2009年5月22日）

調査測線を海嶺の南端部に書きました。これは大きな賭けでした。

世界初、天然卵を採集！

「先生、怪しい卵が見つかりました」

五月二二日早朝、起こしに来たのは、作業班・班長の吉永龍起さん（研究室の卒業生、現・北里大学准教授）です。急いで第六研究室に降りていくと、顕微鏡に繋《つな》いだモニターに、その「怪しい卵」が映し出されていました。画面一杯に拡大された透明な卵は、すでに胚体《はいたい》ができ、青色のバックに異様な存在感を放っています。卵膜はなぜか虹色《にじいろ》に光っています。三粒あった卵を順番に見ていくと、たしかに怪しい――。

これまで何度も見たニホンウナギの人工受精卵に形態はよく似ています。卵は広い囲卵腔《いらんこう》（卵膜と胚体や卵黄の間の空間）を持った胚体期のもので、直径は平均一・六ミリ。これが本当にニホンウナギの卵なら受精後約三〇時間と推定されます。

船内の遺伝子解析装置にかけると、三個の卵のうち二個が確かにニホンウナギのものであることがわかりました。もう一つの卵は、これまで散々私たちを悩ませてきた、ニホンウナギ卵そっくりのノコバウナギでした。この日は新月の二日前。おそらく産卵は二〇日の夜、あるいは日付が二一日に変わった頃だったのでしょう。新月の三日前か四日前だったことになります。

世界で初めて、ニホンウナギの天然卵が採集できたわけですが、喜んでいる暇はありません。白鳳丸はすでに卵の採集ポイントを離れ、次の測点に移動中でした。私はただちに元の場所に戻る指示を出し、船内に緊急配備の張り紙をしました。

「待望の卵が発見されました。これより採集ポイント北緯一二度五〇分、東経一四一度一五分に戻り、卵の採集に努めます」

船内の作業は四時間ずつの三交代制で、二四時間態勢で行っていましたが、卵が採集されたとなれば総員出動です。私がそんな指示を出さなくとも全員が前線に出てきて、船内は騒然となりました。

卵はどれくらいの範囲に拡散しているか、水深はどれくらいか。産卵の様子や環境を知るため、このタイミングを逃さず、やらなくてはならないことがたくさんあります。次の採集のために「ビッグフィッシュ」を用意する者、海水を採って成分を調べる者、海流や海底の地形データを用意する者、船上の研究者たちは、それぞれの持ち場でそれぞれの役割をきびきびとこなしました。

第六研究室では、採集した卵の発生が進行中です。顕微鏡で観察していると、胚はビクビクッと動き、卵の殻を破ってプレレプトセファルスが頭を出しました。そして、もう一度ひときわ大きく振動するや、モニターの画面に殻だけが残りました——孵化《ふか》の瞬間です。

丸二昼夜の興奮

白鳳丸が全速力で卵の採集ポイントに戻ると、船内は戦場のような忙しさと興奮に満ちました。曳網作業とサンプルの選別、顕微鏡観察と遺伝子解析、次の観測作業の計画と準備、多くのことが同時に進行します。

一時間ほど海中を曳いた「ビッグフィッシュ」が甲板に上がってくると、ネットの末端に付いたコッドエンド（プランクトン溜《だ》まり）が開けられます。大量のプランクトンサンプルは一〇〇リットルほどの大きな青いポリバケツに移され、二人がかりで大切に第七研究室のウエットラボに運び込まれます。通常、ここで選別作業にあたるのは一〇人ほどの研究者ですが、総員出動なので、選別台のまわりに用意された椅子《いす》はすべて埋まり、立って選別する人もでてきました。

ポリバケツに入ったプランクトンサンプルは海水で数倍〜十数倍に希釈されます。透明で小さな魚卵を選別するには濃すぎるからです。これは二リットル入りの手つきポリビーカーに分注され、待ち構えていた研究者たちに配給されます。

これを味噌汁《みそしる》用のお玉杓子《たまじゃくし》で各自透明なプラスティック製シャーレ（直径九センチ、深さ五センチ程度）に注ぎ分けます。この際、欲張ってシャーレ一杯に注いではいけません。お玉に軽く一杯に留めなくてはなりません。シャーレの中のサンプルの水深が深いと卵を見逃しやすくなるからです。薄く、浅くはったサンプルを素早くチェックして、何度も「お代わり」をするのです。第3章でも述べましたが、ちょうど「わんこそば」の要領です。ただ、わんこそば方式とは違い、各研究者がそれぞれ自分でサンプルをシャーレに給仕します。

このシャーレを、上向きにして床に置いた電気スタンドにかざして、下からの光にすかして目を凝らすのです。ただ、卵はほとんど透明なので、シャーレの底の、一見、何もないように見える部分を探さねばなりません。前述した「タマゴ目」です。目に見えるサンプルを凝視してプレレプトセファルスを探すときの「レプト目」とは、探し方がまったく違うのです。

魚卵の有無のチェックが終わったサンプルは「捨てバケツ」に移します。実際にサンプルを捨てるわけではありません。見終わったサンプルを一時ためておく二〇リットルくらいのバケツです。

ポリバケツやお玉、シャーレやピンセットなど、選別作業に用いられる物品はどれも特殊なものではありませんが、長年の試行錯誤の結果、厳選された品々です。また選別のやり方やコツも、言われてみれば「なあんだ」という、簡単で当たり前のことですが、これらもやはり「伝統の技」なのです。

その中でただ一つ、魚卵の選別に欠かせないガラスのスポイトだけは特注品です。硬質のパイレックスグラスでできたスポイトは、魚卵の中でも大きい部類に入るウナギ卵を傷つけず、スムーズに吸い込めるように先が大きめに加工してあります。また長さも船の作業に適したように短めに切ってあります。ウナギ研究用の特別なスポイトなのです。

これは、海洋研究所のガラス工作室付きの技官・須貝健治《すがいけんじ》さんにお願いして作ってもらったものです。「船が揺れて、床に落ちて割れるといけないから」と、丹精込めて定年前に少し多めに作り置いてくれたものです。私は新人の学生たちに口うるさく言います。

「席を立つときは、スポイトが床に落ちないように必ず固定すること！」

研究者の間から、時折り「あれ？」とか「うーん」という声が漏れます。それらしい球体を見つけた者は、それをスポイトで吸い上げ、小ぶりのガラスシャーレに採りためていきます。隣同士の席で選り出した卵を見せ合い、「これどうかな？」「ちょっと大きすぎるんじゃない」などという会話が聞こえます。

選別作業が終わるとそれらを集めて大まかなチェックをします。卵径や胚体の形、油球の有無や卵膜表面の構造など考慮して、ウナギの可能性のあるものだけ拾い出して、隣のセミドライの第六研究室にもっていきます。顕微鏡でさらに詳しく形態を調べます。このチェックを通ったものだけ、ドライの第五研究室の遺伝子解析装置にかけて、ウナギか否かの判別をするのです。

夜が来て、朝になり、また夜が来て、次の朝になる。白鳳丸のコックさんが作ってくれた夜食の握り飯をほおばりながら、皆、黙々と作業を続けました。二昼夜にわたる作業で採集した卵は三一粒です。興奮の二日間が過ぎ、白鳳丸が通常の観測作業に戻ると、ある者はベッドに倒れ込んで泥のように眠りこけ、ある者は興奮が収まらず、寝付けないという状態でした。

私は少しだけ眠って、すぐ目が覚めてしまいました。夕暮れに、デッキに出るとおだやかな南風が吹いていました。居合わせた仲間たちと缶ビールで祝杯をあげ、ようやく卵が採れた喜びを実感しました。

温度躍層の絶妙な仕組み

丸二日間におよぶ集中調査の目的の一つは、卵の分布を調べることでした。産卵後三〇数時間でどれくらいの広さに分散するのか、そして卵の分布する水深はどれくらいか、ということです。

調査の結果、その水平分布は約一〇キロ四方と推定されました。これは、陸上の感覚では「ほう、かなり広い範囲だな」と思われるかもしれませんが、広大な海というフィールドにおいては、むしろきわめて狭い範囲にかたまっていると言えます。

水深を調べる作業に入った頃には、卵群を発見してからかなり時間が経過したため、卵はすでに孵化して、プレレプトセファルスになっていました。しかし、採集できた数百匹の大部分が水深一六〇メートル前後に集中していました。それは三〇メートルほどの薄い層で、その上下の層ではほとんど採れないという極端な集中分布でした。

卵が採集された海域は、水深が三〇〇〇～四〇〇〇メートルもある場所で、低い海山が点在しています。ニホンウナギはそうした深海域の表層近くで産卵するようです。産み出された卵は海水よりわずかに比重が軽いので、ゆっくり浮上していくものと思われます。

しかし、孵化までの三〇数時間の内に、一〇〇メートル以上も卵が浮上するとは思えません。また、人工催熟した親ウナギの産卵行動を観察すると、二三度の水温で活動度が最も高くなります。二三度はこの海域で水深二〇〇メートルです。したがって、産卵水深は二〇〇メートル前後ではないかと推測できます。水深二〇〇メートル前後で産み出された卵は受精後、発生しながら、海水の温度が急激に変わる温度躍層の最上部（卵採集地点では水深一六〇メートル）まで浮き上がっていきます。そして、その上は水温が高く、塩分の低い、すなわち密度の低い海水があるので、卵の浮上はここで止まります。上の海水つまり「ウナギ水」は、比重が卵よりも低いからです。卵はここで孵化して、プレレプトセファルスになります——。

前章で述べたように、この温度躍層には微生物によって分解の進んだマリンスノーの層ができています。孵化直後のプレレプトセファルスは、母親からもらった栄養物質を使い果たすと、この消化の良いマリンスノーを大量に食べて成長を続けます。

光が十分にある海の表層で行われた植物プランクトンによる一次生産の産物が、上から降ってきて温度躍層に溜まる。一方、塩分フロントの南のウナギ水の下で産み出されたウナギの卵が浮上してきてやはり温度躍層に溜まる。孵化したプレレプトセファルスは豊富な餌《えさ》の中で、たっぷり栄養分を取りこむ。そしてそのウナギ水に特有のプランクトン群集からできたマリンスノーの特異な匂いが、ウナギの発達しつつある脳に故郷の匂いとしてしっかりと刷り込まれる。その記憶は親ウナギとして産卵場に帰ってきたとき、塩分フロントを越えてウナギ水の下を回遊しているとき、呼び覚まされて故郷に着いたことを知る——絶妙な仕組みとしか言いようがありません。

このシナリオはすべてが完全に証明されたわけではありません。想像をたくましくして作った部分も多くあります。しかし、このように野外における生態調査から得られた知見を基に、いろいろと考えを巡らすことで、人工種苗生産の技術開発に役立つヒントが得られるかもしれません。

人工種苗生産の一つの課題は良質の卵を大量に作ることですが、孵化後の餌も大きな課題として残っています。産卵、孵化、初期発育がどのような環境でどんなふうに進んでいるかが明確にわかれば、より適した餌にたどり着くことも可能でしょう。

ウナギの当たり年

二〇〇九年五月に白鳳丸でウナギ卵を発見した後、私はポスドクの篠田章君と一緒に、同じく五月の新月期の調査を終えて那覇に寄港していた水産庁の開洋丸に乗り込みました。卵採集の余勢を駆っての転戦です。今度の開洋丸の首席調査員は前出の黒木洋明さんです。

水産総合研究センターの北光丸も釧路を出て、マリアナ海域を目指しました。こちらの首席調査員は張成年さんです。両船は北緯一三度で西マリアナ海嶺の産卵場を二つに分け、北を北光丸、南を開洋丸が担当しました。

しかし、新月四日前の六月一九日に、卵採集ポイントの南西にある「ウナギ谷」北壁で黒木さんの開洋丸が親ウナギを獲ったとの報を受け、張さんの北光丸が駆けつけてきました。「ウナギ谷」とは西マリアナ海嶺が南端部で二叉《にさ》する股《また》の部分にできた水深六〇〇〇メートルの舟状海盆《かいぼん》（海底の盆地）です。夜間、至近距離で二船が併行してトロールを曳くという、世界中のウナギ調査でも前代未聞《みもん》の壮観な光景が見られました。

その後このウナギ谷に沿って東進すると、続々と親ウナギの捕獲が続きました。最終的に二〇〇九年は、開洋丸がニホンウナギ七個体とオオウナギ一個体を、北光丸はニホンウナギ一個体とオオウナギ一個体を捕獲し、計一〇個体の親ウナギが捕獲できました。卵は採れるし、親ウナギの大量捕獲はあるしで、二〇〇九年はウナギの当り年でした。

ニホンウナギのサイズは雄が四四・七〜六三・四センチ、雌が五七・四〜七六・七センチで、雌のほうが一回り大きい。オオウナギは雄が四五・七センチ、雌は一二二・三センチで、これも雌のほうが大きかった。そして不思議なことに、前年同様、開洋丸でも、北光丸でも、二種のウナギが同一の曳網で捕獲されています。

この年、捕獲されたニホンウナギとオオウナギの雌の卵巣《らんそう》には、いずれも発達した卵細胞が多数残っていました。雄も成熟していて、二種とも精巣が発達しており、腹部を押すと精液が出た個体もありました。

共同調査の三年目（二〇一〇年）、重油高騰《こうとう》のあおりを受けて、予定されていた白鳳丸の産卵場調査は残念なことに中止となってしまいました。そこで白鳳丸のウナギ研究者八名は大挙して開洋丸に乗り込みました。この年は、新たに北海道大学のおしょろ丸と水産庁の照洋丸も参加しました。

この年、ウナギ艦隊は、開洋丸がニホンウナギ雄一匹とオオウナギ雌一匹を捕獲したにとどまりました（黒木洋明、未発表）。結局、三年間での捕獲数は、ニホンウナギ雄七、雌六、オオウナギ雄二、雌二の計一七匹となりました。数はまだ少ないので、何とも言えませんが、おおむね性比が一：一なのは興味深いことです。

なお追記しておくと、同種のウナギの雄と雌が同時に同じ網に入るということはありませんでした。例数が少ないので、推測にすぎませんが、もしかしたら雄と雌は産卵場で別々に行動していて、いざ産卵の日になると放卵放精の一瞬の間だけ合流するのかもしれません。オオウナギとニホンウナギが一緒の網に入るのに、同種の雌雄が一緒に獲れないのは、まだ産卵の瞬間にトロール網がヒットしていないからと思われます。

もう一つ不思議なことは、捕獲された親ウナギは、雌雄で網への掛かり方が違っていたことです。雌は一匹を除いて、他はすべて前のほうのロープでできた大きな網目に挟まった状態で捕獲されました。一方、雄は全部コッドエンド（網の尻尾《しっぽ》の部分）まで落ちていました。

なぜ、雌は網目に引っ掛かり、雄は引っ掛からなかったのか。遊泳能力が違うのか、動きのパターンが違うのか、あるいは体表のヌメヌメ具合が違うといった理由も考えられますが、解明にはもう少し調査が必要です。

ウナギは二度卵を産む？

二〇〇九年の開洋丸で獲れた五匹の雌ウナギ（ニホンウナギ四、オオウナギ一）の組織学的検討が行われ、驚くべきことが判明しました。雌ウナギの卵巣に排卵した痕《こん》跡《せき》があり、しかも同時にかなり成熟の進んだ卵細胞が多数残っていたのです。

これはその雌ウナギが「経産婦」であること、今後も、おそらく次の新月あたりに産卵する可能性があることを意味しています。つまり、採集した雌ウナギは産卵直後であり、同時に産卵前（おそらく約一ヵ月前）でもあったのです。

それまで、ウナギは、サケと同じように長い回遊をして故郷に戻り、産卵を終えると力尽きて死ぬというのが定説でした。一回の産卵で卵を産み尽くすと思われていたのです。

私もおそらくそうだろうと思っていました。実験室で成熟させた雌ウナギの卵巣に、複数回産卵を予想させる複数の発達段階の卵群があることが知られていましたが、実験室の生理学的にはそうかもしれないが、おそらく野外では一回きり産卵して、それで終わりではないかと思っていたのです。

しかし、この結果はそれを完全に否定していました。最初の産卵のほうが多いようですが、残った卵を翌月の新月までに成熟させ、再度、産卵する。それが二回なのか三回なのかは不明ですが、少なくとも二回は産卵することがわかったのです。

これは、ウナギの人工種苗生産にとって役立つ情報です。人工種苗生産の実験では、普通、親ウナギから一度しか採卵しませんが、二度以上使えることが実証されたわけです。これは親ウナギの有効利用に繋がります。世界で初めて産卵期の親ウナギが捕獲され、複数回産卵することが判明したのは大きな成果でした。

ただし、欲を言えば「産卵直前の生理状態を知る」という目的で狙った親ウナギでしたが、少しタイミングがずれていました。種苗生産技術向上のために最も欲しいのは産卵直前の卵巣がどんな生理状態かという情報です。

現在の種苗生産は、一応「完全養殖」のサイクルを確立しています。実験室の水槽で卵から親にまで育て、その親からまた卵を産ませることに成功しています。しかし、それがなかなか産業ベースに乗らない状況です。簡単に言えば大量生産できないわけですが、その原因の一つが卵の質が悪いことなのです。親ウナギに何度もホルモン注射をし、無理やり成熟させているので、質の悪い卵が多い。つまり、わずかに採れる良質な卵でやっと「完全養殖」が可能になった状態なのです。

当然、良質の卵を増やすことが課題になりますが、そのお手本がありません。天然で完全に成熟した親ウナギが入手でき、その生理状態を把握できれば、人工飼育している親ウナギをそれに近づけるのに役立つ——。というわけで、水産総合研究センターは「ウナギ産卵場における親魚の捕獲調査」を計画したのでした。

だから、最も欲しかったのは、産卵後ではなく、産卵直前の親ウナギでした。ところが、新月の日とその二日後に捕獲された雌のニホンウナギは、少なくとも一度目の産卵を済ませ、次の産卵に向けて準備中の親ウナギだったのです。

「なぜこんなに雌のことばかり躍起になって書いているんだ」と言われるかもしれません。それは、雄の人工催熟は雌ほど難しくないからです。催熟した雄の精子の質の問題は、あることはあるのですが、雌の卵質ほど問題にはなりません。

開洋丸で採集された雄ウナギの精巣を組織学的に調べてみると、健全に発達しつつある精子の成熟段階が複数観察され、何回かの産卵行動に参加できる能力を備えた雄であることがわかりました。中には、新月の一日前に捕獲されたニホンウナギは、体重の四〇％以上が精巣という立派な雄もありました。

ウナギでも一般の魚と同様に、雌の卵子に比べて雄の精子は一個あたりの製造コストが格段に安いので、雌よりずっと多い回数、新月毎《ごと》の産卵イベントに参加できます。こと繁殖にかけては、雄は安易で粗製濫造《らんぞう》が可能ですが、雌のほうはデリケートでなにかにつけ手間がかかります。これは雄と雌の宿命的な違いなのかもしれません。

今後、またウナギ艦隊が編制されて、親ウナギの捕獲が試みられるかどうかはわかりませんが、産卵場にいる親ウナギでも、産卵の前か後かでは、捕獲の難易度がまったく違います。それは小型レプトセファルスよりプレレプトセファルス、プレレプトセファルスより卵の採集が難しいのと同じです。

つまり、より広い範囲に分散している小型レプトセファルスは採りやすく、狭い場所にかたまって存在する卵を採るのは難しいのと同じだということです。それに期間の長短も関係します。小型レプトセファルスの期間は一ヵ月、プレレプトセファルスは一週間、卵はわずか一・五日です。一瞬の間だけ狭い範囲にかたまっているため卵の採集が一番難しいのです。

親ウナギは産卵場で三々五々散らばって、お腹《なか》の卵（雄は精巣）を成熟させながら新月が来るのを待っています。いざその日がくると、狭い場所に集まって、放卵放精

[図・36／漁業調査船・開洋丸のトロール網]

（写真：水産庁）

の瞬間を迎えます。その後、すぐに産卵集団は群れを解いて、次の新月まで産卵場でばらばらに分散して待機するのではないかと考えられます。

だから、一瞬の間に終わる放卵放精の瞬間を捉《とら》えるのは、流れ星に当たるくらいの低い確率と言えます。産卵「直前」の親ウナギは、「瞬間」のウナギほどではないにしても、やはり難度は極めて高いと言えます。

白鳳丸が採集した卵も、一日以上たった発生後期のものです。だからこそ、今やっと採集することができるようになったのです。同じ卵でも、受精直後のものはさらに狭い範囲に集中分布するので、やはり難度は格段に高いと言えます。わずか何時間かの違いが採集の成功不成功を決定しているのです。

　私たちは今、ウナギの産卵シーンをこの目で見てやろうという計画を立てています。それは産卵生態研究の究極のゴールと言えるでしょう。このゴールに到達するには、ウナギがどうやって産卵地点を感知するか、雄と雌がどうやって出会うのかなど、基本的なメカニズムがわからなければなりません。闇雲《やみくも》にやっても、あたるものではありません。

　産卵シーンがいつ、どこで起きるか、正確に予想できるようになったら、人類はついに神秘のベールに包まれたウナギの闇夜の儀式を垣間見《かいまみ》ることができるでしょう。ウナギの生態の謎《なぞ》、完全解明の瞬間です。その時はもう、欲しかった産卵直前の雌ウナギの捕獲も思いのままです。

重要なのは塩分フロントの位置だ

　二〇一一年は、五月の新月、六月の新月と二度にわたって、白鳳丸で調査ができました。二〇〇九年の卵発見の成果から、ニホンウナギの産卵場に関する多くの知見が得られましたが、それらを検証し、さらに発展させるという意味で、大切な航海でした。

五月の新月の調査は、新しい試みとしてまず西マリアナ海嶺の地形について地学的考察をしました。ウナギの産卵地点として怪しいポイントを一六点選び、これらについて二回ずつ新月の四日前から新月までビッグフィッシュを曳網してまわり、卵の採集に努めましたが、結局、空振りに終わってしまいました。

六月の新月には、ＮＨＫの取材班も同乗しました。調査の様子が『うなぎの気持ちがわかりたい』という九〇分番組としてまとめられ、ＢＳプレミアムのハイビジョン特集で放映されました。

この航海では、調査の初めに、海洋観測になくてはならないＣＴＤが故障するというトラブルに見舞われました。塩分フロントが摑《つか》めないことには産卵場を特定できません。そこで、やむなく手作業で表面海水の塩分を測定しはじめました。

しかし、やってみると意外とできるものです。塩分フロントも見えてきました。昔、学生時代にやった海洋実習を懐《なつ》かしく思い出しながら、グラフ用紙に鉛筆で記されていく表面塩分の点の変動を見ていました。

また同時に、使い捨てのＸＣＴＤという観測機器も使うことにしました。これはハンディな弾丸状のセンサーで、髪の毛より細い柔軟な導線で船上局と繋がっていて、水中を落下しながら、深度別に塩分と温度のデータを船に送ってくるという優れたシステムです。コストが高いのが唯一《ゆいいつ》の難点ですが、背に腹はかえられません。北から東経一四二度ラインを南下し、緯度三〇分（約五六キロ）おきに「高価な弾丸」を海に放って行くことにしました。

やはり最新鋭の海洋観測機器の威力はすごいものです。鉛直方向の塩分プロファイルも瞬時にモニターに描き出され、プリントアウトもできてしまいます。手間がかかる手作業での表面塩分の観測も、折角取り始めたデータなので、最後までとってXCTDの結果とつきあわせてみようということになりました。

XCTDと表面塩分のデータを使って塩分フロントを探していくと、明らかに塩分の下がったポイントが産卵場の比較的北のほう（北緯一五・六度）で出てきました。普通なら「ここだ」と判断する場面です。しかし、五月の調査では、塩分フロントはもっと南で、このあたりには見当たりませんでした。塩分フロントはその年その月によって移動しますが、それにしても高緯度まで移動しすぎではないだろうか――。

海面の塩分はスコールで薄まります。しかし、それが「ウナギ水」になるにはある程度の雨量が必要です。また時間もかかります。塩分濃度の低い、いわゆる「甘い水」の中で植物プランクトンが繁殖し、その死骸《しがい》が温度躍層に溜まって、タンパク質が分解され、ウナギ水特有の匂いを発するようになるには、ある程度の期間、甘い水の状態が続かなければならないはずです。

もし、降ったばかりのスコールで塩分が低下しているのなら、それは親ウナギが察知する塩分フロントではないかもしれません。私は、もう少し南下してみようと判断をしました。一晩我慢して海嶺沿いに下りながら観測を続けてみると、二九〇キロほど南（北緯一三度）にガクンと塩分濃度の低下したポイントがありました。この年の六月には塩分は階段状に二段階で落ちていたのです。

海水の塩分濃度は機械によって計測され、数値で示されますが、そのデータから塩分フロントを判断するには、ある種、職人的な経験と勘も必要になります。将来的には、明らかな基準ができて、万人が見て客観的にここだと判断できるようにならないといけないのですが、今はまだ少し時期尚早です。

東経一四二度ラインは、西マリアナ海嶺を貫くような位置にある測線です。塩分フロントの位置が一三度とかなり南だったので、当初海嶺の東側に予定していた塩分観測線を急遽、西に移すことにしました。それは、南では南西に向かって斜めに延びている海山列を挟み込むようにしてデータをとりたかったからです。それで今度は、北緯一二度からまた三〇分おきに東経一四一度ラインを北上していくことになりました。

一四一度ラインでも塩分フロントは東経一三度にありました。二〇〇九年と違い、塩分フロントは東西にまっすぐ延びて、海嶺を横断していたのでした。そこで、二〇〇九年と同じやり方で海山列と塩分フロントの交点を求め、その第三象限（交点の南西の区画）に一日で回れる卵グリッドを作ったのです。卵グリッドとは一〇分（約一九キロ）間隔で、一日で調査して回れる一〇点前後の測点群を言います。

採集にかかったのは六月二九日、新月の二日前。卵グリッドを西から攻めていって、早くも四回目のネットにウナギ卵が見つかりました。あまりにあっけなく卵が採れたので私たちも驚きました。またその近在、東北東の地点でも卵が採れました。採集した卵は合計一四七個。これは試行錯誤の末の偶然の結果ではなく、計画通り読みがピタリと当たった成果だったので、私たちは大いに自信を付けたものです。

採集された卵は受精後一〇時間から二〇数時間と推定されました。卵が初めて採集された二〇〇九年も新月の二日前でした。船上で観察していると卵はどんどん孵化を始めました。

しかし今回は、前回よりも発育初期の卵をたくさん採集できたのはよかったのですが、どういうわけか死卵が多く、船上で発生を進めて、発育状態を観察することはできませんでした。恐らく、発育初期の卵は物理刺激に弱く、ネットの衝撃に耐えられなかったのではないでしょうか。

また、この年は、初期の卵を発見できたので、孵化までに時間があり、卵の鉛直分布を余裕を持って調べることができました。その結果、卵も二〇〇九年のプレレプトセファルス同様、温度躍層の最上部（水深一五〇メートル層）に局在することがわかったのです。つまり孵化はこの層で起こるということです。

二〇一一年の卵は数も多かったので、すべてを研究に使わないで、一部（七個）をホルマリン標本にして、一般の人にも見てもらえるようにしました。この卵は二〇一一年の七月から一〇月まで東京大学総合研究博物館で開かれたウナギの展示「鰻《うなぎ》博覧会」で一般公開され、好評を博しました。

第7章　なぜウナギ資源は減少したか

——原因の究明と研究の進展

シラスウナギ不漁の原因は何か

二〇一二年三月二二日、水産庁は「シラスウナギ対策会議」を開きました。研究者や漁獲県の担当者ら五〇人ほどが集まり、枯渇《こかつ》するウナギ資源の回復策を話し合ったのですが、長くウナギの生態を研究してきた私も呼ばれ「ウナギ資源の現状等」について報告しました。

二〇〇九～一一年の三年間、シラスウナギは記録的な不漁でした。二〇〇九年に推定で二五トンくらいだった国内の採捕量が、二〇一〇年には一〇トン、二〇一一年も一〇トン、二〇一二年には、九トンにまで落ち込みました。

中国や台湾、韓国でも同様な不漁ですから、取引価格は高騰《こうとう》しました。二〇〇九年にキロ当たり三八万円だったのが、二〇一二年には二一五万円に跳ね上がったのです。

シラスウナギが高騰すれば、当然、成魚の価格も上がります。日本で消費されているウナギの九九・五パーセント以上は養殖ですが、その養殖ウナギも、元は天然のシラスウナギなのです。沿岸で獲《と》った天然シラスウナギを半年かけて成長させ、夏の土用の丑《うし》の日を狙《ねら》って出荷しています。

したがって、シラスウナギの不漁は、半年後の成魚の品薄、価格の高騰に直結します。鰻屋《うなぎや》さんの団体、全国鰻蒲焼《かばやき》商組合連合会によると、二〇一二年のウナギの成魚の仕入値は一匹一〇〇〇円以上で、二〇一〇年の二～三倍になっているそうです。

なぜ、これほどまでにシラスウナギが獲れなくなってしまったのか。原因は三つ考えられます。まず、獲り過ぎを挙げなければなりません。秋に産卵のために川を下る親ウナギを獲り、冬場には沿岸でシラスウナギを獲っています。ウナギに対する漁獲圧は相当に高いと言わねばなりません。

次に生息環境の悪化があります。河川の水質汚染は、古くは明治初期の足尾銅山鉱毒事件が知られていますが、全体として最も汚れがひどくなったのは高度成長期でしょう。当時、都市部の川や池の多くは黒ずんで異臭を発していました。

その頃に比べると、今はだいぶ改善され、水も澄んできました。しかし今、川の生物がかつての生息環境を完全に取り戻したかというと、そんなことはありません。

川の水がきれいになっても、住む場所や餌《えさ》がなければ、生物は生息できません。水質以外に河川工事の問題もあるのです。私たちは治水利水のため、ダムや堤防を作ってきました。これはより安全に豊かに暮らすための方策でしたが、ウナギをはじめとする川の生物にとっては生息場所を奪われることでした。川の水がきれいになっても、生物の生息環境は失われたままだという現実があります。

三番目に「海洋環境の変化」が考えられます。まだわからない部分が多いのですが、地球規模の気候変動で、東アジアに回遊してくるシラスウナギが減っている可能性があります。これまで述べてきたように、ニホンウナギは西マリアナ海嶺《かいれい》で産卵し、卵は一日半後に孵化《ふか》してプレレプトセファルスになり、海流に身を任せます。柳の葉のようなレプトセファルスの体型は、海流を利用して移動するようにできているわけです。

彼らは、マリアナ海域で東から西に向かう北赤道海流に乗り、フィリピン東方沖で黒潮に乗り換えて東アジアにやって来る。このプロセスのどこかに妙な変化があると、目的地の東アジアにたどり着けなくなる可能性が生じます。

二〇一三年はシラスウナギ漁が好転する?

二〇〇五年にプレレプトセファルスが採集され、二〇〇八年には親ウナギが捕獲されました。そして、二〇〇九年にはついに卵が発見されました。これらの採集地点を

[図・37／2009年からの塩分フロントと産卵地点の推移]

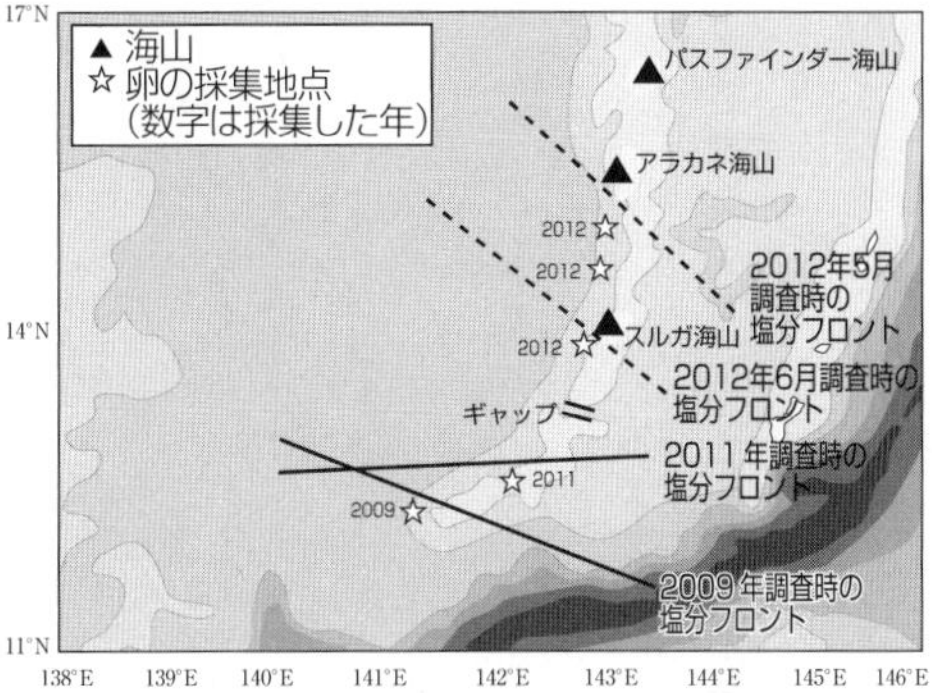

地図上に書き込んでみると、産卵場の南下傾向がうかがえます。

一九九〇年代の産卵地点はずっと西の東経一三七度ラインで採れた小型レプトセファルスの分布緯度によって推定したものですが、それに比べると、近年は二〇〇キロほど南下しているようです。

ニホンウナギの産卵地点は、塩分フロントの位置によって南下したり、北上したりします。図・37は二〇〇九～二〇一二年の塩分フロントの位置を示したものですが、二〇〇九年、二〇一一年は西マリアナ海嶺の南端とかなり南にあります。二〇〇九年と二〇一一年の卵もそれぞれの年の塩分フロントのすぐ南で採れているので、この間、産卵地点は西マリアナ海嶺の産卵場の中でもかなり南だったわけです。

すると、どうなるでしょうか。北赤道海流は西マリアナ海嶺の南部一帯を東から西へ流れていますから、レプトセファルスは、これに乗って西に流されて行きます。しかし、緯度的には南に位置したままです。北赤道海流はフィリピン諸島にぶつかる形で二手に分かれます。これを「バイファケーション」と呼んでいます。二手に分かれた北側の海流が、黒潮となって台湾東方から日本の南部沿岸にやってきます。これが東アジアに来るシラスウナギのルートです。

一方、北赤道海流の南部分はフィリピン東方沖でミンダナオ海流となり、黒潮とは反対方向、つまり南に向かいます。レプトセファルスがこれに乗ってしまうと、当然、東アジアにはたどり着けず、無効な分散になってしまいます。これは死滅回遊とも呼ばれ、次世代の繁殖に貢献しない分散となるのです。すなわち、西マリアナ海嶺の産卵場のどの地点で産卵が起こるか、産卵地点の緯度によって東アジアへのシラスウナギの来遊量が左右されるのです。

北赤道海流が黒潮とミンダナオ海流に分岐するバイファケーション点は、フィリピンの東方海域にあり、一般にエルニーニョのときには北へ、ラニーニャのときには南へ移動します。この分岐点の移動も、東アジアに来るシラスウナギの量に影響を与えていることがわかっています。

つまり、バイファケーションが高緯度で起こるとミンダナオ海流に取り込まれるレプトセファルスが増え、逆に低緯度だと、黒潮に乗って東アジアに北上してくるシラスウナギの量が増えるという寸法です。ただ、それ以前の問題として、レプトセファルスの多くが、北赤道海流の南部分に乗っていたら、それらはミンダナオ海流に入ってしまう確率が高いことになります。

二〇〇八年から二〇一一年は、産卵場がかなり南でしたから、そういう状況になっていたと説明することができます。つまり、死滅回遊が翌年（二〇〇九〜二〇一二年）のシラスウナギ不漁の主要な原因になっていた可能性があるのです。

しかし、これは、前に述べた二つの原因（漁獲圧と環境悪化）を否定するものではありません。これらは長期的にじわじわとボディブローのように効いて、常に右肩下がりの資源減少を起こしています。

一方、産卵地点やバイファケーション地点の変動は、短期的にその年々に効果を現すものと考えられます。この三年間の大不漁はこれらの海洋環境変動によって引き起こされたものと考えられます。この他、海洋環境の要因としては、台湾沖の中規模渦（海洋にできる直径数十キロから数百キロほどの渦）の発生状況や海水温上昇や生物生産量の変化なども、指摘されています。

Ｐ２５３の図・37の二〇一二年五月の塩分フロントは、相当に傾斜していて海山列との交点を見つけるのに苦労しました。いろいろ悩みましたが、結局卵グリッドはアラカネ海山の南に設けました。実際、卵の採集ポイントもそうなっていて、二〇一二年五月の産卵が二〇〇九年、二〇一一年に比べてかなり北で行われたことは明らかです。緯度で一～二度、距離にすると一〇〇～二〇〇キロ北でした。

すると、二〇一二年五月生まれのレプトセファルスの多くは北赤道海流の北部分に乗ることになります。もし、黒潮とミンダナオ海流の分岐点で例年大きな変化がなければ、彼らは黒潮に乗り、二〇一二年晩秋から二〇一三年春までの漁期に台湾東方沖から日本にやってくることになります。五月の産卵地点の位置からだけ判断すれば、二〇一三年は二〇〇九年からのシラスウナギの不漁がある程度緩和される可能性があるかもしれません。

そんな期待をしていたのですが、しかし、実際は前の三年を下回る不漁で、二〇一三年の国内採捕量は五トンとさらに落ち込みました。産卵地点の緯度だけでシラスウナギの接岸量が決まるわけではなく、そのシーズンに産卵された卵の総量や産卵時期、バイファケーションの位置なども考慮しなくてはならないのかもしれません。まだまだシラスウナギの資源を予測できるほどには、科学は十分に進歩していないと痛感しました。

しかし、西マリアナ海域の塩分フロントの位置や産卵地点あるいはバイファケーションの位置と、東アジアのシラスウナギの資源量の関係は、これからも継続的に調査すべきでしょう。ニホンウナギの生態を解明し、資源の変動機構を把握することが、今後の資源保全に向けて信頼できる科学的管理方策を明示し、今後のシラスウナギの安定的供給に繋《つな》がるのですから――。

養殖のネックはレプトセファルスの餌

二〇一四年の漁期は国内で一六トンのシラスウナギが採捕され、業界は一息ついたのですが、それでウナギ資源の枯渇問題が解消されたわけではありません。また海洋構造に変化があれば、不漁期が到来するでしょう。

その鍵《かぎ》を握っていると言われるエルニーニョ現象は、長期的に見て多発傾向にあります。その原因をさらに遡《さかのぼ》れば、地球温暖化の問題ともリンクするかもしれません。こうした課題に取り組むべき時が来ているのは言うまでもありませんが、一方でウナギの安定的供給のための対策も考えねばなりません。かつては世界のウナギ消費量の約七割を日本人が占めていたのですから、責任は重大です。我が国のウナギ食文化を保存するためにも、何らかの対策を講じるべきです。

ウナギの安定供給に最も効果的なのは養殖技術の確立でしょう。しかし、繰り返し述べてきたように、現在のウナギ養殖は天然のシラスウナギを獲ってきて、これに餌をやって大きくするもので、卵から育てているタイやヒラメの養殖とは根本的に違います。実験室の飼育装置では、卵から育てたシラスウナギを使って次世代の子供を得るという完全養殖に成功していますが、それを産業ベースにのせるには、クリアしなければならない問題が多く残っているのです。

前章で親の成熟と卵質について触れましたが、完全養殖の実用化にあたって、もう一つ大きな課題となっているのが餌です。孵化して餌が必要になったレプトセファルスに何を食べさせればいいか。その決め手となるものがまだ開発されていません。

かつて、レプトセファルスの消化管を調べた研究者は、ごく少量のドロドロした無定形物しか見つからなかったので、口から餌を摂取するのではなく、その大きな体表から海中の有機物を直接取り込んでいるという説を唱えました。レプトセファルスの消化管からプランクトンの糞粒《ふんりゅう》やオタマボヤのハウス（虫体のまわりにできる、餌を濾《こ》し採るためのゼラチン質の袋）が見つかり、普通の魚の仔魚《しぎょ》と同様、口から摂餌《せつじ》していることが判明したのはごく最近のことです。

第5章でも述べたように、産卵場の調査から、摂餌を開始したばかりのレプトセファルスがマリンスノーを餌にしていることが示唆《しさ》されています。ならば、それに近い餌を人工的に作ればよいのですが、このマリンスノーというのがやっかいな代物《しろもの》なのです。その製造、つまりプランクトンの死骸《しがい》の分解を担《にな》っているのがバクテリアだからです。バクテリアの種類や量、活性を飼育装置の中で制御するのは至難です。水質や水温、水流、光量などのわずかな変化で、死滅したり、爆発的に繁殖したりするのですから——。

もちろん、病院や大学の無菌室のような設備を作り、二四時間の管理態勢を敷けば、不可能ではないでしょう。しかし、それではシラスウナギが一匹いくらになるのか想像もつきません。要するに、現在、シラスウナギを飼育している程度の設備と手間でレプトセファルスを育てる方法を探さなければならないのです。

概念的に言えば、アプローチのやり方は二つあります。一つは、考えうる餌、管理方法をしらみつぶしに試してみるという方法。失敗を積み重ねて、その中から小さなヒントを一つずつ拾い集め、正解に近づいていくわけです。

もう一つは天然のレプトセファルスの生態を調査・研究し、その成果から餌や飼育法を開発するという方法です。もちろん、現実にはこの二つのアプローチが截然《せつぜん》と区別されているわけではなく、組み合わされたり、中間的な方法が採られたりしています。私はウナギの生態を研究しているので、当然、後者にウェイトを置いたアプローチをしていますが、このレプトセファルスという存在がなかなかの難物なのです。

なぜ、大西洋の二種は産卵場がわからないか

レプトセファルスとはどんな生き物なのか、これまでの研究でわかってきたことを改めて整理しておきましょう。魚類の中で仔魚期をレプトセファルスとして過ごすのは、カライワシ上目に属する魚たちです。ウナギ、アナゴ、ウツボ、ハモ、ウミヘビなど、いわゆるウナギの仲間といわれるウナギ目の魚たちも皆これに含まれています。

それらのレプトセファルスたちは、海の表層で他の多くのプランクトンとともに生息していますが、いずれも親とは似ても似つかぬ異形をしています。このため、一七六三年に発見された当初は、まったく別の独立した魚と考えられ、「レプトセファルス属」という新しい属が設けられたほどです。

しかし、そうではなく、これまでに知られている魚の幼期の形態にすぎないと判明したのは一九世紀末のことでした。現在、まだわかっていないことが多いのには、正

しい認識ができて一世紀半ほどしか経《た》っていないという事情も関係しているのかもしれません。

謎《なぞ》に満ちたレプトセファルスの中で、最も研究が進んでいるのがニホンウナギです。ヨーロッパウナギやアメリカウナギはいまだに産卵地点が特定されておらず、卵も採集されていません。これには、大西洋の二種の耳石《じせき》が、ニホンウナギほど鮮明ではないという事情があります。ニホンウナギの耳石日周輪解析が、産卵場の特定の大きな手掛かりとなったのはこれまで記してきた通りですが、大西洋の二種は耳石輪紋が不鮮明なため、その手法が効果的に使えなかったのです。

また、サルガッソ海には、ニホンウナギの産卵場の目印となった海山が見当たりません。産卵期を迎えたウナギたちは、何かを頼りに約束の場に集まっているはずなのですが、その何かがまだ摑《つか》めていません。さらにニホンウナギほど商品価値が高くはなく、養殖が待ち望まれているというわけでもありません。このため、大西洋の二種はいまだ謎に包まれたままなのです。

ニホンウナギにおいては、産卵場はおろか、産卵地点までが特定でき、その生態や環境がかなりわかってきたので、今後、こうした知見は必ず完全養殖の実用化に役立つことでしょう。ただ、孵化からレプトセファルスを経てシラスウナギに育つ過程には、海洋環境との絶妙なマッチングがあります。これを人工的に管理するのはそう簡単なことではないでしょう。

何のために、幼生期の比重が変化するか

西マリアナ海域の塩分フロントの南側で孵化したニホンウナギのレプトセファルスは、北赤道海流によってフィリピン東方沖に輸送されますが、この過程で日周鉛直移動を始めます。夜は水深一〇〇メートル前後の浅い層に浮上し、昼は二〇〇〜四〇〇メートル前後まで潜降します。

海の生物は、ほとんどすべてが幼生期を海の表層で過ごします。これには、表層で生産される栄養を摂取したり、海流や風を利用して効率的に移動、分散するという目的があります。ウナギのレプトセファルスが体を著しく扁平《へんぺい》させているのは、海流に乗りやすい形態を選択しているということです。

これは、卵からレプトセファルスを経てシラスウナギになるまでの比重の変化ともきちんと符合しています。図・38は人工の卵、プレレプトセファルス、レプトセファルス、シラスウナギの浮力変化を示したもので、縦軸に比重（感覚的にわかりやすく

[図・38／ウナギの初期発生過程での比重の変化]

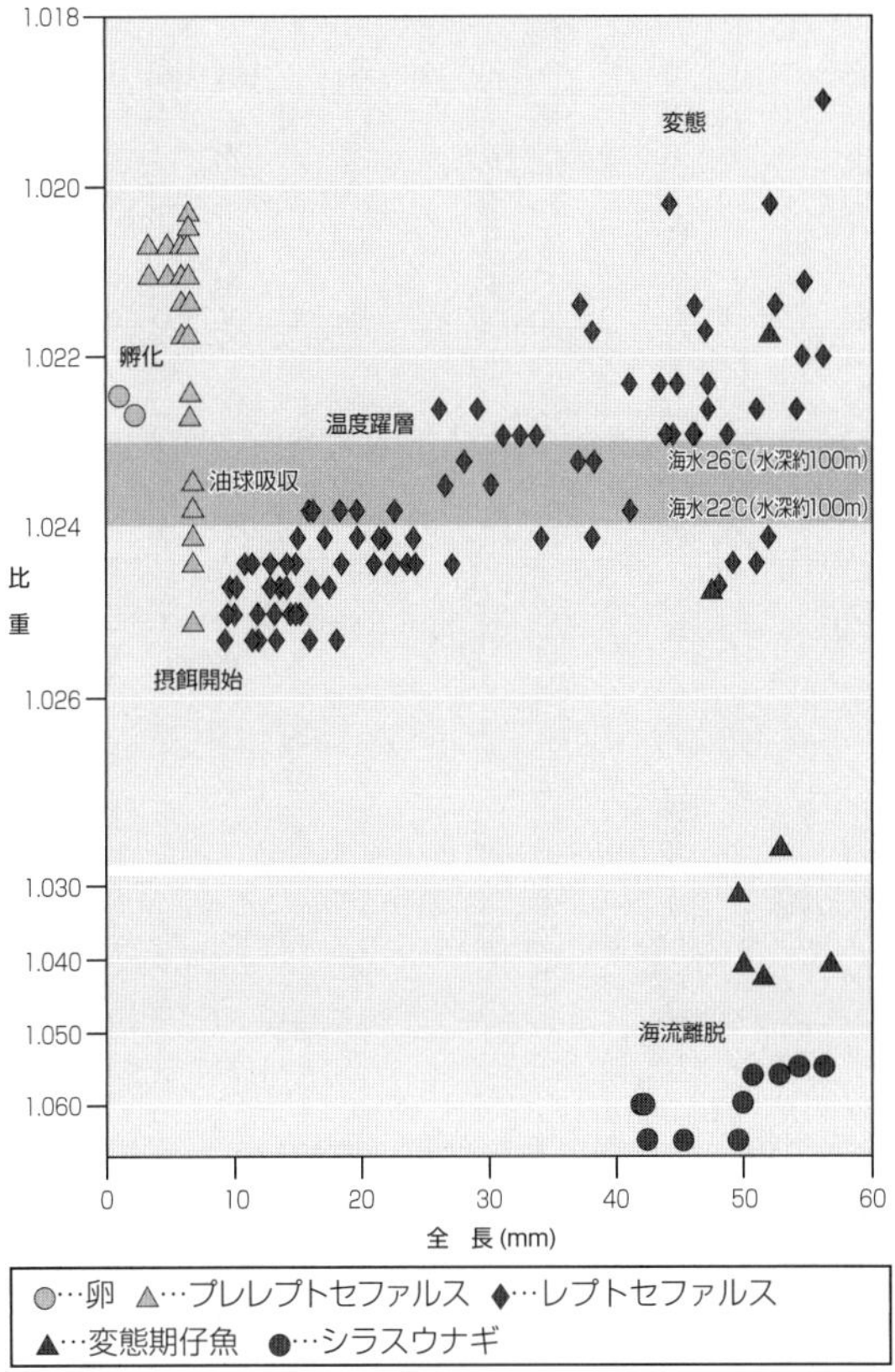

卵は海水よりも軽いので浮く。孵化直後のプレレプトセファルスは最も軽いが、卵黄物質や油球の吸収に伴って急速に重くなる。

するため軸を逆転させている)、横軸に体長を取っています。

産み出された卵は海水より軽いので、表層へと浮き上がって行きます。まだ餌は不要ですが、孵化には高い温度が必要なのと、表層の海流を利用して拡散するためです。孵化と同時に卵殻を脱いで、プレレプトセファルスになるとさらに軽くなります。そして、軽い脂肪分を多く含んだ卵黄の吸収が進むにつれて、急激に比重が増大します。その後、海水よりやや重い状態がしばらく続きます。やや重い状態だと、浮上する際に少し泳げば済む。泳げない卵は軽くなっていて、少し泳げるようになると重くなるわけです。

海洋生物の体の比重は、ほとんどが海水よりもやや重くできています。何もしなければ海底に沈んでしまいますが、それぞれ表層に留まることができるよう、様々な工夫をしています。カメガイやカイアシ類、エビ・カニ類は、比重の大きい炭酸カルシウムやキチン質の外殻を持つため、活発に動く翼や遊泳肢を使って泳ぎ、沈まないようにしています。クラゲやサルパ(原索《げんさく》動物の一種)、ゾウクラゲなどは、そもそも体自体の水分含量が高いので沈みにくく、緩やかな体の収縮や体表の繊毛の動きで浮力を得ています。ウナギのレプトセファルスはこのクラゲやサルパなどと同じタイプの沈まない工夫をしているといえます。加えてレプトセファルスの場合は、体を著しく扁平にし、拡大した体表面の摩擦抵抗を増大させて沈みにくくしている点がユニークです。こうした水中で中性浮力に近い状態を保つ機能は、わずかなエネルギーで鉛直に移動することができるので日周鉛直移動を行う際に役立ちます。

日周鉛直移動は、海に出た親ウナギや他の多くの海洋生物でも観察され、その目的は外敵から身を守ること、餌との遭遇をより確実にすること、浅い層の高水温を利用して成熟促進を図ることなど、いろいろと考えられていますが、ニホンウナギのレプトセファルスにおいては、もう一つ大事な目的があります。これによって北赤道海流から黒潮への乗り換えを行うのです。

日周鉛直移動のメカニズム

フィリピン東方沖で黒潮に乗り換える時期には、彼らはマリンスノーから摂取した栄養分をグリコサミノグリカンというムコ多糖類に変え、体に溜《た》め込んでいます。図・39は最大伸長期のレプトセファルスと変態直後のシラスウナギを輪切りにした写真ですが、レプトセファルスはシラスウナギに比べ、著しく上下に伸びて平べったくなっています。側面に薄い筋肉が一層あるだけで、その内部はほとんどすべてグリコ

［図・39／レプトセファルス（左）とシラスウナギ（右）の体部横断面］

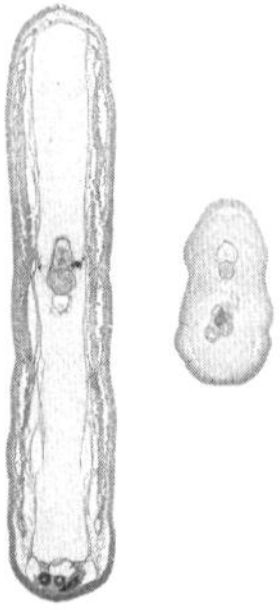

（写真：黒木真理・金子豊二）

サミノグリカンで満たされています。

　グリコサミノグリカンには、コンドロイチンやヘパリン、それに今はやりのヒアルロン酸などが含まれます。レプトセファルスのグリコサミノグリカンはこのヒアルロン酸でできています。これは、ご存知のように関節痛の方に注射して、動きを良くするのに使われたりします。また、一グラムで水が六リットルも保水されるという、ものすごい保水能力があるので、化粧品に使われることでも有名です。

　レプトセファルスが溜め込んだグリコサミノグリカンも、栄養源として使われると同時に水を保持する機能があります。この水がレプトセファルスの比重に大きく関与しているのではないかと着想したときは、少なからず興奮しました。すぐにいらご研究所の方々と東京大学の金子豊二教授らとともに、そのメカニズムの研究にとりかかりました。

魚も人間同様、体液の塩類の濃度はほぼ一定に保たれています。魚の場合、淡水魚も海水魚も、海水の約三分の一程度の塩濃度です。

海水魚の場合は、体液の塩濃度は周りの海水より低いので、両者の浸透圧の差のため、体内の水がどんどん外へ出て行ってしまいます。塩漬けの梅干しが、水分を奪われてしわしわになってしまうのと同じです。淡水魚はこの逆で、体内の塩濃度が外界より高いので、外界の水が入ってきてパンパンになってしまいます。

「しわしわ」も「パンパン」も生物にとっては都合が悪いので、これを防ぎ体液の塩濃度を一定に保つために、浸透圧調節機構というものを備えています。体液の塩濃度を調節して、その浸透圧を一定に保つメカニズムです。

海水中では、魚は積極的に海水を飲み、これを腸で吸収して、失われた水分の補給をしますが、同時に入ってくる余分な塩は体外に排出しなくてはなりません。

この役目に活躍するのが塩類細胞と呼ばれる特殊な細胞で、外界の海水から体内に入ってくる余分なナトリウムをせっせと外に排出しています。この細胞は、普通エラに集中して存在します。しかし、レプトセファルスの場合はエラが未発達なので、塩類細胞は体表全面に分散して存在し、塩の排出にあたっています。

全身の体表面から塩を排出するため、その内側にある大量のグリコサミノグリカンの間隙《かんげき》に溜め込まれた体液の塩濃度が効率よく下がります。その結果、レプトセファルスの体液は海水の半分程度の塩濃度にまで下がっていきます。

すると、大量の体液の比重が海水より小さくなるので、レプトセファルス全体の比重も、成長に伴うグリコサミノグリカンの蓄積とともに減少していきます。つまりグリコサミノグリカンはちょうど軽い空気（水）を入れた浮輪のような役目を果たすことになります。

レプトセファルスの比重が成長と共にどんどん小さくなると、海水中で浮き上がり、海表面まで出てきてしまうのではと心配になるかもしれません。しかし、天然海域ではこんなことは起こらないでしょう。

まず、温度躍層があります。その下の密度の高い海水中を浮上してきたレプトセファルスも、密度が急激に下がる躍層で一旦《いったん》は留まるものと思われます。浮力の小さいレプトセファルスはこの躍層を越えて浮上することはありません。

しかし、グリコサミノグリカンをうんと蓄積した大きなレプトセファルスになると、夜間は体の大きな浮力を利用して、躍層の天井を突き破り、水深三〇～五〇メートルくらいの浅層に浮上します。夜が明けると光を嫌って、慌《あわ》てて光の届かない深層に潜っていくものと考えられます。浮力に逆らってぐいぐい深層に潜っていくのですから、大きな遊泳力の備わったレプトセファルスだからこそできることです。

「貿易風仮説」

ながながとヒアルロン酸やら浸透圧、それに浮力やら日周鉛直移動の説明をしてきましたが、次にお話しする「貿易風仮説」を説明するために必要なことだったのです。この仮説は東京大学海洋研究所（当時）の木村伸吾教授らが一九九四年に提唱したものです。産卵場から東アジアにどのようにしてニホンウナギが接岸回遊してくるのか、また東アジアのシラスウナギ資源の変動がどのようにして起こるのかを説明する重要な説です。

前に、レプトセファルスは産卵場から北赤道海流中を西へ流されると書きました。この北赤道海流がなかったらニホンウナギという種は地球上にいなかったと言えるくらい大切な海流です。この海流を駆動しているのは、常時その上空をおよそ東から西に向かって吹いている貿易風（トレードウインド）です。風と海面の間で起こる摩擦によって流れができます。風で海流が起こるというのはちょっとピンとこないかもしれませんが、これは海の常識、まぎれもない事実なのです。昔、帆船時代の船乗りは、西に行くときは低緯度域にルートをとってこの貿易風を、また東に行くときは中緯度帯を通って、逆向きに吹く偏西風（ウエスタリーズ）を利用して航海したと言います。

さて、この貿易風に吹かれ、北赤道海流の中を西向きに移動しているレプトセファルスは、地球の自転によって生じるコリオリの力（回転体上を運動する物体に働く慣性の力）を受けます。すなわち、地球が西から東に動く回転体で、レプトセファルスは東から西へ運動しているとみることができます。

この時、北半球では移動方向（西）に対して右九〇度方向（北）に力を受け、レプトセファルスの進路は西からやや北向きに変わります。このコリオリの力による輸送のことをエクマン輸送と言います。しかし、この力は表層のみで働き、大体水深七〇メートルより浅いところにある物体にのみ働きます。

夜間、グリコサミノグリカンの浮輪で浅層に浮上したレプトセファルスは、このエクマン輸送によって北向きに少しずつ移動していきます。大きく成長したレプトセファルスのみ、その大きな浮力によって水深七〇～一五〇メートルにある温度躍層の天井を突き抜け、浅層に浮かび上がることができます。その時に、このエクマン輸送のはたらきを受けます。夜ごと浮上し、少しずつ北へ移動し、やがて、台湾沖で黒潮に乗り換え、日本へやってくるのです。

この黒潮への乗り換えがうまくいかず、北赤道海流に乗り続けた場合は、フィリピン沖を南下するミンダナオ海流に取り込まれ、ニホンウナギが分布していない熱帯域へと運ばれてしまいます。前に述べた産卵場の南下とともに、これも死滅回遊の原因となり、東アジアに回遊するウナギの資源量に影響を与えると考えられます。

こうして考えていくと、ニホンウナギのレプトセファルスの回遊は、鋭く切り立った高い山の細い尾根道を、絶妙のバランスをとりながら縦走していくようなものかもしれません。水温が低い、餌不足であるなどの原因で、成長が悪く、十分にグリコサミノグリカンが蓄積できない状態で西へ運ばれていくと、浮力が足りないために躍層を突き抜けて日周鉛直移動ができません。したがってエクマン輸送を十分受けることができないので、黒潮への乗り換えがうまくいかない。結果、南下するミンダナオ海流に取り込まれてしまう。

一方、水温が高く、餌も多い場合は好成長を示しますが、さらに成長が早すぎた場合は、また不都合が起きます。早すぎるタイミングで、躍層の上に出てきてしまうのでエクマン輸送が効き過ぎて、うんと北へ運ばれます。その場合は反流の大きな渦の中に取り込まれて、ぐるぐる回るだけで、陸のほうへやってくることができません。

この場合も本来の生息地の東アジアにやってくることができなくなってしまいます。北の斜面へころげ落ちてはダメ、南の斜面もダメ、長い年月をかけて計算され尽くした発育のプログラムに則《のっと》って、きちんと成長し、西に向かう細い尾根を確実に渡っていかなくてはならないのです。

産卵場の話をすると、よく出る質問に「どうしてわざわざあんな遠くまでいって卵を産むんだ?」とか、「なぜ広い海の中でそんなピンポイントみたいな狭い範囲を産卵場にしてるの?」というのがあります。起源や進化、繁殖戦略など、あれこれ理由を挙げればきりがないのですが、一つの答えとしては、「ニホンウナギの場合、産卵場はあそこの、あのピンポイントでなくてはならない必然があるから」というものがあります。

先ほどの、レプトセファルスが経験する水温や餌の多寡《たか》などの条件の他に、海流の速度や、産卵地点の陸地からの距離も大切だからです。これらが厳密に決まっているから、毎年のレプトセファルスの回遊が恙《つつが》なく終わり、シラスウナギが東アジアに無事やってくることができるのです。

もし、たとえば産卵場が今の西マリアナ海嶺ではなく、一つ東のマリアナ諸島を含むマリアナ海嶺だったら、どうでしょう？　レプトセファルスの回遊距離が伸び、ニホンウナギの回遊成功率はがくんと落ちることでしょう。フィリピン沖の黒潮乗り換え地点に到着する前にエクマン輸送が効きすぎて反流の渦の中に取り込まれることになります。逆に、南側のヤップやパラオだったら、陸に近すぎて十分に成長せず、エクマン輸送で北へ運ばれることなくフィリピン沖に到着してしまうので、ミンダナオ海流に入ってしまいます。あの西マリアナ海嶺の南部海山域というのは、ニホンウナギという種が長い年月をかけて選びに選んで決まった、地球上唯一《ゆいいつ》無二の産卵場なのです。

最も変態の遅いグループが利根川を遡行《そこう》する

レプトセファルスは、最大伸長期の体サイズまで成長すると変態を始めます。この最大伸長期サイズは種によってほぼ決まっており、ニホンウナギの場合はほぼ六〇ミリです。そして、二～三週間ほどの変態期間中に五ミリくらい縮んで、五五ミリのシラスウナギに生まれ変わります。

変態のきっかけは、陸起源の匂《にお》い物質、つまり川から流れ込んだ水の匂いを感知するのではないかという説があります。また、水温も影響すると言われています。人工種苗《しゅびょう》生産され、水温二二度で飼育していた変態間近のレプトセファルスを一五度、二〇度、二五度、三〇度の水槽で飼育してみたところ、二五度の水槽に入れたグループで最も多く変態が始まったという実験結果が報告されています。

最大伸長期を迎えても、適切な変態のきっかけを掴めない場合は、過成長になることがあります。ソコギス目のレプトセファルスでは全長が八九三ミリにもなったという報告もあります。

ニホンウナギのレプトセファルスが変態を始めるのは、おおむね黒潮に乗る直前か、黒潮の中と推測されますが、比重はこの時、つまり最大伸長期には最も軽くなっています。そして変態が進み、体が縮んでいくにつれ、比重は重くなります。変態前にはフロートの役目をしていたグリコサミノグリカンを、変態中に消費するためです。これはシラスウナギとなって、河口付近に着底し、川を遡行する準備に入ったことを意味します。

この変態にはバラツキがあり、同じ月の新月に産卵された卵でも、早々とシラスウナギに変態するものと、うんと時間がかかるものがいます。早めにシラスウナギになり、比重が重くなったものは、中国南部や台湾沖で黒潮から降り、付近の沿岸汽水域

（河口）へと接岸回遊することになります。

先ほど説明したように、台湾の東南には、北赤道海流と黒潮の反流が渦を作っていて、そこで変態中のレプトセファルスが四個体採集されたことがありました（一九七三年）。このため、当時は、その渦流域《かりゅういき》がレプトセファルスからシラスウナギへの変態場所ではないかと言われましたが、これは疑問です。渦に取り込まれた変態期のレプトセファルスは容易に出て来られず、河口へやってくることが難しくなるからです。これまでまだ一個体も採集例はありませんが、おそらく黒潮の中が変態の場所ではないでしょうか。これは今後変態期のレプトセファルスを黒潮の中で採集して証明する必要があります。

一方、変態の遅いグループは、より黒潮に長く乗ることになり、東シナ海からトカラ海峡（屋久島・種子島と奄美《あまみ》諸島の間の海峡）を南東に抜け、日本の太平洋岸南西部までやってきます。そのうち最も変態の遅いグループは銚子《ちょうし》沖まで行き、利根川を遡行することになります。全体として言えば、早く変態したグループは低緯度域に接岸し、遅くなったグループほど高緯度域に接岸するわけです。

河口がウナギの難所になっている

東アジアの太平洋沿岸にたどり着いた六〇ミリ弱のシラスウナギは、汽水域で一ヵ月から半年ほど過ごします。中には、一年以上ここに滞在するものもいます。海水から淡水へと向かうには、それまで海水中で行ってきた浸透圧調節の仕組みを淡水型に切り替えなくてはならず、そのための準備期間が必要だからです。そのため長期滞在せざるをえないこの汽水域が、ウナギにとって難所の一つになっています。

原因の一つは汚染です。河口付近はたいてい都市化が進んでおり、生活排水や産業排水が大量に出ます。それらがすべて河口に集まって来ますから、ニホンウナギの長大な回遊ルートの中で最も汚染されやすい場所になっています。ウナギは、淡水生活に備えて河口で体の準備をしなければなりませんし、成長して産卵のため海に出る時も必ずここを通らねばなりません。そういう重要な場所が汚染されれば、ウナギにとって大きなダメージとなります。

もう一つ、河口が難所になっている理由は、そこでシラスウナギ漁が行われる――つまり漁獲圧がかかることです。捕獲されたシラスウナギは養殖に回るのでムダには

[図・40／日本のシラスウナギ池入れ量の変化]

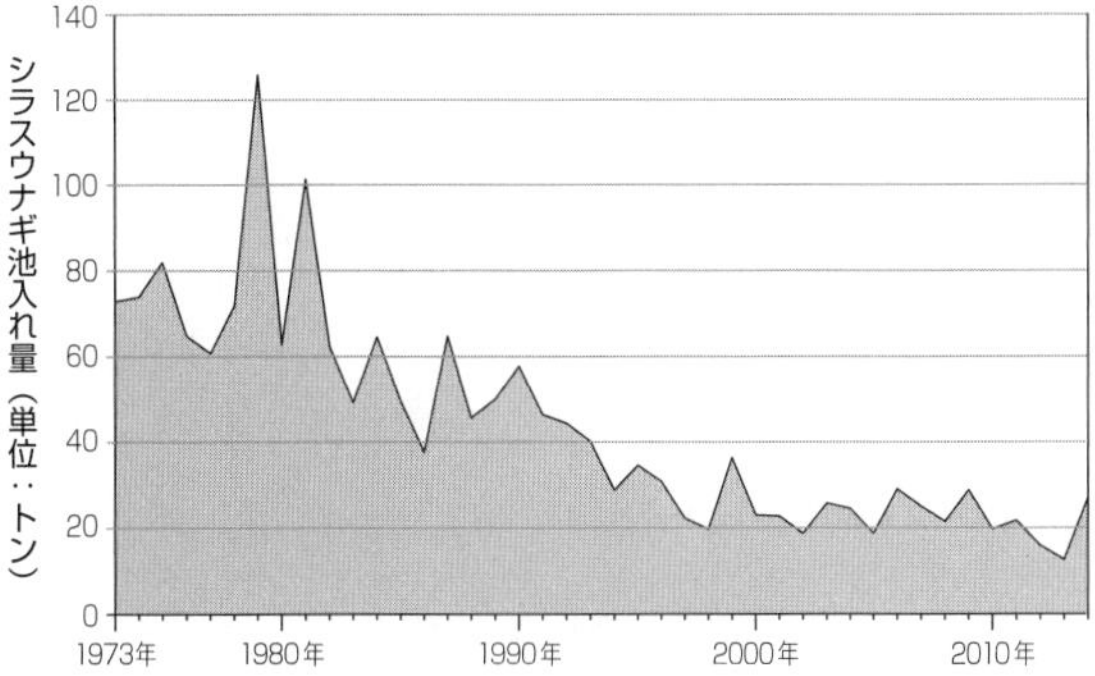

日本のシラスウナギ池入れ量は長期的に減少傾向にある。（統計：水産庁）

なりませんが、継続的に乱獲すれば、資源は枯渇します。

二〇一〇年から二〇一三年の四年間、シラスウナギは記録的な不漁でした。これは日本に限ったことではなく、ニホンウナギの分布する東アジア全域で大不漁でした。図・40はその減少ぶりを示すものですが、漁獲高ではなく、池入れ量（養殖池に入れた量）になっていることに注意してください。

普通、魚介類には漁獲高のデータが存在しますが、シラスウナギにはそれがありません。漁獲高（採捕量）が正確に把握できない状態なので、やむなく池入れ量をカウントしているのです。シラスウナギは高価なので、採れたものはほぼ全て大切に養殖池に入れられますから、池入れ量はよく採捕量を反映していると考えられます。

日本のシラスウナギ漁は冬場に河口で行われます。漁をしていいのは、許可を得た漁業組合員ですが、許可以外にもいろいろと都道府県ごとに規制があります。地域によって漁期にズレがあるため、全国一律の規制ではなく、各都道府県の条例によってバラバラに規制をしています。このために、流通が複雑怪奇になり、漁獲高が不明になっています。

たとえば、宮崎県は二五センチ以下のウナギの取引を禁じていますが、隣の熊本県や鹿児島県では許されている。あるいは、県内で獲れたシラスウナギは県内で養殖するよう定めている県もあれば、自由に売買していい県もある。漁に警官が立ち合う県もあれば、そんなことはしない県もある。

これほど規制がバラバラだと、各規制をかいくぐって儲《もう》けようという動きが出てきます。たとえば県内で養殖するよう定めている県で仕入れ、隣の県に運んで売る。そのほうが儲かるなら、不正を承知でやってしまう人が出てきます。一時間か二時間、車を走らせれば済むことです。

これは、シラスウナギの流通に闇《やみ》の業者が入り込む事態を意味します。アメリカの禁酒法がかえってギャングを蔓延《はびこ》らせたのと同じ構図です。今どき、そんなことがあるのかと疑われるかもしれませんが、シラスウナギが高騰《こうとう》し、その流通が複雑化するほど、怪しげな人たちが入ってこようとします。もちろん、規制を遵守《じゅんしゅ》して取引をしている業者も多いのですが、そういう人たちの活動が侵蝕《しんしょく》されているのも事実です。

こういう状態なので、シラスウナギの正確な漁獲高や流通の実態はわかっていません。これはウナギ資源の保護、養鰻《ようまん》業振興の根幹に関わる問題なので、水産行政の厳しい対応と適切な制度作りが待たれています。

幻の「アオ鰻《うなぎ》」の正体

普通のシラスウナギは、河口の汽水域で冬をやり過ごし、春になって水が温《ぬる》むと河川を遡上していきます。成長の場を求めて上流域に進むわけですが、そうはせずに汽水域に留まって成長するものもいます。

第2章で、海洋残留型の海ウナギについて述べましたが、汽水残留型も存在するのです。岡山県の児島《こじま》湾に「アオ鰻」とか単に「アオ」と呼ばれる美味《おい》しいウナギがいます。背中が深い青緑色で、口が尖《とが》っており、普通のウナギと違うのは一目瞭然《いちもくりょうぜん》です。天然物で、そう数は獲《と》れませんから「幻の絶品」と言われています。

岡山県岡山市の青江町は、今は干拓されて内陸の町になってしまいましたが、かつては児島湾に面して目前に広大な干潟《ひがた》がありました。そこで獲れるアオ鰻は江戸時代からの名産「青江のアオ」として知られていました。児島湾は干拓の結果ずいぶん干潟が減ってしまいましたが、まだアオ鰻が残っていて、土地の名産となっています。

このアオ鰻は、色も形も味も普通のウナギと異なるので、「そもそもアオ鰻とは何か」「どのようにしてアオ鰻ができるのか」を調べてみることにしました。社会科学、人文科学、自然科学を総動員したアオ鰻研究を手がけたのは修士課程の学生・田村百《も》奈美《なみ》さん、それを引き継いだのは博士課程学生の海部《かいふ》健三《けんぞう》君（現・中央大学法学部助教）です。数年間の調査のあと、きわめて興味深い研究結果が得られました。

まず、アオ鰻の歴史的背景を調べ、全国的にどこにアオ鰻伝説が残っているか、調べてみました。利根川以西の各地にアオ鰻とこれに類似した絶品のウナギのいることが分かりました。それらはすべて、潮の差す汽水域に産していました。それから形態的にアオ鰻と非アオ鰻にわけ、食味試験をしてみました。統計的に有意差は得られませんでしたが、アオ鰻はやはり美味しいとする人が多いという結果でした。

また、アオ鰻とは、別種のウナギや特定のグループのウナギではなく、一般のニホンウナギとなんらかわらないことが判明しました。これはマイクロサテライト遺伝子

（ゲノム上に存在する遺伝子の反復配列）の解析によるもので、予想通りの結果でした。

次に、児島湾にたどり着いたシラスウナギの中で、汽水域で育ち、成長の早い三割くらいのものが三、四〇センチメートルを超える頃、アオ鰻になっていること。そして、彼らが児島湾の汽水域に豊富なアナジャコを専食していることがわかったのです。

これは、全国の養鰻業者にとって価値のある情報です。どんな環境で、何を食べて成育しているかがわかれば、養殖池のウナギを「幻の絶品」アオ鰻に近づけることが可能でしょう。今、日本の養鰻業は、人件費の安い台湾や中国に押され、シラスウナギも高騰するという、きわめて厳しい環境にあります。付加価値の高いアオ鰻は、その打開策の一つになるかもしれません。

ニホンウナギは海から河川を遡上し、成育して海へ産卵に戻るというのが、基本的な回遊パターンですが、そうではない海ウナギや河口ウナギもいるわけです。こうした回遊履歴の多様性を「回遊多型」あるいは「生活史多型」と言います。

では、今、ウナギ資源の主力となっているのはどのパターンでしょうか。第２章でもすでに述べましたが、日本各地の沿岸で採集した産卵回遊中の銀ウナギ約五〇〇匹の回遊履歴を調べてみたら、河川の遡上経験があるウナギはたったの二割弱、残りの八割強は海ウナギか河口ウナギという結果でした。

つまり、現在、西マリアナ海域の産卵場で、次世代の繁殖に貢献しているのは、主に海ウナギや河口ウナギなのです。しかし、これは、貢献の少ない川ウナギを獲り尽くしてもいいという意味ではありません。

河川環境がウナギにとって好適だった時代は、川ウナギの割合が多かったのかもしれません。減ってしまった川ウナギの穴を、海ウナギや河口ウナギが埋めている可能性もあります。また産卵場への到達率や卵質の点で、川ウナギのほうが優れている可能性も残されています。

ウナギ資源の保全のためには、河川、河口、沿岸を一貫して環境改善し、ウナギの「回遊多型」を維持する必要があります。

四年の大不漁の波は一〇年後に再来する

シラスウナギだけでなく、成魚の漁獲高も正確には摑めません。専門の漁師以外に地元の人が釣ったり、竹筒を仕掛けたりして、自家用の食材としているからです。これは昔から行われてきたことで、資源が枯渇《こかつ》していなかった時代には漁獲圧と考える必要はなかったのですが、ここまでウナギが減ると「量的に少ないから大丈夫」とは言えなくなります。

職業的に行われてきたのは、川に簗《やな》をかけて下りウナギを獲る方法です。台風や大雨の後、増水に乗じて川を下るウナギを竹で作った簗で捕獲します。かつては、これが漁業として成り立っていましたが、今は多くは観光用となっているようです。ただ、地方には簗の権利を保有している人が残っていて、今も副業的に簗漁が行われています。

急激に減少しているウナギ資源を守り、復活させるにはどうしたらいいか。すぐにできることを挙げれば、まずは黄ウナギや銀ウナギを禁漁にすることでしょう。少なくとも産卵場への長い旅に出る秋から冬にかけては銀ウナギ漁も遊漁も止《や》め、ウナギを海に帰してやるべきです。

銀ウナギの禁漁はカンフル剤のように効くはずです。一九七〇年代末、急激にハタハタが獲れなくなったことがありました。ハタハタは初冬、産卵のために日本海沿岸に回遊してくる魚で、秋田沖が産地。同県沿岸部にはハタハタ漁で生計を立てている漁師が多くいましたが、県と地元漁協は「三年間我慢する」という決断をしました。一九九二年九月から一九九五年八月までの丸三年、完全禁漁にしたのです。この効果は劇的で、秋田県のハタハタ漁は復活しました。

これと同じことを銀ウナギについて行えば、必ず効果がありますから、私は「期間を定めて完全禁漁にしよう」と提案しています。そうすることで、今、ウナギ漁に携わっている人は減収になるかもしれませんが、次の世代にウナギ資源を残すために我慢してほしいと思っています。こうした勇断をした漁業者には行政が手当するとか、ウナギ業界が補助の仕組みを作るとか検討したいものです。

天然資源は変動するものなので、今後突然シラスウナギが豊漁になる可能性もあります。しかし、四年続いた大不漁の影響は間違いなく尾を引きます。私は団塊の世代、つまり戦後のベビーブームに生まれた卓越年級群（個体数の多い同い年生れのグループ）に属しますが、その子供の世代も当然、多くなっています。逆もまた真なりなのです。

天然ウナギの一世代は約五〜一〇年ですから、この四年の大不漁の波は、五〜一〇年後に再来するでしょう。完全養殖の実用化に向けて技術開発をする一方で、天然資源の保全にも対策を講じなくてはなりません。

第8章　ウナギ研究最前線

——研究はエンドレス

一体どこで卵を産むのか？

ウナギに関する長い研究の歴史の中で、どんなテーマが一番人々の注目を集めたか？　それはやはり、何といってもウナギはどこで卵を産むかという、いわゆる産卵場問題に注がれた関心が飛び抜けて大きいと思われます。それだけ人々はウナギが卵を産む場所の謎《なぞ》に強く惹《ひ》かれていたからだといえます。

今では、ニホンウナギの卵も親ウナギも西マリアナ海嶺《かいれい》南端部海域で発見されています。だから産卵場問題は、ニホンウナギについていうなら、完全に解明されたといってよいでしょう。卵や完全に成熟した親ウナギは、その場所が産卵場であることを示す最も確かな証拠だからです。つまり、ニホンウナギがこの海域で卵を産んでいることは疑いのない事実なのです。

しかし、いまだにこの事実を認めようとしない人もいます。私の講演の後で、「産卵場がマリアナにあるというのは間違いだ。私はお腹《なか》の大きなウナギを自分の家の前の河口で捕まえた」とか「ウナギは浜名湖で産卵している」という意見をよく聞きます。

河口や浜名湖あるいは沿岸でウナギのレプトセファルスが本当に採れたのなら、私もマリアナ以外に陸に近いところにも産卵場があることを認めます。しかし、私たちの目が良く行き届き、調査が頻繁に行われているにもかかわらず、これらの水域でウナギのレプトセファルスが採れたことは一度もありません。

アナゴやハモやウツボのレプトセファルスは沿岸域で採集できます。しかし、同じレプトセファルスでもウナギのそれが採集できるのは、沖合の黒潮よりさらにその外洋です。そして、もっと初期の小型レプトセファルスが採れるのはさらにまたその先なのです。

それに、川を下って沿岸域で捕獲された銀ウナギの成熟度は極めて低い状態です。このことをみても、ニホンウナギが時間的にも距離的にも遠く隔たった時期と場所で産卵することが容易に予想されます。ニホンウナギの場合、半年もかけて三千キロも離れたマリアナまで回遊する内に、徐々に成熟が進むのです。

なお、先ほどの「お腹の大きなウナギ」というのを送ってもらって調べてみると、水が溜《た》まって腹部が膨満しているだけだったり、寄生虫がお腹一杯につまっていたり、あるいはそもそもウナギではなく、別のウナギ目の魚、例えばクロアナゴだったりします。調べる前のかすかな期待感もすっかり失《う》せて、がっかりしてしまうことがしばしばです。

産卵シーンを見たい！

では、産卵場問題が結着したらもう研究は終わりと考えてよいのでしょうか。決してそんなことはありません。むしろ、本当の研究はこれからだといえます。産卵場が明らかになったことは、ウナギの産卵生態や回遊生態に関する研究の、ほんの出発点に過ぎません。

第2章の「ウナギの進化論」で説明した回遊環のことを思い出して下さい。回遊環とは、その種の成育場と繁殖場を結ぶ回遊ルートを模式的に示した楕円《だえん》であるといいました。ニホンウナギの産卵場を正確に特定できたことで、この回遊環をしっかりと定義することができました。これでやっと、本格的な回遊生態の研究を始めることができるのです。

因《ちな》みに、産卵場がおぼろげながらも明らかになっていて、種の回遊環を描くことができるのは、世界で一九種・亜種のウナギの中でもわずか六種です。ニホンウナギの他には、ヨーロッパウナギ、アメリカウナギ、オオウナギ、ボルネオウナギ、セレベスウナギくらいなものです。他の多くのウナギについてはどこで卵を産んでいるのか、見当すらついていません。だから、産卵生態はおろか、回遊生態の研究もままならないのが現状です。

その点、ニホンウナギは既に卵も親も獲《と》れて、産卵場がしっかり特定できているので、存分に回遊研究ができるし、産卵生態の研究にも着手することができます。「大手をふって」天然の産卵生態の研究ができるのは世界でもニホンウナギただ一種なのです。

では、どんなことをやるか？　私がウナギの産卵で一番不思議に思うのは、「雄と雌があの広い海でどうやって出会うのか？」ということです。整然とした群れを保って回遊しているマグロやアジ、イワシは、自分たちの群れの中に雄も雌もいます。雌雄の出会いは全く問題ありません。

しかし、ウナギは群れを作るのが得意な魚ではありません。ウナギの行動を見ていると、雄と雌がはぐれることなく、群れをつくって何千キロも回遊できるとは、ちょっと考えられません。

百歩譲って、産卵回遊に旅立つときだけ「手に手を取って」群れをつくり、「よーい、ドン！」の号令で出かけたとしましょう。それでも、何千キロもの長旅を雌雄がうまく同道するには、ウナギという魚には致命的な問題点があります。

それは雌雄の体のサイズが大きく違うからです。銀ウナギになって産卵回遊に出かけるときの全長はニホンウナギの雄でおよそ五〇センチ、雌で七〇センチ、ヨーロッパウナギの場合はもっと雌雄差があります。

この差は遊泳速度の差になって如実《にょじつ》に現れます。子どもと大人が一緒に歩くことを考えて下さい。手をつないで注意深く大人が子どものスピードに合わせてあげなくては一緒に歩むことはできません。

ウナギにこんなことができるでしょうか。一緒に群れて河口を出発したとしても、長い距離を回遊する内、必ず雌雄ははぐれてしまいます。

こうしたウナギの雌雄がそれぞればらばらになって産卵場に着いたとき、広い海の中で首尾良く出会うには、よほどしっかりした約束事がなければありえません。

ここでいう「産卵場」とは西マリアナ海嶺南端部の南北三〇〇キロメートル、東西五〇キロメートルくらいの細長い海底山脈の海域。この中で実際にウナギが卵を産む「産卵地点」とは、オリンピックの飛び込みプールくらいの広さに過ぎません。

第4章では、一年分の親ウナギを一〇万匹と仮定して、これらが産卵の瞬間にはわずか一辺が一〇メートルの立方体にすっぽりと入ってしまうほどにかたまらなくては受精が成功しないはずだと試算しました。

何千キロも回遊してきた後、一辺一〇メートルの立方体の産卵地点を目指して集まる……これはもう奇跡としかいいようがありません。しかし、この仕組みを知ること、それが私たちの目標なのです。

それに、「一体、何匹くらいのウナギが産卵に参加するのか」「雄と雌の比率はどうなのか」さらには、「なぜウナギはこんなに遠くで産卵しなくてはならないのか」という本質的な問題にもかかわってきます。

これらが分かれば、単にウナギの産卵生態が解明されるだけでなく、応用的な意義も出てきます。つまり、その年、その月の産卵量を推定することができるようになり、ウナギの資源管理に科学的な根拠が得られるようになります。

そこで私たちはまず「産卵シーンを見る」ことを目標にして研究を進めることにしました。これは「謎の産卵シーンをのぞいてみたい」という単純な好奇心であることには違いないのですが、そのほかにこの目標を達成できれば前述の様々な疑問に自動的に答えを出すことのできる象徴的な旗印でもあります。

この目標は卵や親を獲ることに比べて格段に困難です。卵は受精から孵化《ふか》の間に一日半の時間的猶予《ゆうよ》があり、この間に一〇キロメートル四方に分散するので、まだ余裕があります。しかし、産卵シーンは一辺一〇メートルの立方体が一瞬形成されるだけです。

余程厳密に場所を絞り込み、時刻を推定して、そこへカメラや潜水艇を送り込まねばそのシーンは見られません。その予測にはやはり様々な仮説とその検証作業が無くてはならないのです。しかし、難しいから面白いのです。

「しんかい6500」に乗って

海洋研究開発機構が運航する「しんかい6500」は、日本が誇る大深度潜水艇です（図・41）。6500というのは水深六五〇〇メートルまで潜って調査ができるということです。世界の大洋底の平均深度は大体四〇〇〇メートルですから、この潜水艇は世界の海の大概の所は海底まで行って調査できることになります。

ただ、6500といっても三倍くらい安全率を見込んであるので、実際の性能的にはマリアナ海溝の世界最深部のチャレンジャー海淵（一〇九二〇メートル）だって潜れるはずだそうです。

［図・41／「しんかい6500」］

しんかい６５００は一九八九年に建造されました。同時に専用の支援母船として総トン数四四三九トン、全長一〇五メートルの「よこすか」もセットで作られました。ですから、もう船齢二五年を越えたいささか古いシステムといえます。しかし、維持管理が良く、折に触れて改良が重ねられてきたので、いまでもバリバリの現役で活躍しています。

潜水艇でもっとも大事なところは人が乗り込む耐圧殻です。しんかい６５００の耐圧殻は、直径二メートルの球状をしています。これは厚さ七・四センチメートルのチタン合金でできています。チタンは軽くて強靭《きょうじん》、海水にも腐食されないからです。

驚いたのは、六五〇〇メートルの海底まで潜ると耐圧殻の径が二センチメートル縮むそうです。

潜航の度毎《ごと》に耐圧殻が伸びたり縮んだりしているのを想像すると、深海のすさまじい水圧を思い知ります。

耐圧殻には、操縦士、副操縦士そして研究者の計三人が乗り込みます（図・42）。操縦士と研究者は、床近くにある丸い観察窓から外を見るために、潜航中は腹ばいの姿勢をとります。母船との交信を担当する副操縦士は、低い箱状の椅子《いす》に腰掛けます。

こうして三人乗り込むとお互いの体と体が接触するくらいの狭さです。勿論《もちろん》腹ばいの人は脚などピンとは伸ばせません。少し体を横向きにして、軽く膝《ひざ》を曲げて窓をのぞき込むのです。

この潜水艇を使ってウナギの産卵シーンを見てみようと、利用のための申請をしました。これが運よく審査を通り、晴れてしんかい６５００でマリアナの海に潜ってウナギを探すことができるようになりました。

先に書いたように、私はドイツのマックスプランク研究所の小型潜水艇ヤーゴに乗って海山域でウナギを探した経験はありました。しかし、しんかい６５００のような大型潜水艇は初めてです。申請が通って、本当にしんかい６５００に乗れることになったとき、うれしさと期待で大いに緊張しました。

余談ですが、小学校を訪れて子ども達にしんかい６５００に乗った話をすると、決

［図・42／「しんかい6500」耐圧殻の内部］

まって出る質問が「トイレに行きたくなったら、どうするんですか〜？」。潜水中はどこにも逃げ場のない密室ですから当然の質問です。
　私は答えます。「前の日に水分を控えれば半日くらいの潜水中は全然平気です。それに規則正しくウンチをするリズムをつけておけば大丈夫。万が一我慢できなくなったら、船内に携帯トイレがあるので、非常のときは何とかなります」
　でもこんな余裕のある答えは、実際に四日間連続で潜った経験があるからこそいえることです。潜る前はやはり子ども達と全く同じようにトイレのことは心配でした。
　航海前に、しんかい6500のベテランパイロットだった方にいろいろアドバイスをいただいたり、便秘薬や食物繊維剤をいろいろ買い込んで試してみたりしていました。ある女性研究者は紙おむつをして乗り込んだというまことしやかな噂《うわさ》も耳に入ってきます。さすがに紙おむつはかっこわるいので何とか避けたいなあと思いつつ、その日がやって来ました。

支援母船よこすか

二〇一二年七月五日、しんかい6500を搭載したよこすかは、白い船体を一度大きく身震いさせて博多の岸壁を出ました。友人や九大の学生諸君の見送りを受けて船は一路南へ向かいます。

出航後、船内生活の注意と安全講習会。夕食前には「金比羅さん」。この行事は船のブリッジにある小さな神棚に祀《まつ》ってある金比羅様に船のほぼ全員が集まって航海の安全を祈願し、御神酒《おみき》をいただくものです。

今回のよこすか航海には船の乗組員三二名の他に、しんかい6500の運用チーム（6Kチーム）として一三名が乗っています。チームのヘッドは「司令」と呼ばれます。司令とはなんだか恐ろしげな名前ですが、今回の櫻井《さくらい》利明司令はとてもやさしい、信頼のできる方です。

司令は大変権威があります。船の責任者である船長と同じくらいの権威です。その

[図・43／潜行計画を練る研究者と「しんかい6500」運用チーム]

証拠に、船長の居室は船の中で一番眺めが良い場所にあるのですが、司令の居室はその対称の位置にあり、船長と同格といえます。司令は潜水艇の安全運航の全責任を担《にな》っているのですから、当然といえば当然です。

研究者は計九名です。首席研究員の私を含め東大から四名、海洋研究開発機構から一名、九大から一名、そして映像記録のためにＮＨＫから二名、それに、観測支援員の方が一名乗船しました。

研究者間で調査計画の大まかな打ち合わせ。その後６Ｋチームと計画のすりあわせをして、慎重に潜航計画を練ります（図・43）。しかし二〇一二年の七月は塩分フロントが不明瞭《ふめいりょう》で、調査海域の決定には大いに苦労しました。結局、ひと月前に行われた白鳳丸航海で卵の採れたスルガ海山の南で調査をすることにしました。
この航海では、しんかい６５００の潜航を四日間に亘《わた》って計四回行います。一回の潜航は、朝九時に海面から潜航開始して、夕方四時に浮上するまでの七時間です。四回の貴重な潜航を誰が潜るか、研究者の中で相談しました。その結果、皆が最年長の私にチャンスを譲ってくれ、結局四回とも私が潜らせていただくことになりました。私が潜っている間、他の研究者はよこすか船上にて潜航中のしんかい６５００から送られてくる映像を観察し、メモをとります。

潜航開始！

七月一四日（土）朝六時起床。朝食とトイレをすませ、Ｆ１レーサーが着るような青いつなぎのかっこいい潜航服に着替えてしんかい事務所にて待機（図・44）。海底の低温を見越して設計された潜航服は船上では暑い。八時二〇分しんかい６５００に乗り込む。船尾のクレーンで潜水艇を海面に降ろす。九時潜航開始。
いよいよ潜航が始まりました。初日は我々が「ギャップ」と名付けた海底山脈の切

［図・44／「しんかい6500」の潜航服を着て準備万端］

れ目を海底まで潜ります。水深三六二〇メートルです。

　こんな深いところに親ウナギはいるはずはないのになぜ海底まで行ったかというと、それは泥をとるためです。

　もしニホンウナギという種が三千万年前に起源してからずっとこの海域を産卵場に使っているとしたら、おびただしい数の親ウナギの死骸《しがい》が海底に降り積もっているはずです。勿論、肉や骨はあっという間に食べられたり、腐ったりして消失してしまうかもしれませんが、固い耳石だけは海底に残って、たくさん堆積《たいせき》しているのではないかと考えたわけです。

　それがウナギの耳石だということは、耳石の中の微量な化学成分をX線マイクロプローブ分析装置（ＥＰＭＡ（electron probe x-ray

[図・45／水深3620メートルの海底]

microanalyzer)）で調べればわかります。淡水域に遡上《そじょう》したウナギの耳石にはストロンチウムがほとんどない層ができているので、一生海で暮らす他の海水魚の耳石とはしっかり識別ができるのです。

もし海底の堆積物からたくさんのウナギの耳石が見つかったら、それははるか彼方《かなた》の陸地の川からはるばる旅をしてきた親ウナギがそこで産卵したことを示しています。つまりちょっと間接的ではありますが、そこが産卵場である証拠がまたひとつ増えることになるわけです。

一時間余りで海底に着きました（図・45）。母船と交信して位置を確認。ライトに照らされた海底には何もありません。ただただ薄いベージュ色の砂が延々と続いてその先は真っ暗な闇《やみ》となっています。ひと言でいうなら、殺風景。海底の流れによって砂が規則正しい波状になった部分もところどころあります。小石がタイルのように砂上に点在するところもあります。

まずは何はともあれ、砂をとります。操縦士の飯嶋一樹《かずき》さんがマニピュレータを巧みに操作してスコップを使います。海底の砂をすくって、潜水艇の前にとりつけられた大きなバスケットにどんどん入れていきます。

私が予想していた分量より遥《はる》かに多い量をとり続けています。「こんなにとって大丈夫なのか」「潜水艇が重くなりすぎて浮かび上がれなくなることとなんてないんだろうなぁ」私が舌切り雀《すずめ》の欲張りばあさんの逸話やディズニーの魔法使いの弟子の箒《ほうき》たちのことを思い起こしている間も、飯嶋さんは黙々と砂をとり続けています。

結局一〇〇キログラムもとったでしょうか。バスケットはもう一杯です。その後は少し場所を移動して、今度はコアサンプラーと呼ばれる採泥器《さいでいき》を海底に突き刺して、また砂をとります。層状構造を保ったままの堆積物を採集するためです。

その後、海底の探検に出かけます。赤紫のユメナマコが泳ぎ出てきました。ナマコのくせに泳いでいます。ヤギの仲間がだだっぴろい砂漠のような海底に二、三本ひっそりとはえています。

その時です。遠くにウナギのような細長い魚が見えてきました。「おー、魚だ、魚だ」やはり脊椎《せきつい》動物が出てくると興奮度が違います。しかし、白っぽい魚で、まずウナギでないことはたしかです。

近くによってみるとソコギスのようです。画像を母船に送り、よこすかにいる仲間と交信して確認をとります。やはりノタカンタスと呼ばれるソコギスの仲間でした。ソコギスはウナギ目の魚たちの遠縁に当たります。

スラープガンと呼ばれる掃除機のような吸引装置を使って捕獲してみようと、さらに近寄ると、急にすばやい動きを見せて暗闇に消え去りました。

岩場にさしかかりました。海底から一〇〇〇メートルくらいの高さの山に登ります。飯嶋さんはしんかい6500の浮力を調節したあと、上下左右前後と巧みに推進器のプロペラを微調節して山を登っていきます。

山頂に着きました。歩いて山登りするのと違って、潜水艇に乗って行った登山ですから、全く疲れていないし、登頂自体の達成感はありません。

事前に櫻井司令ら6Kチームと打ち合わせた潜航計画に従って、私たちは昼間ウナギが潜んでいると考えられる五〇〇～八〇〇メートルの中深層まで浮上して、親ウナギを探索することにしました。

親ウナギ、どこだ？

途中、よこすかの司厨《しちゅう》の人にもたせてもらったお昼ご飯のサンドウィッチを食べます。ポットに入った温かいコーヒーもあります。深海で飲むコーヒーは薫り高く、格別のおいしさでしたが、飲み過ぎて困った事態になるといけないので、泣く泣く一杯に留《とど》めます。

午後からは中深層を上下にジグザグに進み、親ウナギを探します。潜水艇の前には、ホルモン注射により人工的に成熟させた雌のニホンウナギからとった卵巣をネットに入れてくくりつけてあります。

これをマニピュレータでぐにぐにもんで雌ウナギのフェロモンをあたりの海水にまき散らしながら進みます。雄のニホンウナギが反応して寄ってくることを期待したものです。

オビクラゲという見たこともないような深海のクラゲが通り過ぎていきます。深海魚のムネエソが潜水艇の前に取り付けた刺し網に掛かってもがいています。他に、游《ゆう》泳《えい》性のゴカイや赤くて大きな等脚類も見えます。五〇センチメートルもあろうかという大きなイカが墨を吐いて逃げていきます。

一ノットから二ノットの比較的低速でしんかい6500は前進しているのですが、ライトに照らされた無数のマリンスノーが前方から押し寄せては後方に流れ去っていくので、ものすごい勢いで海中を疾走しているような感覚になります。流星群の中を行く宇宙船ではこんな光景が見えるのだろうかと想像しながら潜水艇の観察窓から目を凝らします。

前方にヘンなものが見えてきました。銀色に光る細いフェンシングの剣のようなものが鉛直にまっすぐ立っているではありませんか。速度を落としゆっくりと近づいてみると、アボセティーナというシギウナギの仲間です。

シギウナギは世界中の外洋の中深層に住んでいて、系統的にウナギに一番近い深海魚の一つです。鳥のシギのようにくちばしが長く突出しているためにこのような名前がついたものと思われます。雌の場合は、その長いくちばしが上下にめくれているのも特徴です。こんな口をしていて、一体何を食べているのか、不思議です。

ウナギの仲間がそこにいたという興奮と同時に、その水中での姿勢が奇妙でおどろきました。あとで仲間とあれこれ考察し、おそらく上から沈んでくる有機物や運動能力の低い餌《えさ》をとるために、水中でまっすぐ立ち泳ぎしているのだろうという結論になりました。しかし、これは胃の内容物を調べたり、同位体比分析をしてちゃんと調べてみなくてはなりません。

ピンと姿勢良く立ち泳ぎしていたシギウナギは潜水艇にぶつかると急にぐにゃりと体をくねらせて闇の中に溶けてしまいました。後日、このシギウナギの不思議な姿勢はビデオとともに学術論文として学界に報告しました。しんかい6500のダイブから得られた目に見える形の研究成果です。

初日の潜航はこんな風に終わりました。後の三日間は海底までは潜らず、二〇〇〜一〇〇〇メートルの間の中深層をジグザグに浅深移動しながら進み、ひたすら親ウナギを探索しました。しかし、結局それらしいものは発見できませんでした。

しんかい6500の潜航では親ウナギは見えませんでしたが、ウナギの産卵場の海底の様子や実際に産卵を待つ親ウナギのいる中深層の環境や生物相などについて多くの有形無形の情報が得られました。今後産卵シーン探索の作戦を立てようとする時、大いに役立つものと考えています。

後日談ですが、しんかい6500で持ち帰った一〇〇キログラムもの海底の泥は小分けして篩《ふるい》で濾《こ》して丁寧に耳石を探しました。その結果、肝心の耳石らしきものは見つかりませんでした。驚いたのは、最初泥と思っていたのは顕微鏡で見るとほとんどが有孔虫の殻で構成された軟泥でした。

海底の泥の中から見つかった唯一《ゆいいつ》のめぼしいものといえば、大きなサメの歯でした。産卵後の親ウナギを食べようとやって来たサメがなぜかこんなところで死んだのか、たまたま古い歯がひとつだけ抜け落ちたものか、深海底で見つかったひとつのサメの歯からいろいろな想像が膨らみます。

マリアナのウッシー

今回しんかい6500の潜航で親ウナギが見つからなかった最大の理由は、昼間の時間帯に潜航したためではないかと思います。産卵シーンは夜しか見られないので、申請が受理された後も、かなり夜のダイブを交渉したのですが、結局聞き入れられませんでした。

夜は潜水艇の投入・回収の際に繋留索《けいりゅうさく》の脱着を行うダイバーの安全性確保に問題があります。またなんらかの原因でしんかい6500が緊急浮上した場合、夜間は回収作業がスムーズに行かないので、昼間の潜航が規則として決まっているものと思われます。

しかし、研究の面からだけいえば、夜と昼ではウナギの発見率に大きな差が出ると思われます。これはポップアップタグの放流実験の結果から分かったことですが、親ウナギは、夜は水深二〇〇メートル前後の層に浮上・滞在していますが、昼間は深い四〇〇〜一〇〇〇メートルの幅広い層に潜降しているらしいのです。

つまり、夜は昼より狭い水深帯に集まっているので、二〇〇メートル前後の層を夜間集中的に調査すれば高い発見率が期待できるということです。今回しんかい6500で行ったジグザグの探索は、夜ならば不要ということになります。

この他ウナギが見つからなかった理由としては、潜水艇の強いライトと騒音がありますす。中でもライトは大きな問題。光を強く嫌うウナギは遠くから潜水艇のライトに反応して遠くへ逃げてしまったのかもしれません。光と音でウナギを露払いしながら、一生懸命ウナギの逃げてしまった後の暗闇を睨《にら》んでいたとしたらショックです。

しかし、ライトがないと人はウナギを発見できません。ウナギの感知しにくい赤外線に近い赤ランプを使うのは効果があるかもしれません。一旦ライトを消して暫《しばら》く待ち、パッとつけて観察し、また消して待つという方法は、ウナギのいそうな場所をさらに絞り込めたときに有効でしょう。いずれにせよ、まだまだ工夫の余地があります。

よこすか航海では、しんかい6500の夜の行動制限を補うために、夜間はディープ・トウと呼ばれる深海ビデオカメラシステムを船から吊《つる》してウナギの産卵行動の発見に努めました。水深二〇〇メートル前後を集中的に観察します。

夕方しんかい６５００がよこすかに戻って来て、夕食が終わると、午後六時から翌朝の六時までディープ・トウの観測が行われます。私は昼間しんかい６５００で潜航したので、夜間の観測は免除されました。残った研究者と６Ｋチームの方々が交代で観察に当たります。ディープ・トウの映像がリアルタイムで映し出されるモニター画面を朝まで注視するのでした。

ディープ・トウには様々な魚が映りました。サバ科魚類、ソルジャーフィッシュ、とうとう名前が分からなかったオレンジ色の不明魚、それに大きなオナガザメ。しんかい６５００で見た大きなツツイカも現れました。

最後の四日目の潜航が終わった夜、私も夕食後ディープ・トウの観測に参加しました。昼間の疲れが出てついウトウトすることもありましたが、二〇時一三分のことです。その時ディープ・トウは水深一七九メートルの層にありました。

画面を見ていると、右上から左下に長い黒い影がさっと通り過ぎました。みんな一斉に「おおっ！」と声があがります。たまたまその時ＮＨＫのカメラマンが私を撮していました。「おおっ」と叫んでぽかんと口を開け、画面を指し続ける私の映像が残

[図・46／カメラを横切った「マリアナのウッシー」]

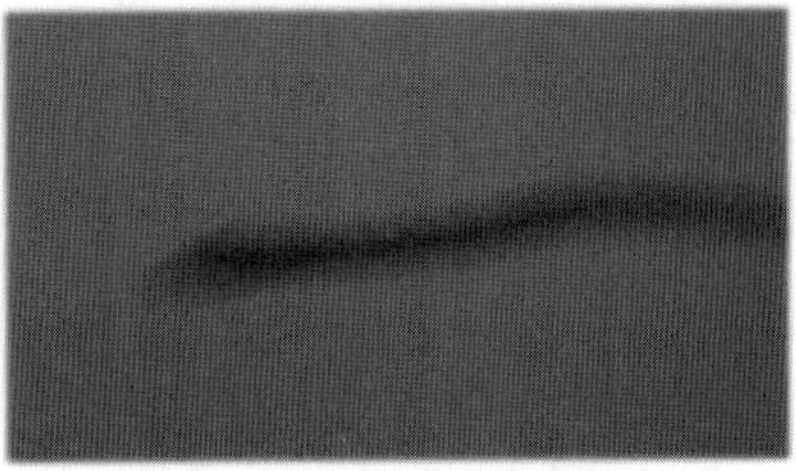

っています。

後でビデオチェックしてみると、その当該部分〇・二三秒、わずか一二フレームの映像がありました。そこには頭の丸い、細長い魚の黒い影が映っていました(図・46)。

ハイビジョンカメラに映った映像なのにどうしてこんなにピンぼけなのかというと、カメラの近くを超高速で横切ったためのようです。しかし、こんなピンぼけでも船内は沸き立ちました。「ウナギかもしれない」

やがて、この魚は、「ウナギとは断定できないが、ウナギの可能性を否定するものは何もない」ということで、「マリアナのウッシー」と呼ばれるようになりました。ネーミングの由来は、ネス湖のネッシーであることは、一目瞭然です。

この時期、この海域、この水深に現れる頭の丸い細長い魚という条件で可能性を絞り込んでいくと、ウッシーの正体はクビナガアナゴかウナギです。もしも尾部まできちんと映っていれば、どちらかはっきりしたことでしょう。クビナガアナゴなら尻尾《しっぽ》はとがってます。ウナギなら丸いはず。

もし仮にこれがウナギだったとすれば、ディープ・トウにも雌の卵巣をくりつけてあったので、それに寄ってきたものは雄のニホンウナギである可能性が高くなります。

なんとも判然としないウッシーではありますが、それでも私たちは、よこすか航海で得られた研究成果をとりまとめ、学術論文の形で世に残しておいた方がよいだろうと判断しました。厳密な事実のみに基づき、あらゆる可能性を科学的に記述するよう、今回は特に注意深く論文作成を進めました。

そして、その論文を日本水産学会の英文誌 Fisheries Science に投稿したのです。論文掲載にあたっては、「ウナギの証拠写真としては弱い」「一編の論文としては内容が希薄だ」「論文として公表するには時期尚早」などの批判がありました。賛否両論ありましたが、結局このウッシー論文は学会の編集委員会で論文賞に選ばれ、翌年の春季大会で表彰されることになったのです。

よこすか航海に同乗したＮＨＫの渡辺一教《かずのり》さんは、このウッシーの映像を中心にすばらしい番組をつくりました。二〇一二年一一月一一日放映の「ダーウィンが来た！」です。その中で、渡辺さんはウッシーの映像をスローモーションのコマ落としまで使って、全国お茶の間の少年少女にこってりと見せたのです。

「うなぎＵＦＯ」出現！

ウッシー航海の翌二〇一三年は、よこすかとしんかい６５００が世界一周航海に出るので、マリアナのウナギ産卵場調査には使えないことがわかりました。そこで、私たちは「なつしま」を申請することにしました。

一九八一年にできたなつしまは船齢三四年で、海洋研究開発機構が保有する船舶中、最古参の船です。総トン数は一七三九トン、全長は六七メートルですから、四四三九トンのよこすかに比べるとかなり小さな調査船です。

当初なつしまは、有人潜水調査船「しんかい２０００」の支援母船として作られました。しかし、しんかい６５００のプロトタイプとしての務めが終わって、しんかい２０００が退役すると、なつしまも潜水艇の母船としての役割を終えました。

その後は三〇〇〇メートル級無人探査機「ハイパードルフィン」やディープ・トウ

を搭載して、幅広い海洋調査に活躍するようになりました。比較的最近のニュースとして、太平洋に落ちたH－Ⅱロケット8号機の探索に成功したことや沈没したロシアの老朽重油タンカー「ナホトカ号」を発見したことは記憶に新しいと思います。

なつしまの申請書は二〇一二年のよこすか航海の間に書き上げました。船の中でした仕事は、揺れている環境のせいか、いくら集中して書いたつもりであっても、陸に帰って見なおしてみるとどこか気に入らず、手直しが必要なことが多いものです。

しかし、この時は〆切が航海中だったものですから、そうもいってられません。何度も読み直し、仲間にも確認してもらって船からメールで陸に送りました。この申請が通らないと次のウナギ航海ができません。なんとか受かってくれと祈るような気持ちでパソコンの送信ボタンを押します。

二〇一三年のなつしま航海では、これまで数々の海底調査で多くの実績をあげているROV・ハイパードルフィンを使って夜間ウナギの産卵集団を探索することを提案しました。しんかい6500は昼間しか潜れなかったので、夜間も行動できるハイパードルフィンには大いに期待できます。

その他、新規開発するウナギ産卵行動記録装置を導入することも計画しました。それは最初仲間内では「うなぎUFO」と呼ばれていたものです。

［図・47／囮ウナギを使って天然ウナギの産卵行動の撮影を試みる「ウナギ UFO」のイメージ］

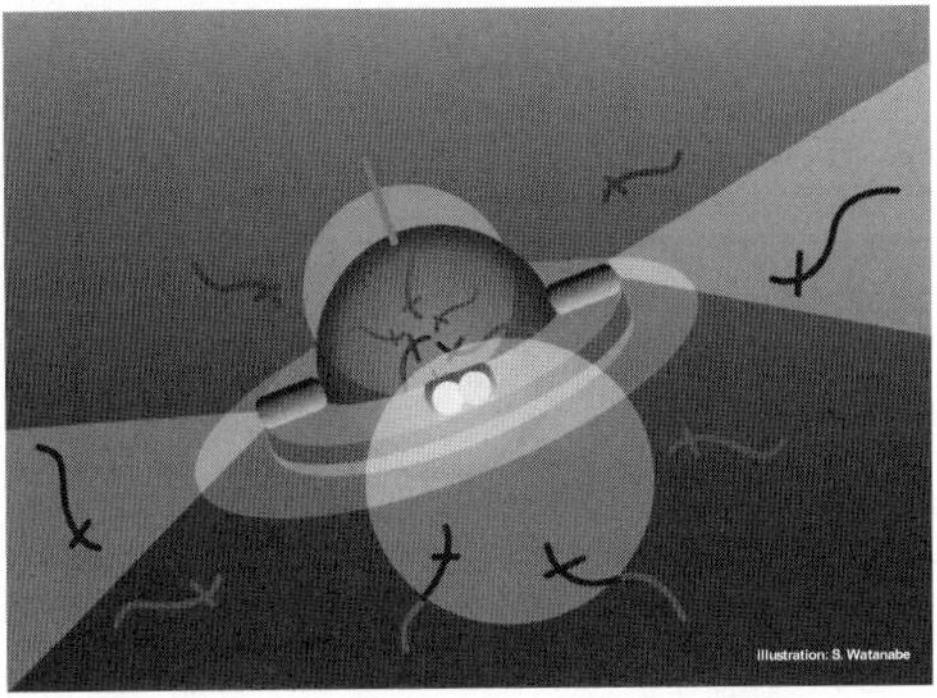

ウナギが産卵する層をふわふわ漂い、三〇分間に三分ずつライトをつけて間欠的にビデオ撮影しようというものです。これだと真っ暗な状態が長く続き、装置全体は海水とほぼ一緒に動くので、光や水流でウナギの行動を邪魔することは無いと思われます。

さらにうなぎＵＦＯにはもうひと工夫があります。それは囮《おとり》のウナギをＵＦＯに乗せて海中を漂わせようというものです。囮には、サケ脳下垂体の懸濁液を毎週一回、計一〇回ほど注射し続けて人工的に成熟させた雌雄のウナギ三対を使います。

いままさに産卵しようという囮ウナギたちを乗せたうなぎＵＦＯが音もなく海中を漂う。囮から出るフェロモンに惹《ひ》かれて天然の親ウナギたちが集まってくる。囮が産卵を始める。天然のウナギたちもそれにつられて産卵しはじめる。夢中で産卵する親ウナギたちをUFOに搭載した多くのカメラが様々な角度から静かに撮影する（図・47）。

こんなシナリオを夢想して二〇一三年の五月二六日、なつしまは横浜港新港埠頭《ふとう》を出ました。申請が通ったのです。「今年も海に出て、調査ができる」。そんな喜びで一杯の船出でした。

白いライオン

このなつしま航海と同時期に、水産庁の漁業調査船開洋丸が調査に出ていました。水産総合研究センターの黒木洋明さんが首席調査員で、親ウナギの採集が狙いです。それぞれの船でとった水温や塩分の測定データを洋上で交換し、助け合って効率よい調査を実施しようということになりました。

XCTDの観測の結果、塩分フロントの位置は北緯一三度であろうと判断されました。海嶺との交点は、二〇〇八年に開洋丸が世界初の親ウナギを捕獲したことを記念して名付けられた「カイヨウポイント」（北緯一三度、東経一四二度）です。この交点の第三象限を調査対象海域としました。

六月二日一八：〇〇、新月の六日前です。いよいよハイパードルフィンの出番となりました。ハイパードルフィンの操縦室は上部甲板に設けられた大型コンテナにまとめられています。

中に入ると飛行機の操縦席のような立派な椅子がズラリと並んでいます。前方に大きなモニターが三台もあります。席も階段教室のようになっていて、小さな劇場のような感じです。最初に見たときにはそのハイテクぶりに圧倒されました。

しんかい６５００に対する６Ｋチーム同様、ハイパードルフィンを運航する専用のチームが今回のなつしま航海にも乗っています。運航長はじめ、計七名の方々がその専門的技術を駆使してハイパードルフィンを操作し、ウナギの発見を助けてくれます。

新月の六日前から新月当日までの七晩、午後六時からミッドナイトまで、びっしりハイパードルフィンによるウナギの探索が行われましたが、結局ウナギの発見は叶いませんでした。

ミツマタヤリウオやクラゲ、エビなど、游泳力の低いものはたくさん観察されましたが、ウナギのように運動能力が高く、前後左右自在に方向転換ができるものは、遠い距離からハイパードルフィンの大きな騒音と強い光を避けて、逃げ去るのではない

［図・48／うなぎUFO改め「UNA-CAM」の投入］

かと考えられました。もちろんライトを消して暫く待つ作戦も試してみましたが、ダメでした。

一方、うなぎＵＦＯの方ですが、開発を行った海洋研究開発機構の福場辰洋さんの提案で、正式名称は「ＵＮＡ－ＣＡＭ」（ウナカム）となりました（図・48）。論文にするとき、やはりうなぎＵＦＯでは少し具合が悪いのではないかという懸念もありました。

そのウナカムのテスト投入も終わり、六月二日から本番開始。その時、開洋丸から電話有り。漂流している三基のウナカムをぐるっと巻くような形でトロール網を曳いて良いかとの打診。ウナカムの囮ウナギに集まってきた親ウナギを捕獲しようという狙い。なつしまでモニターしているウナカムの漂流軌跡を開洋丸にファックス。先方からはトロール曳網《えいもう》予定測線が送られてくる。

開洋丸がなつしまに接近してきました。ウナカムの投入・揚収作業をみるためです。ブリッジで見ていたなつしまの青木高文船長は「いい船ですね〜」。私は答えて、「なにしろ日本のフラッグシップですからねー」。開洋丸の白い船体はマリアナの青い海に映えてそれは美しく見えました。

親ウナギが獲れた二〇〇九年と二〇一〇年、私も開洋丸に乗りました。そのときは自分の船は見えませんから、特に何も感じませんでしたが、こうして洋上で他船から見る開洋丸は格別です。開洋丸のパワフルなトロール機能に敬意を表して、「白いライオン」と呼ぶことにしました。

白いライオンは何回かウナカムの回りでトロールしましたが、親ウナギが獲れなかったため、どこへともなく姿を消しました。

あとで分かったことですが、この時の様子はウナカムのビデオ記録に残っていました。といっても、真っ暗な中に開洋丸の機関の「ポンポンポンポン……」という規則正しい鼓動のような水中音だけでしたが……。

私たちはその後も予定通り、カイヨウポイントからウナギ谷にかけて、ウナカムの観測を六月八日まで繰り返しました。しかし、残念なことにウナギの映像は撮れませんでした。ただ、ウナギに近縁なクビナガアナゴの寄ってくる姿が撮れました。細長い体をくねらせて囮のウナギに興味を示していました。

一方ふらりと消えた白いライオンは、新月後にカイヨウポイントにまた戻ってきて、親ウナギの捕獲に成功したそうです（水産庁・水産総合研究センター未発表）。私たちが最初ウナカムを流した地点の近くです。私たちの産卵地点の予測はあながち間違ってはいなかったと思われます。しかし、今後もっと予測範囲を狭め、精度を上げなくてはなりません。

こうして二〇一三年の調査は終わりました。翌日、観測機器の後片付けをして寄港地のサイパンへ向かう途中、郷里の父の訃報《ふほう》を受け取りました。半年ほど前から入退院を繰り返していたのですが、容態が急変して六月九日朝、亡《な》くなったとのことです。

造船設計技師だったこともあり、船を使ったウナギの産卵場調査には、ことのほか興味をもっていてくれました。しかし、とうとう、産卵シーン発見の朗報を聞いてもらうことはできなくなってしまいました。サイパン入港後、直ちに予定を変更し、急ぎ帰国しました。

世界一腕の良い漁師

二〇一四年もなつしま航海に出ることができました。今度はハイパードルフィンは積んでいません。代わりに多くの学生さんと一緒に来ました。これまでは研究者は八～九名と少人数でしたが、今回一挙倍増一六名となり、その内八名が学生という賑《にぎ》やかな航海です。

学生さんが練習船ではなく、研究船に乗って実際の研究の最前線を見るというのは、それだけで大きな教育的効果があります。しかし、今回たくさんの学生さんをなつしま航海に誘ったのは、ネット作業があったからです。

ウナカムの投入点が産卵予測地点として正しかったか否《いな》か、それを確かめるには、産卵の結果としてある卵やプレレプトセファルスの分布を見る必要があります。

そのために、新月前のウナカム観測のあと、ネット作業が要るのです。ネット作業にはプランクトンサンプルの選別作業が必要で、それには多くの人手が要るのです。

つまり、これまではしんかい６５００やハイパードルフィンといった高度な巨大ハイテク観測機器を導入してウナギを探していましたが、いろいろ反省してみた結果、ローテクなマンパワーの人海戦術に戻った感じです。しかし、これは退歩ではなく、やはり全体の理解が進んだ結果の一歩前進です。

この航海では、ウナギの産卵が起こる水塊のアミノ酸組成を調べるためにＣＴＤにつけたニスキン採水器を使って水深別に海水を採りました。「江戸っ子1号」という洒落《しゃれ》たネーミングの深海ビデオカメラシステムも投入されました。

魚群探知機によるウナギ産卵集団の探索もやってみました。三河湾で採れた下りウナギをなつしまでマリアナまで運び、これにポップアップタグをつけて放流しました。産卵場で親ウナギがどんな行動をするか調べるためです。さまざまな新機軸の研究手法が試された意欲的な航海といえます。

そこで、まずは塩分フロントの位置を確かめ、ウナカムの投入地点を決めます。今年もどうやら北緯一三度付近にフロントはありそうです。今年もまたカイヨウポイントの近くに西マリアナ海嶺の東端断層に沿わせてウナカム投入点を決めました。

しかし残念なことに、計一八回のウナカム投入にもかかわらず、ウナギの産卵シーンを見ることはできませんでした。昨年同様、クビナガアナゴやヘラアナゴあるいはノコバウナギなど、ウナギに近縁なウナギ目魚類はやって来ました。

調査目的とは関係ないのですが、ウナカムにはエビやクラゲなどのほか、レプトセファルスも映っていました。それに大型のサメもやって来て、ウナカムに体当たりして大きく揺らせていきました。囮のウナギを狙ってやって来たものでしょう。

こうした、釣りでいう外道はたくさん観察できたのですが、結局ウナカムにも、江戸っ子1号や魚群探知機にも、ウナギらしい影は全く映りません。

私たちの推定した塩分フロントの位置は間違っていたのか？　予測した産卵地点は全く的外れな場所だったのか？　いろんな不安が出てきます。

私たちは同じ地点で目合いの細かいプランクトンネットを曳《ひ》いてウナギの卵を採集してみました。すると、ウナギのものらしき発生初期の卵が三個、ウナカムの投入点で採れました。

もしこれがウナギなら、私たちが予測した産卵地点は決して悪くなかったことになります。実際、これらの卵は後日研究室で確かにニホンウナギであることが、遺伝子解析して確認されました。私たちは自分たちの産卵地点の予測技術に少し自信をもちました。

自信といえば、もうこれでウナギ卵が採集できたのは五回目になります。採集を五回試みて、五回とも成功しているのです。

しかも、今回のネットはこれまで使ってきた口径三メートルもあるビッグフィッシュではありません。口径がその約半分の一・六メートルのＯＲＩネットです。

従って網口の面積はビッグフィッシュの四分の一程度の小さなものです。これでもウナギ卵を採れるのですから、私たちのやり方で試みさえすれば、いつでもウナギの卵は採れるのだと大きな自信につながりました。

つまり私たちは、ことウナギの卵を採ることに関してのみいえば、世界一腕の良い漁師になれたといってよいでしょう。しかしこれは、卵のある場所、時間、採り方が経験則によって分かっているだけで、まだ「なぜウナギが、そこで、そのタイミングで産卵するのか」、その理由や仕組みが分かっているわけではないのです。その意味で私たちはまだ優れた科学者になれたわけではないのです。

あの広大な暗闇の中で「どうやって雄と雌は出会うことができるのか？」「親ウナギたちが集う産卵地点にはどんな特異な条件があるのか？」色々な疑問が湧《わ》いてきます。

それに二〇一四年のなつしま航海では、なんとも説明不能の出来事もありました。私たちが塩分フロントと認識した北緯一三度より、一度以上も南の海嶺南端部で、まだ目が黒化してない孵化直後のプレレプトセファルスが一網で二二四匹も採れたのです。

プレレプトセファルスがこんな南で、こんなに大量に、しかも小さい網で採れたのは謎です。しかしこれは紛れもなく、塩分フロントのはるか南で大きな産卵があったことを示しています。

「塩分フロントを南へ越えた時、親ウナギは回遊を停止し、そのフロントのすぐ南で産卵する」という塩分フロント仮説もいまや見直してみなくてはなりません。

卵が採れるようになって産卵場問題が解決したと思ったら、すぐに新たな謎が次々と出てきました。研究にはまったくきりがありません。

第9章

ウナギと日本人

——保全のために今私たちができること

研究者という生き物

前の章では、今現在進行中のウナギ研究のフロンティアを紹介しました。それは研究者という職業の人たちがやっていることです。

この本の最後の章では、そうした研究に携わっている人々がウナギについてどんな風に考え、どう振る舞おうとしているのか、研究の結果分かった科学の成果がどんな風にウナギの保全と利用に役立つのか、さらにはどうしたらウナギという生き物とそれにまつわる文化を子々孫々伝え残すことができるのかを考えてみたいと思います。

ところで皆さんは、研究者と学者を同じものだと考えてはいませんか。共に「者」という字がついてるので、知を売る職業人であることには変わりありません。常識的にいえば、両者重なる部分は多いですが、私は全く別の習性をもった人種だと思っています。

研究者は単純にいうと、真理の探究を生業《なりわい》とする人々です。一方学者は、勿論《もちろん》学問の研究も行うのですが、むしろ学問や知識の体系に深い理解があり、豊富な知識をもって社会に貢献する人々の感が強いのではないでしょうか。

「学者肌」とか「学者ぶる」といった言葉があるように、世間の人々は学者に対して大いなる期待とゆるぎないイメージをもっています。つまり学者には豊富な知識は当然として、その他に見識や哲学が伴っていなくてはいけません。しかるに、研究者に対する社会のイメージは、単に「研究する人」、悪くすると奇人、変人くらいにしか見ていないのではないでしょうか。

研究者は、少しばかりの研究費を与えられて、ひとりほうっておいてもらえば、いつまでも機嫌良く、もくもくと研究しつづけています。自由気まま、純粋一途《いちず》に自分の知的好奇心を満足させようとするのが研究者なのです。

ほとんど全《すべ》ての研究者は、それぞれに良識ある善良な一市民です。しかしひとたび研究に没頭すると、真理の探究こそ命であって、自分の研究成果が社会へどう貢献するかは二の次です。

「マッドサイエンティスト」という言葉があります。研究者の一途さ、盲目ぶり、非社会性などを揶揄《やゆ》した言葉です。しかし、優れた研究者にはある程度の「狂気」はつきものです。ある意味、研究者の「狂気」が科学を進めてきたといえるかもしれません。

[図・49／研究者に「狂気」はつきもの?!]
(イラスト：小松次郎)

捕鯨の問題を議論する国際捕鯨委員会の中に科学部会があります。本会議では国と国の利害関係の駆け引きにより外交的に物事が決まっていきます。一方科学部会では、各国の鯨類研究者が集まって議論し、本会議の諮問《しもん》に対する科学的報告書を提出します。

しかし、昼のハードな議論と作業が終わり、夜になって研究者が打ち揃《そろ》ってパブに繰り出したりすると、「オレは太平洋の底の栓を抜いて、クジラを一頭ずつ正確に数えてみたい」などというジョークが出るそうです。

推して知るべし、研究者という生き物は、国益や政治なんかは実はどうでもよく、真理を探し求めること、この一点こそが最大の関心事なのです。

科学は必要かという議論があります。いろいろ考察した結末は、「必要である」とわかりきった答えに落ち着くことが多いのですが、古今東西繰り返し検証されてきた問いです。

フランスの哲学者・デカルトの有名な言葉に、「我思う故《ゆえ》に我在り」（Cogito, ergo sum）があります。これを、ヒトという生物種全体に広げてみると、「科学が有るから、人類が在る」といいかえることができるかもしれません。

人類が科学という方法論を手に入れたからこそ、今の繁栄があります。今のヒトのような大型動物がこれほどまで地球上で個体数を増やし、ありとあらゆる場所に溢《あふ》れかえったのは科学のおかげといえます。

しかし、科学を手に入れたことで、戦争や環境破壊など負の展開もありました。一方、医療、食料生産、通信・輸送など人類の発展の基礎に関わる有用な技術も産み出すことができました。

研究者という人々の習性について誤解を恐れずいうならば、本人達は科学をもって人類の幸福に貢献しようなんて崇高な志は持ち合わせていないことのほうが多いように思います。むしろ気楽に、自分の興味の赴くまま、ひたすら研究をしているだけなのです。

その研究者の能力を最大限引き出して、社会に役立てようとする場合、どうするのが最善なのか？

最近の傾向として、個々の研究の社会的貢献が厳しく問われるようになりました。研究以外は何事に付けても能天気、大雑把《おおざっぱ》で、だらしない研究者を厳しく管理してせっせと働かせ、社会に役立つ科学をやらせようという風潮です。

研究者はつぶやきます。

「期待なんかしてもらっては困るのだが……」

厳しく管理すると研究は萎縮《いしゅく》してしまいます。夢のある大きな研究がなくなり、目先の小さな利益を求める矮小《わいしょう》な研究ばかりになってしまいます。

研究には、「脳」、「汗」、「金」の三つが必要です。「アイデア」、「努力」、「研究費」と言い換えてもよいでしょう。どれが欠けても研究は成り立たないのですが、中でも大切なのは、脳で生み出されるアイデア。

アイデアは自由な環境で自発的に思いつかれるものです。厳しい管理や統制のもとでは、脳は萎縮し、自由な発想がなくなってしまいます。

長い眼で見て人類を楽しくし、幸せに導くような研究をさせたいと思ったら、あれこれ言わないで、ただただ放っておくことです。辛抱強く待つことです。

芸術のパトロンやお相撲さんのタニマチのように、無償の愛を惜しみなく注ぐことです。そうすれば百にひとつ、千にひとつに、真に人類を幸福に導く大きな研究成果が得られるかもしれません。

絶滅危惧《きぐ》種

私たち日本人は二〇〇〇年には一年で一六万トンものウナギを消費しました。今、この量は減ったとはいえ、年間五万トンくらいウナギを消費しています。これは日本人が無類のウナギ好きであり、かば焼きの食文化をこよなく愛していることの証《あかし》にほかなりません。

しかし一方で、世界のウナギ資源はこの四〇年間に激減してしまいました（図・50）。ヨーロッパウナギはもっとも信頼できる資源量データが揃っている種ですが、資源量の多かった一九七〇年代に比べると、二〇〇〇年代にはそのわずか一％にまで減ってしまいました。

これを受けて二〇〇八年、国際自然保護連合はヨーロッパウナギをレッドリストの絶滅危惧種の最高ランクⅠa類（ＣＲ）に指定しました。ニホンウナギとアメリカウナギは二〇一四年、その次のランクの絶滅危惧Ⅰb類（ＥＮ）に、そしてボルネオウ

[図・50／世界のウナギ資源]

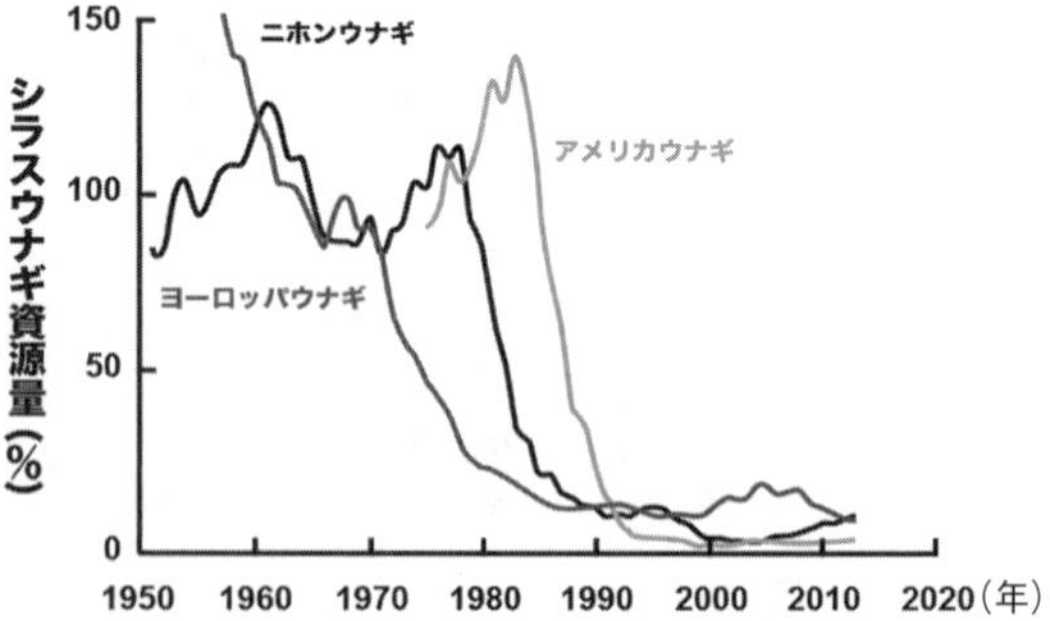

Dekker & Casselman（2014）より。1977年以前のニホンウナギにはクロコも含まれている

ナギはさらにその下の絶滅危惧Ⅱ類（VU）に指定されました。

　またヨーロッパウナギは、二〇〇七年に絶滅に瀕《ひん》した生物の商取引を制限するワシントン条約（CITES）により輸出規制が決まり、二〇〇九年には実際に輸出制限が始まっています。ウナギを取り巻く社会環境はきわめて厳しい状況にあります。

　こうした状況の中で、私たち研究者は一体どうしたらよいのか。研究者はその職分を全うすべく、より一層黙々とウナギ研究に邁進《まいしん》すべきなのか？　資源の減ったウナギの研究は止め、別の魚に研究対象を移すか？　あるいは、いっそ全力でウナギの保全活動に精を出すか？

　いろんな選択と判断があると思います。しかし、私は研究者である以上、研究を止めることはできません。それにウナギという生き物の面白さにはまっています。ウナギのかわりにタイやヒラメを研究するわけにはいきません。

　では、これまで通りウナギ研究に全エネルギーを傾けるかというと、こんなにウナギが減ってしまった今、やはり気がかりでそれもできない。「エフォート（努力）」の一部をウナギの保全に向け、後はウナギ研究をやる。この折衷案でいくしかありません。

　早急にウナギに対して適切な保全の手をさしのべてやらねば、資源はこのままじり貧になっていくばかりでしょう。ウナギの研究に携わっているものとしてこれは見るに忍びません。どれくらいのエフォート配分にするかは問題ですが、とにかく保全に向けて動き出さねばならない時期であることは確かです。

　全く関係のない話ですが、最近研究費の予算申請をするとき、その申請課題のエフォートは何％くらいか書くことを要求されるようになってきました。いつもこの答えにくい要求に鉛筆をなめながら「えいやっ」と数字を書き入れています。

　大体、研究者がある仕事に取りかかると、手抜きすることはまずありえません。常にエフォート一〇〇％が原則です。こちらに三〇％、こちらは一五％と力を出し惜しみするなんて考えられません。常にアクセルは床まで踏み込んでしまうのが研究者です。

予算を出す側は、目安としてその課題にどれくらい力を注ぐのか知りたいのでしょうが、その評価を研究者に要求するのは無理というものです。時間なのか、集中度なのか、あるいはそのかけ算なのか？

集中度なんていうものはこれまた数値化しにくいし、本人の自由になりそうで、ならないものでもあります。それに、エフォートと成果は必ずしも一致しないことがよくあります。

あるとき三つのプロジェクトを同時に進めていて、それぞれに全てエフォート八〇%と書いたことがあります。自分では大いに控えめに見積もったつもりです。しかしその後、予算申請の手引き書に一人の研究者のエフォートは合計で一〇〇%を超えてはならないと書かれるようになりました。

話がウナギの保全から大きく脱線してしまいましたが、近頃身についたこのエフォート配分の評価法でいうならば、丁度半分、五〇%のエフォートを保全活動に割き、のこり半分で研究を続けようと決めたのです。

ここで、ウナギの絶滅について、ひとつ断っておきたいことがあります。ウナギが国際自然保護連合の絶滅危惧種に指定されてから、急に「絶滅だ」「うな丼が食べられなくなる」と、世間が騒がしくなりました。

これは個人的な感覚ですが、突然巨大隕石《いんせき》が落ちてきて地球規模の大環境変動でも起こらない限り、この先百年のうちにウナギが「絶滅する」、一匹残らずこの地球上からいなくなってしまうなんてことはないと思います。逆に、海の中のものを一匹残らず根絶やしにしようと思ってもほとんど不可能であることを考えてみれば、この感覚は分かっていただけると思います。

ではなぜウナギは絶滅が危惧される種に指定されたのか。

実は絶滅危惧種の指定の際には、個体数減少率、生存個体数、分布域の広さなど、いくつか評価の基準があります。いずれかひとつの基準に該当すれば、絶滅危惧種になります。

たとえばニホンウナギの場合、過去一〇年または三世代の内に、個体数が五〇％以上減ったと判断されて、絶滅危惧Ｉｂ類（ＥＮ）に指定されました。これはジャイアントパンダやトキと同じランクです。

パンダやトキが稀少《きしょう》生物だということはよくわかりますが、ウナギは減ったとはいえ、いまでも街角に行けば鰻屋《うなぎや》が良い匂《にお》いをさせて盛大にウナギを売っているではありませんか。

そのからくりは、ニホンウナギの場合、生存個体数ではなく、個体数減少率で評価されたからです。つまり減り方が尋常ではないということで、指定を受けたわけです。ですから、個体数はまだまだたくさんいます。

「絶滅する前に食べとこう」と、鰻屋に駆け込んでいる人がいるようですが、まだまだ大丈夫です。ウナギがこの地球上から完全に姿を消すわけではないので、今はむしろ余りたくさん食べないで、少しずつ大切に賞味することでウナギ保護に協力してください。あとでも述べますが、それが私たち一般の市民が行うウナギ保全活動の基本になります。

ただ第7章で紹介したように、ウナギははるか彼方《かなた》の産卵場からエルニーニョやバイファケーション、ひいては地球温暖化の影響を受けながらはるばる海を渡って東アジアにやって来ます。複雑な生活史の仕組みの上に成り立った大回遊をする生き物なのです。

こんな回遊の特性をもっているが故《ゆえ》に、年によって加入量に大きな変動が起こるわけです。また、種の地理分布に変化が起こる可能性だってあります。これを絶滅とはいいませんが、日本にニホンウナギがやって来なくなる可能性だってなくはないのです。今後、地球温暖化の影響とともに、産卵場における様々な変化を注意深く観察し続けることが重要です。

では、この先もこのままの漁業を続けていくとどんな事態が予想できるでしょうか？

資源が減り続け、収入が減って経営が成り立たないので、漁師の数も減り続ける。その結果、ごく僅《わず》か残ったウナギが超高値で取引され、高級料亭で限られた人の口に入る。単純でシビアな経済原理を反映したシナリオが想定されます。

私もかば焼きが大好きです。手の届かない食材になってしまっては悲しい限り。多くの人がこれからも末永く、かば焼きを楽しみ続けられるようにならないといけません。

長い間の研究を通じて、私はウナギという生き物にすっかり魅せられてしまいました。街角の看板に「うさぎ」と書いてあっても、「うなぎ」と読めてしまうほどです。「うなぎ大明神」に取り憑《つ》かれているのかもしれません。

私たち研究者は社会経済の中にあってはなんとも微力であります。しかし、うなぎ大明神のご加護もうけつつ、ウナギの保全に力を尽くしたいと思うようになったのです。

東アジア鰻資源協議会

私が始めたウナギの保全に関係する最初の活動は、東アジア鰻資源協議会（EASEC：East Asia Eel Resource Consortium）の設立でした。これは一九九八年に東アジア各国のウナギ研究者が集まってウナギ資源に関する情報交換と保全のための議論を行う場として立ち上げられました。初代会長は私が務めることになりました。

EASEC（イーセック）は基本的に研究者の団体ですが、ニホンウナギが分布する台湾・中国・韓国・日本の鰻業界の関係者も毎年各国持ち回りで開かれる年会やシンポジウムに参加して意見を述べます。従って、これは研究者と業界の橋渡しの役目をし、両者の情報交換の場ともなっています。

第五回EASEC年会の時だったでしょうか、研究の忙しさにかまけて会議の開催が危ぶまれたこともありましたが、他の年は順調に回を重ね、昨年（二〇一四年）韓国の光州で開かれた年会は通算一七回となりました。

忘れがたい思い出もあります。それは二〇〇五年、台北で開かれた第八回EASEC年会のときのこと。台湾鰻組合の張贊貨理事長は、年会後のレセプション冒頭の挨《あい》拶《さつ》で言いました。

「私たち業界はもう何年も研究者をサポートしているが、一向に資源が回復しないのは一体どういうことか？」

そのストレートな物言いに、私たち研究者は顔を見合わせ苦笑しつつも、業界の切実な思いをしっかりと感じました。同時に、資源を保全することの難しさを改めて痛感しました。

保全は、研究者が生きる自然科学の世界だけのはなしではありません。むしろ社会、経済、政治が関与してこそ初めて実現するものです。ここでは自然科学の研究者はほとんど無力で、資源管理や増殖対策に必要な科学的基礎情報を提供するだけです。

張贇貨さんのひと言はいろんなことを教えてくれました。業界の危機感、性急さ、研究者と一般の人に流れている時間のスピードの違い、科学に対する過度の期待、研究者に対するありがたくも苦しい信頼、そしてウナギの資源研究の立ち遅れと難しさです。

三年ほど前から、ＥＡＳＥＣの会長は国立台湾大学・名誉教授の曾萬年さんに移りました。今年の年会は秋に中国・上海で開催されるとのこと。いまだに私たちは張贇貨さんから一〇年前にいただいた宿題をすませてはいません。

緊急提言

二〇一二年三月一九日、ＥＡＳＥＣ日本支部は、過去三年連続のシラスウナギの不漁を受けて、緊急シンポジウム「ウナギ資源の現状と保護・保全対策」を東大農学部で開催しました（図・51）。

ここには日本・台湾・中国・韓国・フランスの五ヶ国から計五五名が参加。外国からは研究者・業界あわせても各国一、二名のみの参加でしたが、日本からは業界の方々も大勢参加してくれました。

ＥＡＳＥＣは基本的に研究者の団体ですから、研究者主導で会議は進められました。資源の現状と不漁の原因、さらには保全対策のあり方など、様々な角度から研究発表があり、それぞれについて熱心な議論がありました。

そして最後に、この会議の結果をＥＡＳＥＣから緊急提言として発表しようというところまで話が進んだときです。緊急提言の公表に待ったがかかりました。

提言の中に「養殖したウナギを増殖目的で放流するのは控えよう」という項目があったのですが、これにクレームがついたのでした。

[図・51／東大農学部でのEASEC緊急シンポジウム（2012年3月19日）]

養殖ウナギの九〇％以上は雄になるので、性比の極端に偏《かたよ》ったものを天然の水域に放流するのは如何《いかが》なものかと研究者は考えたのです。また養殖したものを放流してどの程度効果があるか、現時点では不明です。

そうした養殖ウナギの放流にかけるお金があれば、むしろ天然のシラスウナギや産卵回遊を開始した銀ウナギの買い上げに使い、これを適切な場所に移送して放流した方が確かな効果が期待できるというものです。

これに対し、鰻業界団体の一つ、日本養鰻《ようまん》漁業協同組合連合会は、長年国の補助を受けて養殖ウナギを放流していたので今回の緊急提言には同意しかねるとのことでした。

議論の末、結局この提言について業界の方々の同意は得られず、ＥＡＳＥＣ研究者一三名の有志が署名して公表されることになりました。東アジア鰻資源協議会のホームページには、この時の緊急提言が和文と英文で掲載されています。http://easec.info/EASEC_WEB/index.html

私たち研究者は「こんなわかりきったことなのに、なぜ満場一致で同意が得られないんだ」と不思議でしょうがありませんでした。この時はまだそれぞれの立場の違いがよくわかっておらず、相手の反対の理由が理解できなかったのです。不完全燃焼のままＥＡＳＥＣの緊急シンポジウムは幕を閉じました。

ステークホルダー

これまで鰻業界とひとくくりにしてきましたが、実際にはいくつもの職種・団体に別れています。したがってここには数多くのステークホルダー（利害関係者）がいるのです。

まず、天然のウナギを獲《と》る河川漁業者、シラスウナギの採捕業者、シラスウナギの集荷人、シラスウナギを池で養殖する養鰻業者、養殖ウナギを流通させる問屋、かば焼きの製品にする加工業者、そして活《い》きたウナギを仕入れて、かば焼きにし、客に食べさせる鰻屋や料亭などがあります。

この他にも、養鰻業者に餌《えさ》を供給する飼料会社、外国から活きたウナギやかば焼きの製品を輸入する輸入業者、スーパー、デパート、ファストフード店、コンビニ、弁当屋など、ウナギを商売・商品にしている人々は多種多様なのです。

これらの職種・団体が集まって鰻業界と呼ばれるわけですが、それぞれの立場や事情によって様々な利害関係が生じます。つまり業界内の隣り合った団体でも、同じウナギを扱っているからといって必ずしも利害や意見が一致しているわけではないのです。只《ただ》一点、共通の利害は「ウナギが無くなってしまうとメシの食い上げになる」ということだけなのです。

もっと事態を難しくしているのは、鰻業界以外の様々な職種・団体の人々もウナギにひとかたならぬ関心をもっている事実です。それはウナギが美味《おい》しい食べ物であり、不思議な生き物であるがためです。

私たち研究者という職種もそのひとつだし、多くの「かば焼き大好き日本人」も消費者という別の立場の集団になります。メディアや行政、自然保護団体や遊漁者もウナギに対してそれぞれの立場やスタンスが違うステークホルダーといえます。

一般論として、そして失礼を承知で、それぞれの属性や行動特性をやや誇張して表すならば次のようになります。

研究者　：ウナギの謎《なぞ》に注目　ウナギは単なる研究対象
漁業者　：魚をできるだけたくさん獲ることに関心
鰻業界　：資源問題よりも自らの経済優先
行政　　：腰が重い　縦割り　場当たり的対応
メディア：熱しやすく　さめやすい　時にバイアス
消費者　：安くてうまい鰻をたくさん食べることにのみ関心

つまり同じ日本人でも、その属性によって「ウナギ、食べたい」、「ウナギ、知りたい」、「ウナギ、売りたい」、「ウナギ、とりたい」とウナギに対する欲求が異なります。これではいざウナギを守ろう、保全しましょうといっても、とうてい合意形成はできません。

韓国で聞いた話です。川のウナギ漁師は河口でシラスウナギをごっそり採るから自分たちの川にウナギがのぼって来ないといってシラス採捕業者をなじります。一方、シラス採捕業者は川の上流で親になるウナギを獲るからシラスウナギが来なくなってしまったと川魚漁師を攻撃します。

かつての職場で、敬愛する先輩研究者がいってました。

「塚本君、護《まも》るべきは組織じゃないよ、学問だよ」

同じ伝で、護るべきは業界や団体ではなく、ウナギなのかもしれません。

保全と利用のはざまで

張賛貨さんのひと言よりもずっとショックなことがありました。先ほど述べたEASECの緊急会議のときです。鰻業界の方が立ち上がって、

「学者のあんた方が産卵場をかき混ぜるから、ウナギが来なくなったんだ」

と発言されました。

「こ、こりゃ、あんまりだ」

「ウナギのため、ひいては業界のためにやってんのにー」

その時の、私の正直な感想です。

しかし、私は冷静を装《よそお》って、ウナギの産卵場調査の意義やこれまでに採ったウナギのサンプルが資源全体に比べて如何《いか》に微々たるものであるかを説明しました。ただ、

思いもよらない意見だったので、すこし動転していて、説明がうまく伝わらなかったのかもしれません。

他の研究者たちも立ち上がって、キチンとした科学的データを引用して産卵場調査と当時のシラスウナギの不漁が無関係であることをわかってもらおうとしました。しかし、その人は結局、納得した様子はありませんでした。

ここで業界の名誉のためにもいっておきますが、鰻業界はこれまで研究者をとても大切にしてくれ、いつまでも結果のでない研究にも温かい理解を示してくれました。先ほどの発言はほんの一にぎりの人の意見であり、またそれはウナギ資源の状態がこれほどまでに落ち込んでしまったために、つい出てしまった愚痴《ぐち》のようなものだと思います。

私はこれをきっかけに、私たちがやっている研究という仕事は一体何なのか、何のためにウナギを研究しているのか、と真剣に考えるようになりました。つまり大げさに言えば、科学って何なのか？　そもそも科学は必要か？　という根本的な問いにも通じる疑問をもつようになったのです。

その答えは、この章の最初の節「研究者という生き物」で書いたとおりですが、

「ウナギの謎を解き明かしたいと切に願ったから研究する」だけであるし、「それは誰のためでもなく、他ならぬ自分の満足のためだけなのだ」と分かったのです。

緊急提言を反対されたことで不完全燃焼に終わってしまった緊急シンポジウムの時の不満も、そもそもが、それぞれに利害関係の異なる立場なんだから仕方ないと分かった時点で、あらゆる不満は払拭《ふっしょく》され、すべて納得です。

それに、「こりゃ、あんまりだ」、「ウナギのため、ひいては業界のため……」と心の中で思ったことさえ、私の思い上がりであったと反省しました。

こんなふうに考えた末の結論としては、「ウナギ研究者はウナギの研究のみ、力一杯やればよいのだ」ということでした。研究者は研究者以上のものではないし、それ以下のものでもないということです。

様々な利害関係が交錯する中で、ウナギ研究者という一群のひとたちがいます。そのひとたちは、多少なりともウナギの生物学を一般の人より詳しく知っているかもしれません。

しかし、だからといってウナギの資源を全て任されたわけでもなく、また責任をとろうとしても到底とれるものではありません。せいぜいできることは、研究のためにウナギを採集するときも余分な数は獲らないようにし、なるべく非侵襲的な方法で研究を進めるようにするくらいです。

あとは懸命に研究し、出てきた結果がいつの日かウナギという生き物とその持続的利用のために役立つことを祈るばかりです。

とはいっても、研究者は一般の方よりウナギの生物学をよく知っている分、数が減ってしまった資源については、社会に周知し、警鐘を鳴らす義務があります。

そして、研究者はその属性からいって、当然、保全に向けて積極的な立場をとるべきです。社会に対して最善の保全策を示すのが研究者の役目なのです。

一方、業界は利用です。資源状態の良いときには、経済優先でどんどん利用できました。しかし、資源が枯渇すると、そうはいきません。利用ばかりではいけないことは業界の方々もよくわかっています。それで保全と利用のはざまで苦しむことになります。

対立する意見や立場をもつ様々なステークホルダーが集まり、開かれた場で議論して、合意形成に達することが大切です。ここで重要なのは、誰でも参加して意見を述べられるネットワークの構築です。そのために研究の時間を少し割いて知恵を絞り、ウナギの保全のために貢献することは、長年ウナギを研究してきた研究者の務めだと思います。

完全養殖の未来

ウナギには天然ウナギと養殖ウナギがあります。自然の川や池で天然の餌を食べて育ったものと、養殖池の中で人工の餌を与えられて飼育されたものの違いです。私たちが食べているウナギの九九%以上は養殖ウナギで、天然ウナギはごく僅かなのです。

この養殖ウナギは、タイやヒラメの養殖のように、卵から育てたものだと思っている人が意外に多いのではないでしょうか。しかし実は、今市場に出回っている養殖ウナギの中で、卵から育てたものはまだ一匹もないのです。

現在ウナギの養殖すなわち養鰻業では、養殖のスタートは卵ではなく、稚魚からなのです。その稚魚のことを種苗《しゅびょう》と呼びますが、それらに全て天然のシラスウナギを使っています。

養鰻の種苗は、寒い冬の夜、河口で灯《あか》りをともして採ります。このシラスウナギ漁は冬の風物誌にもなっています。

こうして採った天然のシラスウナギを養鰻業者は温かい池の中でたっぷり餌をやって大きくし、出荷します。これが養殖ウナギなのです。

ですから養鰻業のみならず鰻業界全体にとって、その漁期にシラスウナギが採れるか否《いな》かは最大の関心事です。来遊量が多ければ種苗の価格は下がるし、逆に少ないと高騰《こうとう》するからです。

ところがこれは天然の資源ですから、第7章「なぜ資源は減少したか？」でも書いたように、年により大きく変動します。いつもシラスウナギの時期になると、その取れ高に業界は一喜一憂するのです。

そこで我が国では、早くも一九六〇年代からウナギの養殖種苗の安定供給を目指して種苗生産技術の開発研究が始まりました。「半世紀」以上も前のことです。

この研究にはウナギの繁殖生理を研究する人々が携わりました。ここにも長い研究の歴史があります。

一九六一年　東大　性腺《せいせん》刺激ホルモンで雄ウナギの排精に成功
一九七六年　北大　サケ脳下垂体投与による世界初の人工孵化《ふか》に成功
二〇〇三年　養殖研究所　人工シラスの生産に成功
二〇一〇年　水産総合研究センター　実験室レベルでウナギ完全養殖の成功

このウナギの研究史をクロマグロのそれと比べてみると、面白いことがわかります。クロマグロの場合はウナギより一〇年遅く研究が始まり、およそ一〇年早く実験レベルの完全養殖に成功しています。そして二〇一五年五月現在、早くも完全養殖の人工クロマグロが市場に出回りはじめています。

これに対してウナギの技術の実用化はいまだ達成されておらず、ウナギの完全養殖技術の困難さがよくわかります。

マグロとウナギは共に高度回遊性の魚であり、日本の代表的な二大水産食材ということもあって、よく並べて話題に上ります。しかし、先に述べた養殖技術の開発研究だけでなく、資源管理においてもウナギの方がマグロよりもずっと難しいと思います。

マグロは海産魚で一生海の沖合を回遊するので、直接的な人のインパクトといえば漁業だけです。しかし、ウナギは通し回遊魚で、陸の河川に遡上《そじょう》してくるので、漁業の他にも、水質汚染、河川改修、ダム建設など、さまざまな人間活動の影響を強く受けます。

漁業管理もマグロの場合はプロの漁船を見ていれば良いのに対し、ウナギはさまざまな形態の漁業の他に遊漁者、密漁者まで注意しなくてはなりません。

さらに大きな違いは産卵場です。太平洋のクロマグロの産卵場は沖縄の南や日本海山陰沖にあって、国際資源とは言っても日本一国の比較的目の届きやすいところにあります。

ところがウナギの場合は、分布域の東アジア全体から何千キロも離れたマリアナ沖のピンポイントの産卵場へ全てが回帰する。遠距離に加えて、極めて特殊且《か》つ未解明であるので、ほとんど管理できない。おまけにその産卵場は自国の経済水域の中にない。こんなことを考えると、資源管理や増殖対策を実施する場合、マグロよりウナギの方がずっと難しいということがおわかりいただけるかと思います。

話を完全養殖に戻します。水産庁は、二〇一三年六月に出した「養殖業のあり方検討会」の資料の中で、二〇二〇年には完全養殖技術の商業化を目指すと発表しました。どの段階で商業化の完成とみるか議論はあるでしょうが、いずれにしてもこれはかなり忙しいスケジュールになるかと思われます。

商業化とは大量に人工のシラスウナギが生産できるということで、それにはまだ解決すべき問題がたくさんあります。

まず餌の問題です。現在はアブラツノザメの卵黄をベースにした餌が主流ですが、原料の入手が危ぶまれることもあり、早急に安価で安定的に入手可能な代替餌原料を見つける必要があります。

次に、飼育システムの中で水を汚さず、高成長と高生残を保証する給餌《きゅうじ》システムを考案することも必要です。現在は高価な餌を湯水のように与えて生残率と経費を度外視して高成長のトビの少数個体を飼育しています。

さらに、親ウナギにホルモンの大量投与を行って、急速に成熟させるため、できた卵の質に問題があります。奇形率が低く、生残率の高い仔魚《しぎょ》が高確率でたくさん採れる親魚をいかにして作るか、催熟方法の開発も行う必要があります。

こうした技術の革新は何かの拍子に急激に進むこともありますが、ここに挙げた三大課題の他にも、飼育装置の自動化、育種、魚病対策など、解決すべき懸案事項は他にもあります。

それに仮に大量生産が成功して、人工シラスウナギがかなりの数、供給されるようになっても、いま日本の養鰻業に必要な三億匹の種苗を毎年供給し続けることは難しいでしょう。しばらくの間、天然のシラスウナギを併用して養鰻業のニーズを支えるようになるものと思われます。

完全養殖の技術開発を急ピッチで行うことと天然のウナギ資源を保護して末永く利用すること、二本立てで考えておくのがよいと思われます。

完全養殖の話の最後に、自然保護の大切さを確認しておきます。ウナギ資源が不足するとわかったとき、いち早く日本では代替品として人工シラスウナギを作ろうと完全養殖の研究が始まりました。天然環境の修復や積極的な漁獲圧の制限による増殖対策ではありませんでした。同じケースで欧米の場合はどうでしょうか。

彼らは元の自然を回復させるにはどうしたらよいか考えます。新しく代替品に活路を見出すか、従来のものの復旧を試みるかの違いです。これはあるいは、自然に対する畏敬《いけい》の念とか価値観の違いといっても良いかもしれません。

こうした習性は私たち日本人特有というよりは、現在の東洋人全体の行動特性といえるのかもしれません。しかしよく考えてみると、むしろ日本人や東洋人の方が、古来自然に対する畏敬の念が強く、自然の偉大さをよく理解していたように思います。どうしてこんな逆転現象がおきてしまったのでしょうか。

明治以降急激に流入した西洋科学への過度の「信仰」と消化不良が、当時科学技術と対極にあった自然を軽視するようにしてしまったのかもしれません。これは同時代に西洋文明を好むと好まざるにかかわらず輸入せざるを得なかった東洋の諸国も同じ病気にかかってしまったものと思われます。

私たちは今、科学の力によって自然システムの絶妙な仕組みを理解しつつあります。また人知では如何ともしがたいほどの自然の偉大さを実感できるようになりました。

同時に科学技術の限界や弊害もわかってきました。

実際にウナギを守ろう、増やそうとしたとき、こうした科学と人間が歩んできた道にも想《おも》いを馳《は》せつつ、保護策や増殖策を練る必要があります。

「人工シラスウナギがあれば、天然ウナギが無くてもいいや」というわけにはいきません。基本はあくまで自然、天然ウナギの保護なのです。自然の再生産力を最大限引き出して保護増殖を進めるのです。

完全養殖でできたウナギはもっぱら食べ物として利用し、放流には使わない。天然のウナギは大切に保護しつつ、少しずつ利用する。両者のサイクルは相互に独立していて、決して入り交じらせない。こんな未来を夢見て、完全養殖の開発研究と資源管理に当たりたいものです。

うなぎプラネット

私自身が今、ウナギのために何ができるか、考えてみました。最も得意なもの、それは商売柄、もちろん研究です。研究は既にやっています。

産卵場調査や初期生活史研究、あるいは回遊生態、加入機構、浸透圧調節機能、変態メカニズム、さらには、形態、分類、系統、集団など、ウナギに関するありとあらゆるテーマをやりました。

唯一、本格的に着手していないのが資源の研究です。なぜかと言われても答えようがありません。たぶん、あまり興味をもてなかったからでしょう。しかし、ウナギの危機を救うのに一番即効性があって、今必要なのはこの資源研究です。

いつだったか講演が終わって質問がありました。

「講演を聴いて日本のウナギ研究のレベルは群を抜いて世界一だということがよくわかりましたが、どこかで見た記事に日本は欧米に比べ、ウナギ研究が立ち遅れているとはっきり書かれてましたが、それは本当ですか?」

私は、次のように答えて、納得していただきました。

「ウナギの研究にも分野がたくさんあります。その方が遅れているといったのは恐らくウナギの資源関係の調査や研究のことだと思います。この分野に限っていえば事実です」

確かに我が国のウナギ研究者で資源を研究した人、あるいは資源学者でウナギを研究した人は数えるほどしかいません。研究者が少なければ立ち遅れるのは当たり前です。なぜ少ないのか?　その理由を説明する前に、ちょっと寄り道……。

皆さんは、「研究」と「調査」を区別して使ってますか？　ほとんど同じように考えているのではないでしょうか。かくいう私も頭では両者別物と分かっているのですが、「産卵場調査」、「調査船」と「研究船」など、混同して使うことがしばしばあります。

前に述べたように研究とは真理を究明するために行うものです。一方調査は、物事の実態・動向などを明確にするために調べることです。ですから調査は研究の初期段階で行われる場合があります。

これは私のイメージですが、調査は多くの場合、大規模で、長期に亘るルーティンやモニタリングになります。これにより事実を正確に把握することができます。

これに対し研究は、小規模で、臨機応変の手法を用い、さまざまな実験を実施して論理を組み立て、仕組みや理由を解明します。

大学では研究が行われますが、大規模な調査は苦手とするところです。予算やマンパワーの関係で、長期に亘るルーティン調査は継続しにくいからです。

一方で、国の研究機関や県の試験機関は長期定点観測や広域アンケート調査など、計画予算と大規模ネットワークを駆使して実施可能です。

先ほどの資源研究は、この調査がなくては始まらないような学問です。調査に大きな労力を割いて資源の実態と動向を詳細に調べ、その膨大な統計データに基づいて未来を予測するのがゴールです。

日本の大学でウナギの資源研究者が育たなかったのも、長期に亘るルーティン調査がやりにくいことと関係しているかもしれません。それに、信頼できるウナギの統計データが日本や東アジアで皆無に等しいこともその主たる原因の一つでしょう。

さて、本題に戻りましょう。私がウナギのためにできることは何か、考えていました。資源研究をするのが一番手っ取り早いウナギへの貢献です。しかし、私自身が資源というテーマにはあまり気が乗りません。

これに加えて、これまで長々と考察したように、資源研究に必要な息の長い調査は大学研究者にとって継続しづらいという理由もあります。そこで私自身は、ウナギ資源の調査と研究以外のことを何かやって、ウナギの保全に貢献したいと考えました。

そうやって行き着いたのが、現在私が籍を置く日本大学の学部連携総合研究プロジェクト「うなぎプラネット」です（図・52）。日本大学には芸術学部や国際関係学部など、多様な学部があります。ウナギの文化や魚道、流通に興味をもつ人もいます。こうした人々が集まってウナギとそれを取り巻く環境を様々な角度から研究し、深く理解したいと考えたのです。

［図・52／日本大学の学部連携総合研究プロジェクト「うなぎプラネット」］

その研究成果は、ウナギとその環境の保全、ひいてはウナギの文化の保存に役立ちます。このうなぎプラネットを通じて、ウナギを末永くこの地球上に残すのが目的です。

またここでは、大学の中でウナギを様々な切り口から研究するのは勿論ですが、社会に対するアウトリーチ活動にも力を注いでいます。大学で得られたウナギ研究の成果を広く普及させ、社会におけるウナギと自然の保全意識を高めるためです。

その代表的な活動が「うなぎキャラバン」です。全国の小中学校と高校を回り、子ども達にウナギや海の研究について授業します。

授業といっても堅苦しいものではなく、パワーポイント、ビデオ、標本などを使い、対話形式で進めるリラックスしたお話しです。

子ども達にウナギの不思議、研究のおもしろさ、自

[図・53／国際食糧農業機関（FAO）のロゴマーク（右）と水産委員会（左)]

然の大切さを理解してもらえたら、それは成功です。そしてまた、ウナギとその環境を保全することの意味と必要性を、ほんのちょっぴりでも分かってもらえたら最高です。今、全国行脚《あんぎゃ》をしているところです。

国際的な活動もしています。二〇一四年六月にはイタリア・ローマに出かけ、国連食糧農業機関（ＦＡＯ）の水産委員会（ＣＯＦＩ）のサイドイベントとしてミニシンポ「ＥＥＬ ＴＡＬＫｓ」を開催しました（図・53）。合わせてポスターセッションも行い、ウナギ資源の現状と保全について世界の水産行政に携わる方々に訴えました。

私はイタリアもＦＡＯも初めてだったので、ＥＥＬ ＴＡＬＫｓの開催については大いに不安でした。しかし、水産庁からＦＡＯに出向している方々や現地の大使館の方々にとても良くしていただき、心強い限りでした。おかげでシンポジウムもポスターセッションも成功裡《り》に終わりました。

イタリアも日本同様、ウナギの文化をとても大切にしている国です。ローマ郊外のブラッチャーノ湖のウナギ祭りとウナギ料理、それに中世以来伝統のウナギ漁の町コマッキオのウナギ簗《やな》を訪ねて取材しました。

コマッキオの町は小ベニスと呼ばれるほど運河が発達していて、イタリアの大女優・ソフィア・ローレンが主演した「河の女」はこの町を舞台に撮影されたものです。ウナギの缶詰工場で働く少女役を演じたソフィア・ローレンが、この町を再訪し、町の名産ウナギのマリネの缶詰を頭上高く掲げて撮った、屈託のない笑顔のポスターが町中に貼《は》られていました。その缶詰工場はいまではウナギ博物館になっています。

研究活動を大学の外に展開する努力も始めました。社会のウナギの保全意識を高めたいと思ったのです。「国際うなぎラボ」という宮崎県美郷町《みさとちょう》の旧渡川《どがわ》小学校を利用したウナギ研究所がそれです。NPOセーフティー・ライフ&リバーと美郷町が運営し、私がその初代所長を拝命しました。

東京大学総合研究博物館は、国際うなぎラボと共同で同所に「モバイルミュージアム　インみやざき」を開設しました。この廃校の教室を利用した「火星展」と国際うなぎラボの常設展「世界のウナギ」は、他に類を見ないユニークな展示で、地元の美

［図・54／「モバイルミュージアム　インみやざき」］

郷町が運営しています。

専門家も唸《うな》るほどの高度な内容と貴重な標本類は、分かりやすい解説と美しいデザインによって子どものリピーターができるほど魅力的な展示空間に仕上がっています。ぜひ気軽にお立ち寄りください。

国際うなぎラボは、河川水を呼び込んだ大きな実験池五面をもっています。ここでなるべく自然に近い環境で親ウナギを養成し、マリアナの産卵場に帰る親ウナギを増やしてやろうという計画です。親ウナギ保護活動の拠点にしたいと思います。またウナギの行動リズムや鳴き声に関する新しい実験も行います。いよいよこの夏から本格的な活動が始まります。

ウナギ文化と資源保護

　縄文時代の貝塚からウナギの骨が出てきます。私たち日本人は、おそらく日本列島に住み着いたときからウナギをとって食べていたのではないでしょうか。万葉集の大伴家持《おおとものやかもち》の歌にウナギが出てくるのもよく知られた話です。

　時代は下って江戸中期、それまでぶつ切りを串《くし》に刺して焼いたものにたまり醤油《じょうゆ》や山椒味噌《さんしょみそ》などを付けて食べていたウナギでしたが、醤油の量産とともに、身を開いて串を打ち、醤油と味醂《みりん》のたれに何度も付けて焼き上げたかば焼きが登場して、大いに流行《はや》りました。

　調理法の進化と共に、ウナギの食文化も花開いていったのです。それまではどちらかと言えば労働者階級に好まれた下級なファストフードが、かば焼きの流行と共に座敷にあがりこんで酒を飲みながらゆっくりと味わう高級料理になっていったのでした。

　それと共に、ウナギは人々の生活の中に浸透していきました。浮世絵や歌舞伎《かぶき》、それに工芸品の中にも登場します。その滑稽《こっけい》な動きや不思議な行動から落語の題材にもよく使われました。「うなぎのぼり」や「うなぎの寝床」の慣用句にもなっています。

一方でウナギは虚空蔵菩薩《こくうぞうぼさつ》のお使いとされ、信仰の対象となっています。今でも鰻絵馬の形で神社仏閣に奉納されます。また洪水のときどこからともなくウナギが現れて村と村人を救ったとか、鬼退治の道案内をしたとかのウナギ伝説が各所に残っています。こうした地域ではウナギを一切食べない習慣があります。

このように私たち日本人とは切っても切れない間柄のウナギですが、近年急激に数が減ってしまいました。どうすればこれまで通りウナギを食べ物として利用しつつ、生き物のウナギとその文化を保全することができるのでしょうか。保全と利用を両立させるために、今私たちにできることは何か、考えてみたいと思います。

水産庁が音頭をとって、二〇一四年九月に「ウナギの国際的資源保護・管理に係る第7回非公式協議」が開かれました。ニホンウナギの分布域である中国、台湾、韓国、日本などが集まって協議した結果、養鰻業のシラスウナギの池入れ量を直近の量の二〇％削減することが合意されました。また、その実施のための国際的な養鰻管理組織を作ることも決まりました。

ニホンウナギは東アジアに広く分布する種ですが、産卵場はマリアナ沖の一カ所であるがために巨大な単一集団となっています。したがってその資源管理には当然、分布域各国の協力が不可欠です。「非公式協議」とはいえ、初めて行政主導で東アジアの関係諸国による国際会議が動き出したことになります。これは喜ばしい限りです。

一九九八年に東アジア鰻資源協議会を立ち上げて以来、行政の積極的参加を要請し続けてきましたが、本格的に実現することはありませんでした。そのことを考えると、実に隔世の感があります。

しかし、喜んでばかりはいられません。それだけ事態は深刻になったということでしょう。そして、これはまだ保全活動のスタートラインについただけのことです。これからやることがたくさんあります。

ウナギの資源学が我が国で進まないのも、資源保全計画を具体的に立案できないのも、その大本になる統計がないからです。河口で採るシラスウナギや河川の黄ウナギ、銀ウナギの漁獲データを集計し、信頼できる統計を作ることから始めなくてはなりません。養殖に使うシラスウナギの池入れ量については、最近、各養殖業者に報告義務が課せられたので一歩前進しました。

シラスウナギの接岸量や黄ウナギの分布密度に関する長期モニタリング調査をやらなくてはなりません。

東アジア鰻資源協議会はこれに先駆け、「鰻川計画（イールリバープロジェクト）」を提唱しました。ここでは各国に河川（鰻川）を決めて毎月一回定量的にシラスウナギの接岸調査をします。将来的に東アジア全域のシラスウナギ接岸量を長期モニターするシステムになればよいと思っています。

東アジアで第一号の鰻川は相模川《さがみがわ》です。ここは北里大学のチームにより今も調査が継続されています。

しかし経費や組織、マンパワーの点で大学の有志がボランティア的に長期間継続実施するのはなかなか大変です。こうしたモニタリング調査は、国や県の試験・研究機関が、しかるべき長期保全計画の下、しっかりと予算を計上して資源保全の基礎調査と位置づけて実施して欲しいものです。

一方で、ニホンウナギ以外の異種ウナギ、特に熱帯ウナギをニホンウナギの代替品として扱う業者も出てきました。これを店頭で消費者が賢く見極められるよう、現行の産地表示だけではなく、種名表示も合わせて義務づけることも重要です。

また、かば焼きの商品がどのような経路を通ってきたものか分かるように、シラスウナギまでさかのぼれるようなトレーサビリティを確保する必要もあります。そうすることによって、密漁や違法取引が抑制され、ウナギの流通の透明化に繋《つな》がるものと考えられます。

これらのことは行政が動かなければなんともなりません。しかし、一般市民もまず声をあげることが大切です。それには、ウナギ資源の現状を知ることから始めましょう。そして、SNSやメディアを使って、自分の意見を発言しましょう。保全の大きな波ができたら最高です。

ところで、私が一番行政に期待しているのは、産卵回遊に向かう銀ウナギの全面禁漁です。実現は難しいかもしれませんが、これは資源回復には一番即効性があると期待されます。

静岡県の浜名湖などではすでに民間主導でこの問題に取り組んでいます。定置網に入った下りの銀ウナギを買い上げ、産卵場に帰すために放流しているのです。鹿児島県、宮崎県、熊本県、高知県、愛知県、静岡県では、すでに県条例により銀ウナギ禁漁に関して何らかの措置がとられています。特に太平洋岸の他の諸県も、早急にウナギ保護に動いて欲しいものです。

資源保護を行う場合、「まずは調査を」、「科学的根拠に基づいて」というのは正しい姿勢です。しかしウナギの場合、長年のシビアな漁獲インパクトと河川環境の悪化により、資源状態は相当悪い状態にあると思われます。

そんな時、悠長に調査や研究の結果を待ってはいられません。今すぐ、やれることはなんでもしなくてはなりません。

ウナギの場合、人間の手の届かないところに資源変動の鍵《かぎ》があるのがもどかしい限りですが、これらについてはひとまず棚上げしておいても大丈夫です。詳しくそのメカニズムなどわからなくても資源保護の推進には影響がありません。

その他にも私たちにできることはたくさんあります。予防原則に則《のっと》って、禁漁措置やトレーサビリティ、種表示義務など、打てる手を今すぐ打つことが私たちのとるべき姿勢かと思われます。

今、私たちにできること

ウナギ釣りは今、ちょっとしたブームになっています。自分のウナギ釣りの様子をＹｏｕＴｕｂｅにアップする人も出てきました。

確かにウナギ捕りは面白いのですが、資源が危機的状態にあるとき、遊びで天然ウナギを獲ることは控えたい。しばらくの間ウナギ捕りは我慢していただき、天然の親ウナギを一匹でも多くマリアナの産卵場に返してやりましょう。

先ほどの浜名湖の例のように、天然ウナギのプロの漁業者には買い上げ放流にご協力をお願いするか、自粛禁漁を一〇年くらいしていただき、それに対して何らかの保障システムを社会の中で作ることもできます。

ご多分に漏れず、ウナギにも天然信仰があります。養殖ものの何倍もの高いお金を払っても、天然ものを食べたいという人です。

確かに、美味しい天然ウナギもあります。しかし、極めてまずいウナギにあたることだってあるのです。つまり、ピンからキリまでバリエーションのあるのが天然ものなのです。

その点、養殖ものは粒が揃っています。養殖技術の進歩により、今では天然の最上クラスのウナギを、あたりはずれなくリーズナブルな値段で味わうことができるようになりました。

それに、脅かすわけではありませんが、天然ウナギは食品としてあまり安全でない場合もあります。

ウナギは水底に住んでエビ、カニ、小魚を捕食し、川や湖の生態系のトップに君臨しています。魚としては一〇年前後もの長寿命をもっているため、食物連鎖を通じてその水系の汚染物質を、長期間に亘って体に溜《た》め込みます。

たくさんのウナギが棲《す》み着いている河口は、人間活動のあらゆる汚物が最も集積・滞留しやすい場所です。江戸川の河口のウナギから国の基準を上回る放射性物質が検出されたことは記憶に新しいところです。

「天然ウナギは獲らない、売らない、食べない」を合い言葉に、親ウナギの保護に務めましょう。日本から出た親ウナギがマリアナの産卵場に帰っていくことは確かめられています。だからまず、私たち日本人が始めましょう。

ウナギは今、大量消費の時代になりました。今は減ってしまいましたが、二〇〇〇年頃は一六万トンものウナギを日本人が食べていました。ウナギは食材としてかつての高級感を失い、チープな食べ物になってしまったのです。

しかしウナギは、ファストフードで扱うビーフ、ポーク、チキンのように、廉価《れんか》で大量消費に耐える食材とは訳が違います。何度もいいますが、養殖ウナギといえど、タイやヒラメのように卵から育てた完全に人工の養殖ものではないのです。天然のシラスウナギを獲ってきて、これに餌をやって大きくした「半天然もの」なのです。

つまり、考えもなく獲りすぎてしまえば、無くなってしまう天然の漁業資源なのです。その意味で、絶滅危惧種に指定された野生生物をたくさん獲ってきて、大量消費に供しているといえます。喩《たと》えがあまりよくありませんが、「パンダのステーキ」や

「トキの焼き鳥」をワンコインで食べているようなもの。

ウナギの完全養殖が実用化され、人の手で完全にコントロールできる「家魚」といえる日がきたら、これを使って大量消費システムを作るのは全く問題ありません。とはいっても、その完成はあと一歩のようでもあり、またこの先五年、一〇年とかかるかも知れず、全く先が読めません。それまでは、減ってしまった天然資源を細々と、襟《えり》を正して大切に食べ続けるしかないのです。

先ほどもちょっと触れましたが、ニホンウナギ以外の異種ウナギを食べないよう、私たち自身が注意することも必要です。

世界には一九種類のウナギがいますが、自分の国のニホンウナギが獲れなくなったら別の種のウナギを食べ、それも食べ尽くしたら、また別のウナギを物色するという態度は改めなくてはなりません。目先の経済を優先した、節操ない行動は、大発生して何もかも食い尽くして回るイナゴの群れと変わるところがありません。

ウナギをこよなく愛する私たち日本人は、毅然たる「鰻喰《く》い」として、しかるべき品格をもってウナギと付き合いたいものです。ウナギの種表示が義務化されたら、異種ウナギを扱っているスーパーやコンビニ店頭の商品を、私たち消費者自身の手で主体的に、賢く選ぶことができます。

ファストフード店でうな丼を食べてみたことがあります。流石《さすが》に、多くの人に安く美味しく食べてもらおうと、材料や調理法に工夫がなされていると感心しました。値段を考えれば正直「悪くない」という食後の感想。

しかしやはり、専門店のうなぎ職人が腕によりをかけて焼き上げた、あつあつ、ふわふわのウナギとは似て非なるもの。少々値段が張っても、専門店の職人の手で調理されたばかりのウナギは別格、食後の満足度がまるで違います。

資源に赤ランプが点滅している現在、安いウナギを毎日食べるのはあきらめ、一年に何回か、「ハレの日のごちそう」として最高のウナギをじっくり楽しむことにしてはどうでしょう。

座敷に上がって、お酒でも飲みながら談笑し、ウナギの焼けるのをのんびりと待つ。ウナギは元々そんなスローフードの文化なのです。

おわりに

舳先《へさき》で砕ける波の音が、心地よく耳に響きます。船はマリアナ沖の海山域で調査を終え、寄港のためサイパンに向かっています。

今年の調査は季節外れの台風に祟《たた》られ、さんざんでした。ウナギの産卵シーンをみようという新たな目標はまだまだ達成できそうにありません。

「よくまあ、四〇年もやってきましたね」とか、「一四年間も成果が出なかったとき、諦《あきら》めようと思いませんでしたか？」と尋ねられます。

答えは簡単。退屈とか、諦めようとか、思う暇なんてまったくありませんでした。それはまさに私たちの研究が、個人の発意に基づく主体的な欲求であったからです。語弊を恐れずいうならば、自らの「楽しみ」としてやってきたからです。

もちろん大変な時期もありましたが、それにもまして「知りたい」気持ちの方がずっと強かったのです。好きなことを、思う存分やってきたから、時間のことなんかまったく気にならなかったのでしょう。

「研究は趣味としてやるのが一番」とはいいますが、一方で、給料をいただく以上、プロフェッショナルでなくてはなりません。プロの研究者の仕事は、研究をして、その結果出てきた成果を論文の形で公表すること。論文が世に出て初めて、一連の研究に一区切りがつくのです。

とはいえ、論文を書くことはやはり研究とは別の種類の気合いと労力が要ります。研究は面白く、実験や調査は夢中でやるのでどんどん先に進みます。しかし論文としてまとめる段になると、ぱったり立ち往生してしまう例はたくさんあります。

かくいう私も、これまでたくさん論文を書いてきたのですが、今でも得られたデータを前に、論文としてまとめようというときには、「うっ」と身構えてしまい、なかなか筆が進みません。だから、学生にもアドバイスします。

「とりあえず、何か書いてみてごらん」

完璧《かんぺき》なものなど最初からできるわけがありません。だから「とりあえず」やってみる、これこそが重要なのです。

学生本人が苦労して書いてきた「とりあえず」の原稿があれば、こちらは何らかの助言ができます。赤を入れてあげることもできます。すると、学生はさらにグレードアップしたものを、こんどは短時間の内に持ってくる。また助言してあげられる。よい循環が生まれます。

「どうせうまくいきっこないから」「面倒くさいから」といって何も始めないでいると、よい循環も何も起こりっこありません。宝くじだって、まずは少額でも投資して買わなくては、当たるはずもないでしょう。「とりあえず始める」ことを続けていれば、いつかきっと運命の女神が微笑《ほほえ》んでくれます。

こんな風にして、個人商店のおやじは、番頭さんたち（助手やポスドク）と相談しつつ、手代（院生）や丁稚《でっち》（学部生）のしつけをし、お店を盛り立ててきました。そのうちお店から出てくる論文数は年間一〇編を超え、売り上げの多かったときには、二〇編以上の論文が出たこともありました。

優秀な番頭さんの中には、のれん分けして東大や京大、長崎大、北里大や東京医大で自分のお店を出しているものもいます。

研究者のお店の商品は論文です。良い論文をたくさん店頭に並べていると、その結果として、銀行から運営資金（研究費）をたくさん借りられ、それを使ってお店の拡張ができます。そうすると、さらに商売は繁盛《はんじょう》し、また次の（研究）資金を得ることができるという、好循環が生まれるのです。

私は研究者を目指している学生にいつも言います。

「強く望め、きっと叶《かな》う」

これは座してただ望め、祈禱《きとう》しなさい、といっているわけではありません。「強い意志をもって、愚直なまでにひとつの方向に、一心不乱に進んでみなさい」という意味です。また、「そうすればいつか良いことがあるはずだ」というものです。この教訓ともつかない変な標語で、研究室の学生の多くは、良い研究成果を上げて、それぞれの場所へ片付き、存分に活躍しています。

しかし、中には「先生、もう長いこと望んでいるんですけど、ちっとも叶いませんが……」と文句をいってくるのもいる。私は答えて、「○○君、それは望み方がまだ足りないか、女神がちょっといま留守にしているからだよ。ひき続き、頑張りなさい」

ひとしきり話した後、少し元気を取り戻し、

「はい、女神が帰ってくるまで、がんばります」

学生はこんな軽口を残して部屋を出て行く。

決して楽観できる状況でないことは傍目にもよくわかるのですが、創業以来お店に伝わる楽観主義の伝統が、たとえ苦しい状況でも、常に前をむいていられる、タフな学生を育ててくれたのでしょうか。本当に良い学生たちに恵まれました。

こんな学生たちとともに「楽しく」魚類の回遊研究を続けてきたわけですが、ウナギの場合は特に研究が進み、またその幅も広がっていきました。ウナギの自然科学だけでなく、考古学、歴史、文学、美術、芸能、伝説、宗教など、ウナギの人文科学や、漁業、経済、流通などの社会科学的側面にも研究の興味は広がりつつあります。

こうしたウナギ研究の発展とは裏腹に、今、世界のウナギは激減して、あるものは

絶滅危惧《きぐ》種に指定されました。私は「はじめに」に研究の本質について書きました。「研究はそもそも個人的なもので、社会の利害関係から切り離された趣味のようなもの」「だから、社会に役立たなくてもいいのだ」という意味のことです。この考えは今も変わりません。

しかし、こうして今、ウナギの総合的理解が進むにつれ、「この生物種を護《まも》り、健全な状態で地球上に末永く残さなければならない」と強く思うようになりました。それがウナギを研究した者の使命であると思うようになったのです。

これまでの研究成果を存分に使って、ウナギの保全ができるはずです。それはまた、社会におけるウナギ食文化の保全にも繋《つな》がります。この愛すべき生き物の明るい未来を強く望みつつ、筆を置きます。

この地球で、人とうなぎが末永く共存できますように……

最後に、本書改題増補出版の機会を与えてくれた新潮社の古浦郁さんに深く感謝します。

二〇一五年五月　マリアナ諸島沖のウナギ産卵場にて　塚本勝巳

解説　うなぎの魅力で結ばれて

ラズウェル細木

『う』（全三巻、講談社文庫刊）という、うなぎをテーマにしたグルメマンガを一〇〇話にわたって描いてきました。もともと昔からうなぎを食べるのが好きだったんですが、何か新しい連載をするうえで、誰もやっていないジャンルを探していて思いつきました。取材を始めるといよいよ奥深くて、うなぎの面白さにどんどんはまっていきましたね。

昔は、北海道以外全部、日本中で天然うなぎがあがってましたから、地域ごとにいろんなうなぎ食文化がある。それも取材でまわってみてわかりました。もともと珍しい食材でないせいもあって、これまで意外と語られてこなかった。有名なのは、名古屋のひつまぶしくらいですよね。でも例えば、九州では焼いているときに、串《くし》に刺したうなぎを折り曲げて、脂《あぶら》を絞り出すようにする。そして、たれが東京よりもだいぶ甘い、とか、それぞれに地方色があるんですね。それが、また食べると土地ごとにおいしいんです。

歴史的にも興味深いです。例えば、にぎり寿司《ずし》は江戸期にはもっと大きなサイズだったのが、時代を経ていまのかたちに変化してきました。でも、うなぎの蒲焼《かばや》きは江戸時代に確立されて以来、いまに至るまでほとんど変わっていません。いかに、早い時期に完成したか。そのうえ江戸時代から庶民に大人気だったのも同じです。値段も江戸時代から、やっぱり高かった。でも、みんな好きで食べてたんですね。そういう伝統もおもしろい。

塚本先生とのご縁は、『う』の連載の時にコメントをいただいたのが始まりでした。そのあと、書店でのイベントで初めてお会いし、気になっていたことをいろいろ伺いました。すでにシラスウナギが激減して、社会の関心が高くなり始めていました。

当時、私が漠然と考えていた「天然うなぎはとらない方がいいんじゃないか」「うなぎは結局うなぎ屋で食べた方が資源保護につながるんじゃないか」といったことを話したら、先生もまったくその通りだとおっしゃった。第一人者の先生と同じ意見で、よかったと思いました。

塚本先生とお話ししてると、あまり違いを感じないんです。つまり、ともにうなぎが好きなんですね。もちろん先生はたいへんな研究者でいらっしゃって、こちらはうなぎ好きのマンガ家なわけですが、うなぎの魅力で結ばれているな、と感じます。先生にお会いしたときに、名刺のうらに描いてくださった海山のイラストは、いまも大切にしています。でも、研究船が進む海底に、何千メートル級の山々がそびえている姿なんて、考えるだけで興奮しますよね。

この本を読むと、うなぎの卵の発見がいかに途方もないことだったかわかりますよね。その原動力は塚本先生のパワフルな行動力もさることながら、うなぎの持つ神秘性を知りたいという尽きぬ好奇心であったことが、よくわかります。

もちろん研究者の視点で、一貫して科学的ですが、同時にスリリング。直感と仮説をくみあわせて、どんどん網を狭めながら実際に太平洋を動き回っていく方法の途方もなさにも驚かされます。やっぱり、科学者というのはすごいものだと思います。これは科学の本なんですが、面白くどんどん読めるんですよね。うなぎを食べるのが好きな人は絶対おもしろいと思います。

期待の完全養殖については、理屈のうえでは成功しているわけですが、ただ、一匹何万円とかで売るわけにいかないですから、いかにコストを押さえられるか、ですね。本当に出来るんだろうかと思いますが、そうなったらすごいですよね。そこはもうがんばってほしいと思うばかりです。

完全養殖の技術が進めば、天然うなぎも増えてくると思うんです。シラスウナギをとらなくてすむんですから。秋田のハタハタなどは三年くらい禁漁したら増えてきたといいますが、そういう努力も必要なんでしょう。ただ、うなぎの場合は禁漁が難しいのは、養殖業者もうなぎ屋もみんなうなぎを専門で扱ってるので、禁漁すると彼らの生活が成り立たなくなっちゃうんですよね。そうした流通の経過期間もうまく工夫して乗り越えてもらいたいものです。これはうなぎ屋好きの願いでもあります。

いま、うなぎは高くなったといわれます。でも、今の値段水準であればまあいいんじゃないか。ごちそうは昔からそういうものですよ。

牛肉やマグロも本来安いはずがない。牛は餌《えさ》代もかかるし、マグロは食物連鎖の上のもの。高い理由のあるものには相応の対価を払わないといけない、というのは間違ってないと思うんです。中国産が五〇〇円とか、ものすごい安い時期がありましたよね。スーパーで山積みになってる蒲焼きのパックは、みんな売れるのかな？　廃棄されるんじゃないのかな？　と心配になりますよね。そういう自然の仕組みに反した動きを作ると、必ず反動がくる。激安ブームは、天然資源にものすごいインパクトを与えるけれども、それでブームが去ってもなかなか環境の方は戻ってこない。いま、うなぎは私たちの食文化を考えるうえで、ひとつのきっかけを与えてくれていると思うんです。

あと、牛丼屋でもスーパーでも、うなぎは割高の商品ですが、味はうなぎ屋に比べると格段に落ちるわけです。でも元をただせば同じ養殖うなぎ。うなぎは焼き方やたれの加減で、そこまで味に差が出る食材なんですね。だったら専門店で食べた方がよほどいいじゃないかということなんです。うなぎ屋はそれしか売り物がない、うなぎが減ることはそのまま彼らの死活問題になりますから。なるべくうなぎ屋さんで食べましょうということです。

大丈夫です。高い、高いといっても値段が見えてますから、寿司屋ほど怖くないです。店の雰囲気とかもいいんですよ。それぞれに情緒があるし。そういう風情《ふぜい》も含めて味わいにいってほしいです。うなぎ屋の座敷って気分いいんですよ。

今年もまた丑《うし》の日が巡ってきます。みんなでうなぎに思いを巡らすいい機会にしたいですよね。

（平成二七年五月、マンガ家）

塚本先生はウナギ食べるのもお好きなんですか？
う
お待ちどおさまー
もちろん
お〜〜〜っ
いい色 いい香り
うんうまーい！
思わずカラダが揺れるほどの大好物なんですね
いや あんまり船に乗ってる時間が長いので
カラダが揺れてないと落ちつかないんだよ

この作品は二〇一二年九月株式会社飛鳥新社より刊行された「世界で一番詳しいウナギの話」を改題し、増補したものである。

林　宏樹著
近大マグロの奇跡
―完全養殖成功への32年―
乱獲が続く天然マグロ争奪戦に輝く一筋の光明。不可能への挑戦「完全養殖」を成功させた近畿大学水産研究所の苦闘の日々に迫る。

田崎真也著
ワイン生活
―楽しく飲むための200のヒント―
ワインを和食にあわせるコツとは。飲み残した時の賢い利用法は？　この本で疑問はすべて解決。食を楽しむ人のワイン・バイブル。

西村　淳著
面白南極料理人
第38次越冬隊として8人の仲間と暮した抱腹絶倒の毎日を、詳細に、いい加減に報告する南極日記。日本でも役立つ南極料理レシピ付。

西村　淳著
面白南極料理人
笑う食卓
息をするのも一苦労、気温マイナス80度の抱腹絶倒南極日記第2弾。日本一笑えるレシピ付。寒くておいしい日々が、また始まります。

西村　淳著
面白南極料理人
名人誕生
ウヒャヒャ笑う隊長以下、濃～いキャラの隊員たちを迎えた白い大陸は、寒くて、おいしくて、楽しかった。南極料理人誕生爆笑秘話。

宮脇　昭著
鎮守の森
森林再生のヒントは「ふるさとの緑」にある！　失われた知恵を甦らせ、命を守る現代の「鎮守の森」をつくったその歩みに迫る。

仲村清司著
沖縄学
――ウチナーンチュ丸裸――

「モアイ」と聞いて石像を思い浮かべるのはヤマトンチュ。では沖縄人にとってはなに？大阪生れの二世による抱腹絶倒のウチナー論。

仲村清司著
ほんとうは怖い沖縄

南国の太陽が燦々と輝く沖縄は、実のところ怖～い闇の世界が支配する島だった。現地在住の著者が実体験を元に明かす、楽園の裏側。

日高敏隆著
人間はどこまで動物か

より良い子孫を残そうと、生き物たちは日々考えます。一見不思議に見える自然界の営みを、動物行動学者がユーモアたっぷりに解明。

日高敏隆著
ネコはどうしてわがままか

生き物たちの動きは、不思議に満ちています。さて、イヌは忠実なのにネコはわがままなのはなぜ？　ネコにはネコの事情があるのです。

日高敏隆著
セミたちと温暖化

温暖化で虫たちの春は早くなった。が、光で季節を測る鳥たちの子育て時期は変らない。自然を見つめる目から生れた人気エッセイ。

いとうせいこう著
ボタニカル・ライフ
――植物生活――
講談社エッセイ賞受賞

都会暮らしを選び、ベランダで花を育てる「ベランダー」。熱心かついい加減な、「ガーデナー」とはひと味違う「植物生活」全記録。

養老孟司著

養老訓

長生きすればいいってものではない。でも、年の取り甲斐は絶対にある。不機嫌な大人にならないための、笑って過ごす生き方の知恵。

養老孟司著

養老孟司特別講義 手入れという思想

手付かずの自然よりも手入れをした里山にこそ豊かな生命は宿る。子育てだって同じこと。名講演を精選し、渾身の日本人論を一冊に。

養老孟司著

養老孟司の大言論Ⅰ
希望とは自分が変わること

人は死んで、いなくなる。ボケたらこちらの勝ちである。著者史上最長、9年間に及ぶ連載をまとめた「大言論」シリーズ第一巻。

早川いくを著

へんないきもの

地球上から集めた、愛すべき珍妙生物たち。軽妙な語り口と精緻なイラストで抱腹絶倒。普通の図鑑とはひと味もふた味も違います。

池谷裕二著

脳はなにかと言い訳する
—人は幸せになるようにできていた!?—

「脳」のしくみを知れば仕事や恋のストレスも氷解。「海馬」の研究者が身近な具体例で分りやすく解説した脳科学エッセイ決定版。

池谷裕二著

受験脳の作り方
—脳科学で考える効率的学習法—

脳は、記憶を忘れるようにできている。そのしくみを正しく理解して、受験に克とう！——気鋭の脳研究者が考える、最強学習法。

村上陽一郎著
あらためて教養とは
いかに幅広い知識があっても、自らを律する「慎み」に欠けた人間は、教養人とは呼べない。失われた「教養」を取り戻すための入門書。

築山節著
脳から自分を変える12の秘訣
―「やる気」と「自信」を取り戻す―
生活習慣を少しずつ変えることで「自分の弱点」を克服！『脳が冴える15の習慣』の著者が解く、健やかな心と体を保つヒントが満載。

最相葉月著
絶対音感
小学館ノンフィクション大賞受賞
それは天才音楽家に必須の能力なのか？音楽を志す誰もが欲しがるその能力の謎を探り、音楽の本質に迫るノンフィクション。

多田富雄
南伸坊著
免疫学個人授業
ジェンナーの種痘からエイズ治療など最先端の研究まで――いま話題の免疫学をやさしく楽しく勉強できる、人気シリーズ！

河合隼雄
南伸坊著
心理療法個人授業
人の心は不思議で深遠、謎ばかり。たまに病気になることも……。シンボーさんと少し勉強してみませんか？楽しいイラスト満載。

須川邦彦著
無人島に生きる十六人
大嵐で帆船が難破し、僕らは太平洋上のちっちゃな島に流れ着いた！『十五少年漂流記』に勝る、日本男児の実録感動痛快冒険記。

岩合光昭
岩合日出子著

ニッポンの犬

かわいい、りりしい、たのもしいニッポンの犬たち。今は少し貴重になったヒトとイヌの暮らし方を、愛らしさいっぱいの写真で紹介。

岩合光昭著

ニッポンの猫

谷中の墓地、東大寺の二月堂、ニッポンの猫は古い町によく似合います。何回見ても見飽きないその〈かわいい〉を、たっぷりどうぞ。

岩合光昭著

きょうも、
いいネコに出会えた

自由で気ままな日本の猫を追いかけ続けるイワゴーさん。いや恐れ入りました――猫には頭が上がりません。ファン待望の猫写真集。

星野道夫著

イニュニック〔生命〕
―アラスカの原野を旅する―

壮大な自然と野生動物の姿、そこに暮らす人人との心の交流を、美しい文章と写真で綴る。アラスカのすべてを愛した著者の生命の記録。

星野道夫著

ノーザンライツ

ノーザンライツとは、アラスカの空に輝くオーロラのことである。その光を愛し続けて逝った著者の渾身の遺作。カラー写真多数収録。

NHK
「東海村臨界
事故」取材班

朽ちていった命
―被曝治療83日間の記録―

大量の放射線を浴びた瞬間から、彼の体は壊れていった。再生をやめ次第に朽ちていく命と、前例なき治療を続ける医者たちの苦悩。

星新一著

ボッコちゃん

ユニークな発想、スマートなユーモア、シャープな諷刺にあふれる小宇宙！　日本ＳＦのパイオニアの自選ショート・ショート50編。

星新一著

ようこそ地球さん

人類の未来に待ちぶせる悲喜劇を、卓抜な着想で描いたショート・ショート42編。現代メカニズムの清涼剤ともいうべき大人の寓話。

星新一著

気まぐれ指数

ビックリ箱作りのアイディアマン、黒田一郎の企てた奇想天外な完全犯罪とは？　傑出したギャグと警句をもりこんだ長編コメディー。

星新一著

ほら男爵現代の冒険

〝ほら男爵〟の異名を祖先にもつミュンヒハウゼン男爵の冒険。懐かしい童話の世界に、現代人の夢と願望を託した楽しい現代の寓話。

星新一著

ボンボンと悪夢

ふしぎな魔力をもった椅子……。平和な地球に出現した黄金色の物体……。宇宙に、未来に、現代に描かれるショート・ショート36編。

星新一著

悪魔のいる天国

ふとした気まぐれで人間を残酷な運命に突きおとす〝悪魔〟の存在を、卓抜なアイディアと透明な文体で描き出すショート・ショート集。

新田次郎著
孤高の人（上・下）
ヒマラヤ征服の夢を秘め、日本アルプスの山々をひとり疾風の如く踏破した〝単独行の加藤文太郎〟の劇的な生涯。山岳小説の傑作。

新田次郎著
蒼氷・神々の岩壁
富士山頂の苛烈な自然を背景に、若い気象観測所員達の友情と死を描く「蒼氷」。谷川岳衝立岩に挑む男達を描く「神々の岩壁」など。

新田次郎著
栄光の岩壁（上・下）
凍傷で両足先の大半を失いながら、次々に岩壁に挑戦し、遂に日本人として初めてマッターホルン北壁を征服した竹井岳彦を描く長編。

新田次郎著
先導者・赤い雪崩
女性四人と男性リーダーのパーティが遭難死に至る経緯をとらえ、極限状況における女性の心理を描いた「先導者」など8編を収める。

新田次郎著
八甲田山死の彷徨
全行程を踏破した弘前三十一聯隊と、一九九名の死者を出した青森五聯隊――日露戦争前夜、厳寒の八甲田山中での自然と人間の闘い。

新田次郎著
アイガー北壁・気象遭難
千八百メートルの巨大な垂直の壁に挑んだ二人の日本人登山家を実名小説として描く「アイガー北壁」をはじめ、山岳短編14編を収録。

開高健著

フィッシュ・オン

アラスカでのキング・サーモンとの壮烈な闘いをふりだしに、世界各地の海と川と湖に糸を垂れる世界釣り歩き。カラー写真多数収録。

開高健著

開口閉口

食物、政治、文学、釣り、酒、人生、読書……豊かな想像力を駆使し、時には辛辣な諷刺をまじえ、名文で読者を魅了する64のエッセー。

開高健著

地球はグラスのふちを回る

酒・食・釣・旅。――無類に豊饒で、限りなく奥深い〈快楽〉の世界。長年にわたる飽くなき探求から生まれた極上のエッセイ29編。

北杜夫著

どくとるマンボウ航海記

のどかな笑いをふりまきながら、青い空の下を小さな船に乗って海外旅行に出かけたどくとるマンボウ。独自の観察眼でつづる旅行記。

北杜夫著

どくとるマンボウ昆虫記

虫に関する思い出や伝説や空想を自然の観察を織りまぜて語り、美醜さまざまの虫と人間が同居する地球の豊かさを味わえるエッセイ。

北杜夫著

幽霊

―或る幼年と青春の物語―

大自然との交感の中に、激しくよみがえる幼時の記憶、母への慕情、少女への思慕――青年期のみずみずしい心情を綴った処女長編。

新潮文庫最新刊

須賀しのぶ著
神の棘（I・II）
苦悩しつつも修道士となった男。ナチス親衛隊に属し冷徹な殺戮者と化した男。旧友ふたりが火花を散らす。壮大な歴史オデッセイ。

吉川英治著
新・平家物語（十九）
雪の吉野山。一行は追捕の手を避け、さらに山深くへ。義経と別れた静は、捕えられて鎌倉に送られ、頼朝の前で舞を命ぜられる……。

神永　学著
革命のリベリオン
—第II部　叛逆の狼煙—
過去を抹殺し完全なる貴公子に変身したコウは、人型機動兵器《リベリオン》を駆る〝仮面の男〟として暗躍する。革命の開戦を告ぐ激動の第II部。

水生大海著
君と過ごした嘘つきの秋
散乱する「骨」、落下事故——十代ゆえの鮮烈な危うさが織りなす事件の真相とは？　風見高校5人組が謎に挑む学園ミステリー。

柴門ふみ著
大人のための恋愛ドリル
年の差婚にうかれる中年男、痛い妄想に走るアラフィフ女子……恋愛ベタな大人に贈ります。小室哲哉氏との豪華対談を文庫限定収録。

高山なおみ著
今日もいち日、ぶじ日記
私ってこんなにも生きているんだな。人気料理家が、豊かにつづる「街の時間」と「山の時間」。流れる日々のかけがえなさを刻む日記。

大《たい》洋《よう》に一《ひと》粒《つぶ》の卵《たまご》を求《もと》めて

東大研究船、ウナギ一億年の謎に挑む

新潮文庫　つ－33－1

平成二十七年七月一日発行

著者　塚《つか》本《もと》勝《かつ》巳《み》

発行者　佐藤隆信

発行所　株式会社新潮社

郵便番号　一六二―八七一一
東京都新宿区矢来町七一
電話　編集部(〇三)三二六六―五四四〇
　　　読者係(〇三)三二六六―五一一一
http://www.shinchosha.co.jp

価格はカバーに表示してあります。

乱丁・落丁本は、ご面倒ですが小社読者係宛ご送付ください。送料小社負担にてお取替えいたします。

印刷・錦明印刷株式会社　製本・錦明印刷株式会社

ISBN978-4-10-126006-8　C0195